Helmut Bäumler
Albert von Mutius

Datenschutz als Wettbewerbsvorteil

DuD-Fachbeiträge

herausgegeben von Andreas Pfitzmann, Helmut Reimer, Karl Rihaczek
und Alexander Roßnagel

Die Buchreihe DuD-Fachbeiträge ergänzt die Zeitschrift DuD – Datenschutz und Datensicherheit in einem aktuellen und zukunftsträchtigen Gebiet, das für Wirtschaft, öffentliche Verwaltung und Hochschulen gleichermaßen wichtig ist. Die Thematik verbindet
Informatik, Rechts-, Kommunikations- und Wirtschaftswissenschaften.
Den Lesern werden nicht nur fachlich ausgewiesene Beiträge der eigenen Disziplin geboten, sondern auch immer wieder Gelegenheit, Blicke über den fachlichen Zaun zu wer-
fen. So steht die Buchreihe im Dienst eines interdisziplinären Dialogs, der die Kompetenz
hinsichtlich eines sicheren und verantwortungsvollen Umgangs mit der Informationstechnik fördern möge.

Unter anderem sind erschienen:

Heinrich Rust
Zuverlässigkeit und Verantwortung

Joachim Rieß
Regulierung und Datenschutz im
europäischen Telekommunikationsrecht

Ulrich Seidel
Das Recht des elektronischen
Geschäftsverkehrs

*Günter Müller, Kai Rannenberg,
Manfred Reitenspieß, Helmut Stiegler*
Verläßliche IT-Systeme

Kai Rannenberg
Zertifizierung mehrseitiger
IT-Sicherheit

Hannes Federrath
Sicherheit mobiler Kommunikation

Volker Hammer
Die 2. Dimension der IT-Sicherheit

Dogan Kesdogan
Privacy im Internet

Alexander Roßnagel
Datenschutzaudit

Gunter Lepschies
E-Commerce und Hackerschutz

*Andreas Pfitzmann, Alexander Schill
Andreas Westfeld, Gritta Wolf*
Mehrseitige Sicherheit
in offenen Netzen

Patrick Horster (Hrsg.)
Kommunikationssicherheit
im Zeichen des Internet

*Dirk Fox, Marit Köhntopp,
Andreas Pfitzmann (Hrsg.)*
Verlässliche IT-Systeme 2001

Michael Behrens, Richard Roth (Hrsg.)
Biometrische Identifikation

Helmut Bäumler
E-Privacy

*Helmut Bäumler,
Albert von Mutius (Hrsg.)*
Datenschutz als Wettbewerbsvorteil

Helmut Bäumler
Albert von Mutius (Hrsg.)

Datenschutz als Wettbewerbsvorteil

Privacy sells:
Mit modernen Datenschutzkomponenten
Erfolg beim Kunden

vieweg

Die Deutsche Bibliothek – CIP-Einheitsaufnahme
Ein Titeldatensatz für diese Publikation ist bei
Der Deutschen Bibliothek erhältlich.

1. Auflage März 2002

Konzeption und Layout des Umschlags: Ulrike Weigel, www.CorporateDesignGroup.de

Gedruckt auf säurefreiem und chlorfrei gebleichtem Papier

ISBN 978-3-322-90278-8   ISBN 978-3-322-90277-1 (eBook)
DOI 10.1007/978-3-322-90277-1

Inhaltsverzeichnis

Einleitung

Der Konkurrenz einen Schritt voraus

Dr. Helmut Bäumler

1   Welche Konkurrenz?

Gibt es überhaupt schon so etwas wie Konkurrenz über das beste Datenschutzangebot? Selbst der unverbesserlichste Optimist dürfte große Probleme damit haben, einen nennenswerten Wettbewerb dieser Art irgendwo auszumachen. Gewiss, kein Unternehmen lässt sich gerne in Datenschutzbelangen kritisieren. Das Publikum und vor allem die Medien sind so weit für das Thema sensibilisiert, dass gravierende Datenschutzverstöße in einer Behörde oder in einem Unternehmen schnell zu „schlechter Presse" führen können. Deshalb ist es Behörden und Firmen keineswegs gleichgültig, ob sie von den Aufsichtsbehörden datenschutzrechtlich kontrolliert werden oder nicht. Schon gar nicht ist es ihnen egal, ob sie anschließend kritisiert oder gar öffentlich an den Pranger gestellt werden. „Nur nicht unangenehm auffallen" ist im augenblicklichen Datenschutzsystem die Devise. Das Unvermeidliche tun, sich nicht bei Fehlern erwischen lassen und um Himmels willen öffentliche Erörterungen etwaiger Mängel vermeiden, das ist deshalb die Haltung in vielen Behörden- und Unternehmensleitungen.

Der Datenschutz das ungeliebte Kind, das unangenehme Thema, wird so möglichst in den Hintergrund gedrängt. Man beachtet ihn nolens volens und räumt ein, dass seine Missachtung durchaus zu Nachteilen führen kann. Aber zu Vorteilen? Welche denn? Wenn im Zusammenhang mit Datenschutz von Konkurrenz die Rede ist, dann zumeist mit einem negativen Unterton: Datenschutz kostet Geld, führt am Ende gar zu einem Wettbewerbsnachteil gegenüber Unternehmen an einem Standort mit niedrigerem Datenschutzniveau. So oder so ähnlich argumentierten von Anfang an einflussreiche Wirtschaftskreise gegen den Datenschutz. Manche sind aus dieser Argumentationsschiene bis heute nicht herausgekommen.

Die Folgen sind am Image abzulesen, das der Datenschutz in den Augen vieler hat[1]: Er wird zumeist mit eher negativen Vorstellungen assoziiert. Neben der schon genannten Kostenverursachung fallen am häufigsten Begriffe wie: Verbot, kompliziert, bürokratisch, hinderlich für vernünftige Verfahrensweisen, technikfeindlich, in einem weiteren Sinne sogar lustfeindlich: vieles was man mit Computern vermeintlich leichter, ja spielerischer erledigen könnte, scheitert angeblich am Datenschutz; Spaßverderber eben! Wenn sich ein solches Bild erst einmal verfestigt hat, ist es nicht einfach, dagegen anzugehen.

Konsequenter Weise kann man gegenwärtig in Deutschland Folgendes beobachten: Der Datenschutz hat nur eine schwach ausgeprägte politische Lobby. In den letzten Jahren hat der Gesetzgeber notwendige Anpassungen des Datenschutzrechts eher lustlos und widerwillig vorgenommen. Massive Einschränkungen des Datenschutzes wie zum Beispiel nach den Attentaten vom 11. September 2001 bewältigten den parlamentarischen Hürdenlauf hingegen im gestreckten Galopp. Zwar regte sich in diesem Zusammenhang bei den Datenschützern, bei Journalisten und bei Verbandsvertretern Kritik gegen den Grundrechtsabbau. Gravierendere Proteste aus der Bevölkerung, also durch die Betroffenen selbst, sind aber nicht bekannt geworden.

Wer sollte also beim Publikum mit dem Thema Datenschutz einen Vorteil gegenüber der Konkurrenz erringen können? Und wen würde das überhaupt interessieren?

2   Verbraucherwünsche als das Maß der Dinge

Wer immer in unserem Datenschutzsystem mehr marktwirtschaftliche Elemente einführen möchte, muss sich zuallererst fragen: Was wollen eigentlich die Verbraucher? Sie sind bekanntlich keineswegs immer König, wie die Werbung Glauben machen möchte, aber sie können mit ihrer Marktmacht durchaus Unternehmensentscheidungen beeinflussen. Bei den großen Lebensmittelskandalen der letzten Jahre hat sich gezeigt, dass die demonstrative Zurückhaltung der Konsumenten Veränderungen in Politik, Produktion und Produkteigenschaften bewirken kann. In der Marktwirtschaft entscheidet der Markt und damit letztlich der Verbraucher über die Annahme von Angeboten.

Lassen sich aber diese allgemeinen Marktideologien auf den Bereich des Datenschutzes übertragen? Aus den wenigen Umfragen, die es zum Thema Datenschutz gibt[2], wissen wir, dass sich viele Menschen durchaus ihrer Privatsphäre und deren Bedrohungen bewusst sind. Merkwürdigerweise trauen aber die meisten dem derzeitigen Datenschutzsystem den Schutz ihrer Privatsphäre nicht ohne Weiteres zu. Drei Viertel der Befragten haben noch nichts vom Daten-

---

[1] Vgl. dazu den Beitrag von Opaschowski in diesem Band, S. 13
[2] Vgl. dazu den Beitrag von Opaschowski in diesem Band, S. 13

schutzbeauftragten als derjenigen Stelle gehört, die in ihrem Interesse tätig werden soll. Die Datenschutzbeauftragten und das bestehende Datenschutzrecht sind vielen Menschen offenbar äußerlich geblieben. Positive Erfahrungen mit dem Datenschutz haben nur wenige gemacht. Wenn der Datenschutz funktioniert, so merkt man davon in aller Regel nichts. Allenfalls wird – dann wiederum negativ – vermerkt, dass Informationen für einen bestimmten, bisweilen sogar ohne Weiteres nachvollziehbaren Zweck nicht verwendet werden durften oder wertvolle Informationen bereits gelöscht wurden, „aus Datenschutzgründen", wie es immer so schön lapidar heißt. Kaum jemand macht sich die Mühe, beispielsweise den Sinn von Zweckbindung und Speicherfristen anschaulich zu erläutern. So bleibt vielen Bürgern der administrative Datenschutz eine fremde Materie, die vermeintlich mit ihren eigenen Rechten, Wünschen und Sorgen ziemlich wenig zu tun hat.

Trotzdem pochen die Menschen auf den Schutz ihrer Privatsphäre. Sie ist ihnen wichtig und sie haben die Erwartung, dass Staat und Wirtschaft sie respektieren. Die Umfragen belegen, dass es keineswegs beim abstrakten Wunsch nach Schutz der Privatsphäre bleibt. Für viele ist dies offenbar ein so wichtiger Gesichtspunkt, dass sie beispielsweise die Nutzung des Internet einschränken oder sogar bleiben lassen, weil sie nicht davon überzeugt sind, dass ihre personenbezogenen Daten im Internet sicher genug geschützt sind. Sie vertrauen nicht den eigentlich vorbildlichen Schutzvorschriften des deutschen Teledienstedatenschutzgesetzes und ebenso wenig darauf, dass die Datenschutzaufsichtsbehörden seine Einhaltung tatsächlich – neuerdings sogar „anlassfrei" – überprüfen können. Sie lassen lieber die Nutzung des Internet ganz oder teilweise bleiben und verweigern sich zumindest dem E-Commerce. Dies ist – neben anderen – einer der Gründe, weshalb der E-Commerce die Erwartungen bislang noch nicht erfüllt. Also: Die Verbraucher wollen durchaus einen effektiven Datenschutz[3], aber sie stellen sich darunter etwas anderes, attraktiveres vor, als das Bundesdatenschutzgesetz und die Aufsichtsbehörden für den Datenschutz.

3 Der Wandel im Datenschutz

Schon seit Jahren gibt es im Datenschutz selbst Bestrebungen, zu mehr Effizienz und Attraktivität zu gelangen. Der trockene, spröde Juristendatenschutz prägt nicht mehr allein das Bild. Zwar hat das Volkszählungsurteil den Datenschutz – sicher ohne böse Absicht – in die Verrechtlichungsfalle gelockt. Das Postulat, jedwede Verarbeitung personenbezogener Daten müsse entweder von der Einwilligung des Betroffenen oder von einer normenklaren gesetzlichen Grundlage gedeckt sein, erreichte eher das Gegenteil dessen, was eigentlich angedacht war. Denn hinter der Betonung der Normenklarheit steckt letztlich die Idee der Transparenz: Bereits aus den Gesetzen, so die Vorstellung, soll erkennbar sein,

---

[3] Vgl. dazu auch die Beiträge von Müller, S. 20 und Eggs/Müller, S. 211 in diesem Band.

mit welcher Datenverarbeitung der anderen Seite man zu rechnen hat. Wer die Probe auf das Exempel machen möchte und beispielsweise durch einen Blick in ein beliebiges Polizeigesetz oder in die Strafprozessordnung feststellen möchte, ob und was die Polizei über ihn speichern darf, wird selbst als Jurist irgendwann einmal vor dem Labyrinth aus klitzekleinen Detailregelungen einerseits und bequemen Generalklauseln auf der anderen Seite kapitulieren. Fast scheint es so, als wäre das Sicherheitsrecht mit seiner Mischung aus Kleinkariertem und großzügig Offengelassenem darauf angelegt, das Publikum zu verwirren, statt Transparenz zu schaffen. Viele Bürger stellen bei näherer Befassung mit diesen Gesetzen fest, dass man eigentlich gar nichts ausschließen kann. Jeder kann zu jeder Zeit von polizeilicher Datenverarbeitung betroffen sein, auch wenn er keinen Verdacht erregt und keine Störung verursacht hat[4]. Die filigrane Arbeit an den gesetzlichen Grundlagen hat nicht dazu geführt, ein für die Bürger durchschaubares Regime von Rechtsgrundlagen zu etablieren.

Der Polizeibereich mag symptomatisch für den gescheiterten Versuch sein, elektronische Datenverarbeitung allein mit Rechtsvorschriften in den Griff bekommen zu wollen. Deshalb gibt es seit einigen Jahren Überlegungen, die Idee des Datenschutzes auch und sogar vorrangig auf der Ebene der Technik zum Tragen zu bringen. Eine von vornherein datenschutzgerecht gestaltete Informationstechnik könnte viele Rechtsvorschriften überflüssig machen. Und sie könnte den Bürgern mehr Sicherheit über die Respektierung ihrer Privatsphäre verschaffen als die Hoffnung auf Einhaltung der Gesetze. Beispiel: Gute, leistungsfähige Verschlüsselungssoftware als Standard beim E-Mail-Verkehr würde die Vorschriften, die das unbefugte Mitlesen von E-Mails verbieten, weitgehend bedeutungslos machen. Die Nutzer von E-Mails bräuchten – solange der Schlüssel nicht geknackt ist – nicht darüber zu grübeln, ob sich alle an die Abhörverbote halten, denn selbst wer illegal abhören würde, könnte die verschlüsselten Inhalte nicht verstehen. Bereits das Entstehen sensibler personenbezogener Daten überall dort zu vermeiden, wo dies möglich und akzeptabel ist, ist einer der neuen Ansätze im Datenschutz. Dies zielt erkennbar nicht so sehr auf den Gesetzgeber und auf die Beeinflussung von Rechtsvorschriften, sondern auf die Entwickler und Hersteller von Informationstechnik. Das neue Operationsfeld des neuen Datenschutzes sind folglich nicht die Lobby und die Hinterzimmer des Parlaments, sondern Universitätsinstitute, Forscherteams, Programmierer und in einem sehr umfassenden Sinn die Wirtschaft.

Darauf wird noch zurückzukommen sein, zunächst muss noch eine andere Entwicklungslinie beleuchtet werden. Die Vorstellung, wonach der Schutz personenbezogener Daten vornehmlich eine Aufgabe staatlicher Stellen ist, stimmt mit den Realitäten schon seit geraumer Zeit nicht mehr überein. Allein die technische und personelle Ausstattung der Datenschutzbeauftragten und der Daten-

---

[4] Vgl. zu dem Thema die Beiträge in Bäumler (Hrsg.), Polizei und Datenschutz, Neuwied 1999.

schutzaufsichtsbehörden ist hinter der Entwicklung der Datenverarbeitung in einem solchen Ausmaß zurückgeblieben, dass von einer auch nur annähernd glaubwürdigen Kontrolldichte schon lange keine Rede mehr sein kann. Wer sich als Bürger darauf verlässt, dass die Datenverarbeitung in den staatlichen Behörden und in den Wirtschaftsbetrieben staatlicherseits kontrolliert wird, macht sich Illusionen, weil die Mittel dazu weitgehend fehlen.

Hinzu kommt, dass selbst bei optimaler Ausstattung der Kontrollinstanzen damit im Internet kaum Staat zu machen ist. Das weltumspannende Netz entzieht sich einzelstaatlichen Einflüssen weitgehend. Ein einzelner Staat kann beispielsweise nicht wirksam vorschreiben, dass alle E-Mails weltweit zu verschlüsseln sind[5]. Hier muss sich jeder Einzelne selbst schützen. Jeder muss eine möglichst gute Verschlüsselung selbst einsetzen, wenn er sicher sein will, dass kein Dritter seine E-Mail-Kommunikation mitlesen kann. Mehr und mehr kommen also die Betroffenen selbst in die Rolle der Handelnden, wenn es um den Schutz ihrer personenbezogenen Daten geht. Der Staat hat allenfalls unterstützende und aufklärende Funktionen und tut - wenn es um das Thema Verschlüsselung geht – schon gut daran, den Selbstschutz der Bürger nicht durch Einschränkungen der Verschlüsselungsfreiheit zu stören.

Aus den vielfältigen Veränderungen im Datenschutz der letzten Jahre verdienen also im hier interessierenden Zusammenhang zwei Trends der besonderen Betonung: Adressat des Datenschutzes ist mehr als bisher die Wirtschaft und Agierender sind zunehmend die Betroffenen, die Bürgerinnen und Bürger bzw. in der Sprachwelt der Wirtschaft die Konsumentinnen und Konsumenten. Damit bilden sich wie von selbst Elemente heraus, die einen stärker marktwirtschaftlich orientierten Datenschutz ermöglichen. Weniger staatliche Gewährleistung als vielmehr Angebote der Wirtschaft und Nachfrage der Verbraucher werden hierfür kennzeichnend sein. Was hier erst in den Umrissen erkennbar wird, eröffnet völlig neuartige Perspektiven. Datenschutz als vom Verbraucher nachgefragtes Gut bedingt auf der Wirtschaftsseite eine andere Rezeption des Themas: Weg von der lästigen, von außen auferlegten Pflicht, hin zu einem attraktiv gestalteten Angebot, das die Konkurrenz blass aussehen lässt. Das Datenschutzangebot eines Unternehmens, sei es seinen eigenen Kunden gegenüber, sei es als integraler Bestandteil der angebotenen Hard- und Softwareprodukte, gehört von nun an nicht länger in schwer verständlichen Allgemeinen Geschäftsbedingungen versteckt oder gar in das allgemeine Klagelied über bürokratische Belastungen aufgenommen, sondern von fähigen Werbetextern professionell in Szene gesetzt. Die Werbung für die Privacy-Leistungen eines IT-Produktes tritt also neben klassische Produkt-Eigenschaften wie Kapazität, Schnel-

---

[5] Realistischerweise muss man zudem darauf verweisen, dass das Interesse vieler Staatsbehörden gar nicht auf Förderung oder gar verbindliche Vorschreibung von Verschlüsselung gerichtet ist, sondern im Gegenteil Verschlüsselung als bedrohlich für die eigenen Abhöraktivitäten mit äußerster Skepsis angesehen wird.

ligkeit, Bequemlichkeit oder das allgemeine Preis-Leistungsverhältnis. Man kann gespannt sein, wie Werbeprofis ein vermeintlich so dröges Thema wie Datenschutz ins Bild setzen. Schon hört man Franz Beckenbauer bei der Werbung für ein Mobilfunkunternehmen murmeln: „... und der Datenschutz ist auch schon drin."

4 Die Realitäten und die Perspektiven

Zurück aus der Zukunft in die Realitäten des Datenschutzes im Jahre 2002. Der marktwirtschaftliche Datenschutz steckt noch in den Kinderschuhen. Erst langsam beginnen die Unternehmen zu begreifen, dass ein gutes Datenschutzangebot für ihre Kunden interessant sein könnte. Das Interesse hierfür ist je nach Branche naturgemäß unterschiedlich ausgeprägt[6]. Große Unternehmen, die generell den Anspruch erheben, nur Spitzenprodukte zu vertreiben, haben bereits seit geraumer Zeit begonnen, auch ihre Datenschutzanstrengungen zu optimieren[7]. Aber noch ist das gesamte Datenschutzsystem nicht auf Verbraucherschutz und marktwirtschaftliche Steuerung ausgerichtet. Eine wichtige Voraussetzung für mehr Marktwirtschaft wären Instrumente wie Datenschutzaudit und Gütesiegel, weil mit ihrer Hilfe ein gutes Datenschutzkonzept auch für die Verbraucherinnen und Verbraucher sichtbar gemacht werden kann. Niemand kann die Datenschutzpolicy eines Unternehmens oder die datenschutzrelevanten Eigenschaften eines Produkts auf eigene Faust und mit vertretbarem Aufwand prüfen. Hier sind objektive Kriterien notwendig, auf die sich der Kunde verlässt, weil er darauf vertrauen kann, dass sie von einer neutralen und sachkundigen Stelle geprüft und bestätigt wurden. Es ist im Datenschutz nicht anders als überall in der Marktwirtschaft: Wettbewerb braucht Regeln, damit er für alle Seiten fair ausgetragen wird.

Vom Bundesgesetzgeber sind hierzu auf absehbare Zeit leider keine größeren Impulse zu erwarten. Das neue Bundesdatenschutzgesetz enthält nur wenige marktwirtschaftliche Ansätze[8].Zielvereinbarungen sind eine Möglichkeit für flexible Aufsichtsbehörden und Unternehmen, den angestaubten ordnungsbehördlichen Datenschutz etwas kundenfreundlicher zu gestalten[9]. Das Gutachten zur Modernisierung des Datenschutzes[10] weist den Weg und enthält eine Reihe von

---

[6] Vgl. dazu die Beiträge von Driftmann, S. 39 einerseits und Lindemann, S. 43, andererseits in diesem Band.

[7] Vgl. dazu die Beiträge von Büllesbach, S. 45, Königshofen, S. 58 und Karjoth, Schunter, Waidner, S. 68 in diesem Band.

[8] Vgl. dazu den Beitrag von Bizer in diesem Band, S. 125

[9] Vgl. dazu den Beitrag von Petri in diesem Band, S. 142

[10] Roßnagel, Pfitzmann, Garstka, Modernisierung des Datenschutzrechts, Gutachten im Auftrag des Bundesministerium des Innern, Berlin 2001.

Vorschlägen, die den Datenschutz mehr marktwirtschaftlich orientieren sollen[11]. Die Umsetzung des Gutachtens in ein umfassend modernisiertes Bundesdatenschutzgesetz steht aber in den Sternen. Wenn sie bis zum Ablauf der nächsten Legislaturperiode, also in 3-4 Jahren gelänge, wäre schon viel gewonnen. Die Chance, Audit und Gütesiegel als zwei zentrale Elemente eines modernen Datenschutzkonzeptes gesetzlich zu regeln, hat der Bundesgesetzgeber bei der Novellierung des Bundesdatenschutzgesetzes im Jahre 2001 jedenfalls verpasst. Durch einige wenige skeptische Stimmen aus der Wirtschaft, die allerdings alles andere als repräsentativ waren, ließ er sich ins Bockshorn jagen und wagte sich nicht weiter, als im BDSG Datenschutzaudits anzukündigen[12]. Alles Weitere bleibt einem gesonderten Gesetz vorbehalten, das angesichts des bisherigen Reform„tempos" im Datenschutz nicht von heute auf morgen zu erwarten ist.

Auch in einigen Landesdatenschutzgesetzen werden Datenschutzaudits erwähnt, aber ihre Realisierung ebenso wie im Bund auf eigene Ausführungsgesetze verschoben[13]. Nur in Schleswig-Holstein machte der Gesetzgeber Nägel mit Köpfen und regelte Datenschutzaudit und Gütesiegel, wenn schon dann auch abschließend. Dabei ist zu unterscheiden zwischen dem Datenschutzaudit und Gütesiegeln. Für Letztere hat die Landesregierung am 1.5.2001 eine Verordnung[14] erlassen, die die Grundzüge des Verfahrens regelt[15]. Kennzeichnend ist eine gestufte Vorgehensweise. Die Zertifizierung der Produkte obliegt den Sachverständigen, die beim Unabhängigen Landeszentrum für Datenschutz akkreditiert sind. Inzwischen hat das ULD die Akkreditierungsvoraussetzungen bekannt gegeben, auch die ersten Gutachter sind bereits akkreditiert.

Maßstab für die Zertifizierung sind die vom ULD herausgegebenen Produktkriterien, die die laut Verordnung für die Gütesiegel-Vergabe geforderten „besonderen Eigenschaften" des IT-Produkts konkretisieren. Die erste Version der Produktkriterien ist bereits veröffentlicht worden, sodass ab diesem Zeitpunkt mit den Zertifizierungsarbeiten begonnen werden konnte. Das Besondere am schleswig-holsteinischen Gütesiegelverfahren ist, dass das eigentliche Gütesiegel durch das ULD, also eine öffentliche Stelle, vergeben wird. Der Gesetzgeber ging nach Gsprächen mit der Wirtschaft davon aus, dass die Kunden im Zweifel einem vom ULD als einer zur Objektivität verpflichteten Stelle vergebenen Gütesiegel mehr Vertrauen entgegenbringen werden als einem von einem Konkurrenzbetrieb erteilten.

---

[11] Vgl. dazu auch den Beitrag von Roßnagel in diesem Band, S. 115

[12] Zum Datenschutzaudit grundlegend Roßnagel, Datenschutzaudit – Konzeption, Durchführung, gesetzliche Regelung, Braunschweig 2000.

[13] Vgl. z. B. § 11c LDSG Brandenburg in der Fassung v. 9.3.1999, GVOBl. I, 243 f und § 10a DSG NRW, in der Fassung vom 9.6.200, GVBl., S. 542.

[14] GVOBl. V. 30.4.2001, Nr. 4, S. 51.

[15] Zum Gütesiegelverfahren vgl. die Beiträge von Diek, S. 157, Ewer, S. 180, und Hansen/Probst, S. 163 in diesem Band.

Allerdings hatte der Gesetzgeber seinen Kompetenzrahmen zu beachten. Deshalb ist das schleswig-holsteinische Gütesiegel nur für solche Produkte gedacht, die in der schleswig-holsteinischen Verwaltung eingesetzt werden können. Hierbei ist kein zu enger Maßstab anzulegen, denn es genügt schon, dass ein solcher Einsatz überhaupt in Betracht kommt. Ist ein Produkt erst einmal zertifiziert, dann kann mit dem Gütesiegel auf allen Märkten geworben werden, auf denen sich der Anbieter des Produkts davon einen Vorteil verspricht.

Für die Regelung des Audits waren in Schleswig-Holstein[16] neben dem Landesdatenbschutzgesetz[17] nur noch Ausführungsbestimmungen des ULD erforderlich, die seit dem 22.3.2001 vorliegen[18]. Inzwischen wurden bereits die ersten Auditverfahren erfolgreich abgeschlossen. Sie betrafen alle Stufen der schleswig-holsteinischen Verwaltung. Auch insoweit kann Schleswig-Holstein nur für den öffentlichen Sektor handeln, die Regelung des Audit bei privaten Unternehmen obliegt dem Bundesdatenschutzgesetz[19]. Aber es ist ein Anfang gemacht und es ist der praktische Nachweis erbracht, dass Datenschutzaudits auch praktisch realisierbar sind.

In Schleswig-Holstein liegen damit alle Bausteine für Datenschutzaudits und Gütesiegelverfahren vor. Es ist zwar durchaus suboptional, derartige neue Instrumente nur in einem Bundesland, statt bundesweit, europaweit, ja am besten weltweit einzuführen[20]. Aber das Land hatte nur die Wahl zwischen mehrjährigem Stillstand und einem Alleingang. Da ein modernes Datenschutzkonzept in der schleswig-holsteinischen Politik hohe Priorität genießt[21], entschloss man sich zu einer Vorreiterrolle. Die Wirkung des schleswig-holsteinischen Gütesiegels ist keineswegs auf das Land beschränkt. Zum einen sehen sowohl das Bundesdatenschutzgesetz als auch einige Landesdatenschutzgesetze den vorrangigen Einsatz von zertifizierten Produkten auch in der dortigen öffentlichen Verwaltung vor. Aber auch wo dies nicht ausdrücklich vorgesehen ist, dürften Produkte mit einem Datenschutz-Gütesiegel gute Marktchancen sowohl bei Kunden aus dem Verwaltungsbereich als auch bei Privatkunden haben.

5   Die „Demokratisierung" des Datenschutzes

Audit und Gütesiegel sind die zwei entscheidenden Voraussetzungen für einen Datenschutz neuer Prägung. Zum einen verlagern sie den Datenschutz in die technischen Produkte und geben ihm so neue Realisierungschancen. Mittel- und

---

[16] Dazu grundlegend Golembiewski in diesem Band, S. 107
[17] § 43 Abs. 2 LDSG-SH.
[18] Amtsblatt für Schleswig-Holstein 2001, Nr. 13, 196ff.
[19] Zur Auditierung von Unternehmen vgl. Wedde, Computer Fachwissen 2000, S. 56.
[20] Vgl. zu diesem Aspekt den Beitrag von Voßbein in diesem Band, S. 150
[21] Vgl. dazu den Beitrag von Simonis in diesem Band, S. 225

langfristig könnten vor allem die Gütesiegelkriterien schon die Entwicklung und Herstellung von IT-Produkten beeinflussen, weil sich die Unternehmen von vornherein an den datenschutzrechtlichen Anforderungen orientieren können. Vor allem aber stärken Gütesiegel die Rolle der Verbraucher, die mit ihrer Kaufentscheidung die Richtung des Datenschutzes mitbestimmen können. Wenn Gütesiegel und Audits von vertrauenswürdigen Stellen verliehen werden, dann können die Kunden von den datenschutzrelevanten Eigenschaften eines Produkts oder eines Unternehmens ausgehen, ohne dass sie eigene Nachprüfungen vornehmen müssen. Wenn tatsächlich die große Mehrzahl der Menschen den Schutz ihrer Privatsphäre wünscht[22], dann müsste sich dies auch in den Kaufentscheidungen beim Erwerb von IT-Produkten niederschlagen. Politik und Wirtschaft können so in Erfahrung bringen, welchen Datenschutz die Bürger eigentlich selbst wollen. In einem offenen Markt steckt immer auch ein Stück Demokratie. Diesem Test kann sich der Datenschutz getrost stellen, denn bei im Übrigen vergleichbaren Produkteigenschaften werden sich die Kunden selbstverständlich für dasjenige Produkt entscheiden, das obendrein eine Unterstützung des Schutzes ihrer Privatsphäre verspricht.

Die neuen Elemente wie Gütesiegel und Audit müssen den traditionellen Datenschutz mit Rechtsvorschriften, Geboten und Verboten und Kontrollen nicht vollständig verdrängen. In manchen Bereichen muss nach wie vor auch oder sogar überwiegend auf diese Instrumente gesetzt werden; auch im Übrigen schadet es nicht, sie neben den marktwirtschaftlichen Steuerungselementen gleichsam in Reserve zu halten. Aber es leuchtet ein, dass die neuen Instrumente auch einen Datenschutz neuer Art hervorbringen, bei dem viele gewinnen können. Und gewinnen macht bekanntlich mehr Spaß als Kritik und gestrenge Ordnungsrufe. Die Bürger gewinnen, weil Datenschutz bereits bei der Technikgestaltung, also gewissermaßen eine Schicht tiefer als bisher ralisiert wird. Sie gewinnen außerdem, weil sie selbst durch ihr Kaufverhalten über Erfolg und Richtung des technischen Datenschutzes mitbestimmen können. Die Unternehmen können gewinnen, weil sie mit einem guten, offensiv vertretenen Datenschutzkonzept ihr Image verbessern und das Vertrauen der Kunden gewinnen können. Vor allem aber können sie mit Produkten, die der Konkurrenz in Sachen Schutz der Privatsphäre überlegen sind, gute Gewinne machen.

Die Sache des Datenschutzes kann insgesamt gewinnen, weil er aus der Grauzone der schwierigen, allenfalls wenigen Experten geläufigen, in aller Regel nur halbherzig beachteten Ordnungsvorschrift in das helle Licht des Marktes gestellt wird. Plötzlich muss nicht defensiv begründet werden, weshalb man ausnahmsweise gegen Datenschutz verstoßen habe, sondern es kann positiv herausgestellt werden, warum das eigene Angebot in Sachen Datenschutz dem der Konkurrenz voraus ist. Wer so an die Öffentlichkeit gerichtet argumentiert, setzt sich auch einer neuen Qualität von Kontrolle und Nachprüfbarkeit aus. Jetzt könnten

---

[22] Vgl. dazu den Beitrag von Opaschowski in diesen Band, S. 13

Kunden nachfragen, wie es denn tatsächlich mit den datenschutzbezogenen Eigenschaften der Produkte steht und von ihren eigenen Erfahrungen bei der Nutzung der Produkte berichten. Kontrolle durch die Kunden, nicht nur durch ohnehin chronisch überforderte Aufsichtsbehröden, könnte am Ende unter dem Strich sogar mehr nachprüfbaren Datenschutz bedeuten als bisher.

Auch in der Spaßgesellschaft ist der Spaß nicht das Maß aller Dinge. Aber es ist auch nicht schädlich, wenn der Datenschutz sein lästiges Verliererimage gegen die Erwartung eintauscht, man könne mit ihm auch handfeste Vorteile haben[23].

6   Die Verwaltung im Abseits?

Bislang war vornehmlich von den Veränderungen des Datenschutzes in der Wirtschaft die Rede. Muss die Verwaltung abseits stehen und den Datenschutz auf ewig nur als Erschwernis des Alltags erleben? Keineswegs. Auch in der Verwaltung herrscht längst weitaus mehr Wettbewerb, als den Akteuren häufig bewusst ist[24]. Das Datenschutzaudit bietet auch den Verwaltungsbehörden die Möglichkeit, die eigenen Datenschutz-Leistungen positiv herauszustellen und sich damit von anderen Behörden abzuheben. Statt solange zu warten, bis irgendwann einmal doch die Datenschutzkontrolle kommt und dann darauf zu hoffen, dass sie nichts allzu Gravierendes findet und in ihren Berichten anprangert, ist es in den Augen nicht weniger Verwaltungsmanager durchaus attraktiv, lieber von vornherein reinen Tisch zu machen.

Ein gutes Datenschutzkonzept, das mithilfe eines erfolgreichen Auditverfahrens auch für die Öffentlichkeit sichtbar gemacht werden kann, bietet die Möglichkeit, das Vertrauen des Kunden Bürger zu erwerben und zu festigen[25]. Die bisher in Schleswig-Holstein mit den ersten Datenschutzaudits bei Behörden gemachten Erfahrungen legen den vorsichtigen Schluss nahe, dass es eher die leistungstarken und ohnehin mit einem guten Verwaltungsstanding agierenden Behörden sind, die auch beim Datenschutz die Besten sein wollen. Auch das Gütesiegel hat direkte Auswirkungen auf die Verwaltungsbehörden, denn sie sind nach § 4 Abs. 2 LDSG und den entsprechenden Bestimmungen in anderen Datenschutzgesetzen[26] verpflichtet, vorrangig zertifizierte Produkte einzusetzen. Dem können sie realistischerweise nur nachkommen, wenn Gütesiegel überhaupt im Markt etabliert sind.

---

[23] Zu ähnlichen Erfahrungen im Umweltbereich vgl. den Beitrag von Ewer in diesem Band, S. 180

[24] Vgl. dazu die Beiträge von von Mutius, S. 81 und Adamascheck, S. 91 in diesem Band.

[25] Zu den Standortvorteilen eines modernen Informationsrechts vgl. den Beitrag von Dix in diesem Band, S. 199.

[26] Vgl. z. B. § 11b Abs. 2 LDSG Brandenburg, § 3a BDSG.

7 Der Konkurrenz einen Schritt voraus

Kein Zweifel: Der marktwirtschaftliche Datenschutz ist von seiner breiten Rezeption noch meilenweit entfernt. Es fehlt über weite Strecken an den gesetzlichen Rahmenbedingungen und es fehlt bei vielen Verantwortlichen der Wille und die Fantasie, sich unter Datenschutz auch etwas anderes als Pflicht, Gebot, Verbot, Behinderung etc. vorzustellen. Aber dieser einleitende und die folgenden Beiträge sollen Appetit machen. Sie zeigen auch, dass der marktwirtschaftliche Datenschutz keineswegs mehr reine Utopie ist. Mit dem Gütesiegel und dem Audit nach schleswig-holsteinischem Recht ist der Anfang gemacht. Diesem Modell gehört die Zukunft, denn es ist attraktiver und vermutlich auch erfolgreicher als das bisherige Datenschutzregime. Deshalb wird es sich auf Sicht durchsetzen. Einige in Verwaltung und Wirtschaft haben dies bereits erkannt und damit begonnen, in Schleswig-Holstein Audit- und Gütesiegelverfahren durchzuführen. Sie sind ihrer Konkurrenz zumindest auf diesem Gebiet einen Schritt voraus. Nach aller Erfahrung nicht nur auf diesem.

2

Die Wünsche der Verbraucher

Was will der Verbraucher?

Univ.-Prof. Dr. Horst W. Opaschowski

1   Entwicklungen

Wenn es nach dem amerikanischen Medienwissenschaftler Nicholas Negroponte vom Bostoner MIT geht, dann sehen die Folgen der fortschreitenden Digitalisierung für unser Leben im Jahr 2010 so aus: „Sie werden nicht mehr sehr oft zum Arzt gehen, weil sie jeden Morgen einen kleinen Computer schlucken, der ihre Körperfunktionen überprüft. Ihre Kinder gehen nur noch drei Stunden zur Schule, arbeiten dafür noch drei weitere Stunden mit Lernprogrammen und im Internet... Warum sollten wir unsere Zeit mit Putzen verbringen, wenn Roboter das machen können?" (Negroponte 1999). Nein - so kann und wird unsere Zukunft in den nächsten Jahren nicht aussehen.

Im Jahre 2010 werden die Menschen keine Computer schlucken, sondern in zunehmendem Maße eher dazu übergehen, bereits im Kindesalter Beruhigungsmittel (gegen die Reiz- und Informationsüberflutung) sowie Medikamente (zur Steigerung der Konzentration) einnehmen. Weil es zunehmend an notwendigem Ausgleich, an Ruhepausen und Entspannungsphasen mangelt, werden sich im mitmenschlichen Umgang Nervosität und Aggressivität ausbreiten. Info-, Medien- und Angebotsstress drohen für viele zum Dauerstress zu werden. Stresstherapien werden wie nie zuvor gefragt sein. Bill Gates spricht bereits vom digitalen Nervensystem („a digital nervous system"), das so schnell wie der menschliche Gedanke sein kann.

Technologisch ist alles möglich. Doch psychologisch stößt die Medienrevolution an ihre Grenzen. Immer mehr TV-Programme, Videofilme und Computerspiele sowie eine wachsende Vielfalt von Möglichkeiten zu Online-Shopping und Telekommunikation machen auf die Konsumenten den Eindruck der Lawinenhaftigkeit: "Man fühlt sich förmlich überrollt" sagen zwei von fünf Bundesbürgern. Viele Bürger haben Schwierigkeiten, sich noch im Dschungel der Medienvielfalt zurechtzufinden. Sie fühlen sich von der Überfülle des Medienangebots bedroht und wissen nicht, wie sie sich gegen diese Lawine wehren können. Das künftige Zeitalter des Internets wird von ihnen als Bedrohung empfunden. Auswege, sich aus den Armen dieses "Polypen" zu befreien, sehen sie kaum. Die Erklärung dafür: In den Zukunftsvorstellungen der Bevölkerung fehlt der Medienwelt von morgen der echte Bezug zu den menschlichen Bedürfnissen und Wünschen. Viele haben das Gefühl, dass die Industrie gar nicht wissen will, ob die Verbraucher das eigentlich alles haben wollen.

Das Medienlabor des MIT (Massachusetts Institute of Technology) in den USA arbeitet zurzeit an einem ehrgeizigen Projekt mit dem Namen „Things That Think": Dinge, die denken. So sollen beispielsweise in den Schuhen in Zukunft Elektroden eingearbeitet werden, mit denen sich problemlos Informationen an andere übertragen lassen. Der Austausch von Visitenkarten wird dann entbehrlich, weil man seinem Gegenüber nur noch die Hand zu schütteln braucht: „Da die Haut salzig ist und Elektrizität leitet, kann dabei der Lebenslauf aus dem Schuh in die Hand und von der Hand des anderen in dessen Schuh wandern" (vgl. Kaku 1997, S. 50).

Im künftigen Kommunikationszeitalter müssen die Menschen neu leben lernen, weil sich die Maßstäbe und das Tempo des Lebens grundlegend verändern. In der Übergangssituation haben viele Menschen mit Akzeptanzproblemen zu kämpfen. Diese Akzeptanzprobleme können eher noch zu- als abnehmen. Zur Akzeptanz der neuen Medien gehört auch, die Sorgen der Bevölkerung hinsichtlich des Datenschutzes im Zeitalter des Internets ernst zu nehmen. Haben die Bürger genügend Vertrauen in die Nutzung der neuen Online-Dienste? Was erwarten sie von der Datenschutzaufsicht?

Im Folgenden informiere ich Sie über die Ergebnisse von Repräsentativbefragungen zur Zukunft von Datenschutz und Privatsphäre in einer vernetzten Welt. Befragt wurden repräsentativ 2.000 Personen ab 14 Jahren in Deutschland und zwar erstmals im April 1998 und jetzt drei Jahre später im April 2001.

Die Studie liefert repräsentative Basisdaten, die für die zunehmende Bedeutung grenzüberschreitender multimedialer Dienste dringend erforderlich sind. Sie informiert über die Vorstellungen, Sorgen, Ängste und Hoffnungen der Menschen in Bezug auf die Sammlung und Nutzung personenbezogener Daten. Und sie dient auch dem Schutz unserer Privatheit. Sie kann eine Art Frühwarnsystem sein, das den privaten Verbraucher genauso wie die Fachöffentlichkeit frühzeitig informiert. Die Studie will den Datenschutz vor den Datenmissbrauch stellen und zugleich die erforderliche Freiheit für Anbieter und Nutzer wahren helfen. Die wünschenswerte Leitlinie für die Zukunft kann nur lauten: Sichere Kommunikation in offenen Netzen.

2   Angst vor dem Datenklau im Internet: Fast jeder zweite PC-Nutzer „verzichtet" auf das Surfen im Internet

Immer mehr private Daten gehen um die Welt. Nichts gilt mehr als sicher, weil jeder PC-Nutzer Spuren im Internet hinterlässt. Ob Homebanking oder Online-shopping – der gläserne Mensch wird Wirklichkeit. Die missbräuchliche Verwendung personenbezogener Daten bei Kauf- oder Bankgeschäften ist jederzeit möglich. Die Unsicherheit im Umgang mit den eigenen Daten entwickelt sich zum größten Hindernis für die Verwirklichung der politischen Forderung „Internet für alle". Mehr als zwei von fünf Bundesbürgern (45%), die beruflich oder privat einen Computer nutzen, „verzichten" freiwillig auf das Surfen im Internet, um Datensicherheitsmängeln aus dem Wege zu gehen. Und nur jeder vierte PC-Nutzer (25%) fühlt sich richtig darüber informiert, wie er die eigenen Daten wirksam schützen kann.

Nicht Netzanschluss und Computerkompetenz entscheiden darüber, ob sich die Internetrevolution auf breiter Ebene durchsetzt. Es ist mehr die Angst der PC-Nutzer vor dem Datenklau im Internet. Noch nie war der Zugriff auf die ganz persönlichen Daten des Bürgers so einfach wie heute. Das elektronische Netz ist zur größten Datensammelmaschine der Welt geworden. Es enthält Verbraucherdaten von der Kleidergröße bis zur Schuhnummer genauso wie Finanzdaten vom Bankauszug bis zur Steuererklärung.

3   Datenspeicherung als Vertrauenssache. Großes Misstrauen bei Adress- und Versandhandel

Auf einer Skala, die von 1 (= "überhaupt nicht zuverlässig") bis 7 (= "absolut zuverlässig") reichte, konnten die Befragten bewerten, in welchem Maße sie den einzelnen Institutionen, die personenbezogene Daten sammeln, vertrauen können. Hier genießen die Ärzte das größte Vertrauen. Zwei Drittel der Bevölkerung (66%) sind bei den Ärzten von der absoluten Zuverlässigkeit im Umgang mit den privaten Daten überzeugt. Der hohe Vertrauensvorschuss gegenüber der Ärzteschaft ist wesentlich in den persönlich positiven Erfahrungen begründet.

Überraschend hoch ist das Vertrauen auch in die Polizei: 60 Prozent der Bevölkerung sind davon überzeugt, dass die Polizei die gespeicherten Daten absolut richtig und zuverlässig verwendet (Frauen: 63% - Männer: 57%). Lediglich 46 Prozent der Bevölkerung trauen allerdings den Sozialämtern einen sorgsamen Umgang mit den Daten zu. Und nur knapp ein Drittel der Bundesbürger vertraut den Versicherungen. Das Vertrauen in den Verfassungsschutz ist sogar größer (57%) als das Vertrauen in den Datenschutz der Versicherungen (31%).

Ein vernichtendes Zeugnis stellen die Bundesbürger dem Adresshandel aus: Nur acht von hundert Befragten trauen dem Adresshandel eine richtige Verwendung der persönlichen Daten zu. Die meisten befürchten eher persönliche Nachteile bzw. eine Beeinträchtigung ihrer Privatsphäre. Adressenhändler sind in der Lage, ganz spezifische Persönlichkeitsprofile zu liefern. Dabei können hochsensible Daten aus der privaten Lebenssphäre für Marketingzwecke erfasst, gespeichert und weiterverkauft werden. Ähnlich kritisch stehen die Menschen heute dem Versandhandel und den Internetanbietern gegenüber. Nur jeder zehnte Bundesbürger ist von der Zuverlässigkeit dieser beiden Institutionen überzeugt. Die überwiegende Mehrheit hingegen glaubt, dass die hier gespeicherten persönlichen Daten „überhaupt nicht richtig und zuverlässig verwendet" werden.

4 Ab ins Netz? Der Vernetzungsgrad der deutschen Bevölkerung

In den vergangenen Jahren haben Kommunikationsnetzwerke in einer Vielzahl von bundesdeutschen Haushalten ihren festen Platz bekommen. Nahezu unbemerkt wurde eine ständig wachsende Zahl von Menschen an ein Informationsnetz angeschlossen. Nach den Vorstellungen der Medienbranche soll die Anzahl der Personen und Haushalte, die über einen entsprechenden Netzzugang verfügen, in den kommenden Jahren noch weiter wachsen. Am Ende einer solchen gigantischen Ausbreitung wird dann über diese Kommunikationsnetzwerke ein ganzer Pool digitaler Medienangebote für jedermann abrufbar sein: Pay-TV, Online-Dienste, Homebanking und virtuelles Einkaufen.

Jeder fünfte Bundesbürger (22%) nutzt beruflich einen PC, jeder Dritte (34%) privat zu Hause. Einen Internetzugang im Büro haben 12 Prozent der Bevölkerung. Und zu Hause kann jeder sechste Bundesbürger (17%) von Onlinediensten Gebrauch machen. Der Vernetzungsgrad der Bevölkerung sagt jedoch nur wenig über die tatsächliche Nutzungsintensität aus. Nur jeder vierte Bundesbürger (25%) nutzt „wenigstens einmal in der Woche" den PC zu Hause. Im Internet surft lediglich jeder Neunte private Verbraucher regelmäßig – wenn auch mit wachsender Tendenz (1996: 2% - 1998: 3% - 2000: 8% - 2001: 11%). Gegen das Massenmedium Fernsehen (96%) wirkt Internet wie ein Nischenmedium. Sehr viel explosiver entwickelt sich dagegen die Netzkommunikation via Mobiltelefon/Handy (2000: 14% - 2001: 25%), vor allem bei den 14- bis 24-jährigen Jugendlichen (2000: 21% - 2001: 48%). Mobil telefonieren ist ein neuer Jugendkult geworden. Hier kann es in Zukunft neue Datenschutzprobleme geben. Das Handy kann zum Lebensretter werden, also ein Tastendruck kann künftig Notärzten bei der Lokalisierung des Unfallortes helfen. Andererseits gibt es in den USA ein Gesetz, wonach alle Mobilfunkanbieter dafür Sorge tragen müssen, dass Handys, über die der Notruf gewählt wird, exakt geortet werden können. Das ist erst der Anfang neuer so genannter „intelligenter" technischer Entwicklungen.

5   Datenschutzbeauftragte? Drei Viertel der Bevölkerung haben noch nie etwas von ihnen gehört

Jeder private Verbraucher ist heute schon in einer Vielzahl von Datensammlungen gespeichert. Und jeder Handy-Besitzer verrät ständig seinen Standort. Im Computerzeitalter gilt das Domino-Prinzip: Ein Dominostein fällt selten allein. Hacker könnten den globalen Datenschutz wie ein Kartenhaus zusammenstürzen lassen. Wirtschaftsunternehmen wissen sich durch eigene Datenschutzbeauftragte gegen Computerkriminalität zu wehren. Private PC-Nutzer aber können sich nur auf die staatliche Datenschutzaufsicht verlassen – mit zweifelhaftem Erfolg. Denn in Expertenkreisen wird das deutsche Teledienstedatenschutzgesetz (TDDSG) bereits spöttisch als virtuelles Gesetz bezeichnet, weil es in einer vernetzten Welt keine Rechtssicherheit gewährt. Überall fehlen verlässliche Informationen und glaubwürdige Aussagen. Die Rechte der Nutzer stehen weitgehend nur auf dem Papier.

Vor diesem Hintergrund kann es nicht überraschen, dass drei Viertel der Bevölkerung (75%) noch nie etwas von Datenschutzbeauftragten gehört haben. Ein desillusionierendes Umfrageergebnis: Wie soll das Sicherheitsbewusstsein breiter Bevölkerungskreise gestärkt werden, wenn die Nutzer gar nicht wissen, an wen sie sich wenden können? Problematisch einzuschätzen ist vor allem die Tatsache, dass die junge Generation @ am wenigsten über Datenschutzbeauftragte weiß. 86 Prozent der 14- bis 17-jährigen Jugendlichen und 89 Prozent der 18- bis 24-jährigen jungen Erwachsenen haben weder in Schule, Ausbildung und Beruf noch durch Medien, Öffentlichkeit und Politik je etwas von der Existenz von Datenschutzbeauftragten gehört. Die Bürger werden derzeit massenhaft ans Netz angeschlossen („Internet für alle"), ohne vorher auf breiter Ebene über damit einhergehende Risiken hinreichend informiert und aufgeklärt worden zu sein.

Verständlicherweise ruft ein Teil der Bevölkerung laut nach ‚law and order', nach gesetzlichen Maßnahmen, Strafen und Sanktionen. Als Hauptursache mit deutlich zunehmender Tendenz sehen die Bundesbürger zu geringe Strafen für den Datenmissbrauch (1998: 37% - 2001: 47%). Auch der Gesetzgeber wird kritisiert, weil es nach Meinung der Bevölkerung zu viele Gesetzeslücken gibt oder gar wirksame Gesetze und Vorschriften fehlen (1998: 31% - 2001: 39%). Um den Bürger und Konsumenten vor sich selbst und anderen zu schützen, bieten sich als Lösungsansatz für die Zukunft verschiedene miteinander kombinierbare Lösungen an: Mehr Wissensvermittlung plus mehr Problemsensibilisierung plus mehr Datenschutzkontrolle durch kompetente Aufsichtsgremien.

6   Datenmissbrauch. Fast jeder dritte Bürger fühlt sich davon betroffen

Fast jeder dritte Bürger (29%) sieht sich mittlerweile als Opfer des Datenmissbrauchs. Jeder elfte Befragte (9%) hat den Eindruck, seine Daten seien bereits „einmal" gegen seinen Willen weitergegeben und benutzt worden. Und jeder Fünfte (20%) weiß über einen „mehrmaligen" Datenmissbrauch zu berichten. Betroffen hiervon zeigt sich insbesondere die mittlere Generation der 30- bis 49-Jährigen (26%), während Jugendlichen kaum etwas bemerkt haben wollen. Wird das Internet zur offenen Einladung für Datenmissbrauch? Dem Schutz personenbezogener Daten – vom Jugendschutz bis zum Verbraucherschutz – kommt in Zukunft eine immer größere Bedeutung zu.

Die Bundesministerien für Bildung und Forschung sowie für Wirtschaft und Technologie hatten schon 1999 in einer gemeinsamen Erklärung zur Informationsgesellschaft des 21. Jahrhunderts festgestellt, dass die amtliche Computerkriminalität von Jahr zu Jahr „bis zu fünfzigprozentige Steigerungsraten" aufweist. Computerkriminalität wird in den nächsten Jahren weiter zunehmen. Private Verbraucher müssen dann zunehmend die Erfahrung machen, dass beispielsweise eine E-Mail für ganz persönliche Informationen noch ungeeigneter ist als eine Postkarte. Selbst wenn PC-Nutzer ihre elektronischen Botschaften wieder löschen, können sie noch jahrelang in diversen Computern als Sicherungsdateien überleben. Einen Brief kann man zerreißen, eine E-Mail so schnell nicht. E-Mails werden in den USA mit alten Soldaten verglichen: Sie sterben nie.

Ich komme zum Schluss und fasse zusammen: Das radikal Neue der multimedialen Zukunft ist darin zu sehen, dass nicht mehr die Medien zu den Menschen kommen, sondern die Menschen die medialen Daten zu sich "herüberziehen". Alles kann angefordert und abgerufen werden. Wird der Mensch am Ende selbst zu einem statistischen Datensatz von Alter, Einkommen, Einkaufszettel, Automarke, Steuererklärung und Trinkgewohnheiten? Werden aus unseren persönlichen Daten neue Dienstleistungen für andere? Steht das Ende der Privatheit (Whitaker 1999) unmittelbar bevor? Kann in Zukunft alles, was wir einander mitteilen, von anderen gelesen und bis zur Quelle zurückverfolgt werden? Bedeutet dies, dass jeder ein ganz persönliches Online-Profil von uns entwickeln kann, z.B.

- welche Webseiten wir besuchen,

- welche Produkte wir bestellen und

- mit welchen E-Mail-Adressen wir korrespondieren?

Gibt es bald keine Privatsphäre mehr? Natürlich muss das nicht alles so passieren - aber es kann geschehen. Im Nachdenken über die möglichen Risiken der viel gepriesenen Informations-Infrastruktur stehen wir erst am Anfang.

Die massenhafte Verbreitung personenbezogener Daten in weltweiten Datennetzen, in denen Daten erzeugt, gesammelt, ausgewertet und vermarktet werden, stellt das gegenwärtige Datenschutzrecht immer mehr infrage. Wenn mittlerweile selbst Datenschutzexperten (Roßnagel 2001, S. 241) die Datenschutzszene in Deutschland als überreguliert, zersplittert, unübersichtlich und widersprüchlich bewerten, dann wird deutlich, dass vertrauensbildende PR-Maßnahmen im Datenschutz auf breiter Ebene immer dringender werden. Nur eine Attraktivierung des Datenschutzes als Kultur des Vertrauens kann den Verbraucher vom notwendigen Schutz seiner Privatsphäre und zugleich die Wirtschaft vom Standort- und Wettbewerbsvorteil überzeugen.

Grundlagenliteratur

Bäumler, H. (Hrsg.): E-Privacy. Datenschutz im Internet, Braunschweig-Wiesbaden 2000

BAT Freizeit-Forschungsinstitut (Hrsg.): Der gläserne Konsument. Die Zukunft von Datenschutz und Privatsphäre in einer vernetzten Welt, Hamburg 2001

BMBF/BMWI – Bundesministerium für Bildung und Forschung/Bundes-ministerium für Wirtschaft und Technologie (Hrsg.): Innovation und Arbeitsplätze in der Informationsgesellschaft des 21. Jahrhunderts, Bonn-Berlin 1999

Kaku, M.: Zukunftsvisionen. Wie Wissenschaft und Technik des 21. Jahrhunderts unser Leben revolutionieren („Visions. How Science Will Revolutionize the 21st Century", 1997), München 1997/2000

Negroponte, N.: Wir sind schon mitten in der Zukunft (Interview). In: HAMBURGER ABENDBLATT vom 12. November 1999

Opaschowski, H.W.: Generation @. Die Medienrevolution entlässt ihre Kinder, Hamburg 1999

Roßnagel, A.: Die Zukunft des Datenschutzes. In: H. Kubicek (Hrsg. u.a.): Internet @ Future, Heidelberg 2001, S. 241-251

Whitaker, R.: Das Ende der Privatheit, München 1999.

Datenschutz als Verbraucherschutz

Prof. Dr. Edda Müller

1 Umorganisation des Verbraucherschutzes

Seit einigen Jahren hat sich auf der Ebene der Verbraucherverbände einiges geändert. Ende des Jahres 2000 kam es zu einer *grundlegenden Reform der Verbrauchervertretung auf Bundesebene*. Um die Verbandsarbeit noch wirksamer zu gestalten, wurde der Bundesverband der Verbraucherzentralen und Verbraucherverbände (Verbraucherzentrale Bundesverband, vzbv) mit Sitz in Berlin als Dachorganisation der verbraucherpolitischen Organisationen in Deutschland gegründet. Im *Verbraucherzentrale Bundesverband* haben sich die drei Bundesorganisationen Arbeitsgemeinschaft der Verbraucherverbände e.V. (AgV), die Stiftung Verbraucherinstitut (VI) und der Verbraucherschutzverein (VSV) zusammengeschlossen. Mitglieder des vzbv sind die 16 Verbraucherzentralen der Länder sowie 18 weitere sozial orientierte Organisationen. Die Bündelung der Kräfte fiel zusammen mit einer neuen Prominenz und stärkeren Beachtung von Verbraucherbelangen im politischen Raum. Wir können uns heute also gestärkt zu Wort melden, wenn es um die Verbesserung des Schutzes von Verbraucherdaten geht. Ich will unsere Position im Folgenden anhand von sechs Thesen erläutern.

2 Datenschutz als Bestandteil moderner Verbraucherpolitik

These:

Moderne Verbraucherpolitik sollte sich am Leitbild der Vorsorge und der Verantwortung der Konsumenten orientieren. Der Schutz von Verbraucherdaten ist notwendiger Bestandteil einer solchen Politik.

Verbraucherpolitik ist immer dann gefordert, wenn Verbraucher ihre Interessen durch ihr individuelles Verhalten allein nicht wirksam befriedigen und verteidigen können, wenn der Marktmechanismus von Angebot und Nachfrage Verbraucherinteressen nicht ausreichend schützt oder wenn auch durch politik- und staatsferne Kooperationsformen Verbraucherschutzziele nicht erreicht werden können. *Leitbild moderner Verbraucherpolitik* muss daher zum einen die *Vorsorge* sein. Verbraucherpolitik darf also nicht erst bei den Produkten und Dienstleistungen ansetzen, sondern muss schon auf die der Vermarktung vorgelagerten Prozesse und Entscheidungen Einfluss nehmen. Zum anderen folgt aus dem *Leitbild des verantwortlich handelnden Konsumenten*:. Der Konsument sollte als aktiver Partner im Marktgeschehen verstanden werden, der als Einzelner das Recht auf Schutz hat und die Möglichkeit zur Gegenwehr haben muss, sich aber zugleich auch der Auswirkungen seiner Konsumentenentscheidung und seines Käuferverhaltens bewusst ist und Mitverantwortung übernimmt. Dies gilt auch für den Umgang mit den eigenen Daten.

Seit den Anfängen der Verbraucherarbeit ist *Datenschutz ein wichtiges Verbraucherthema*. So beschäftigte uns z. B. bereits in der Vergangenheit der Handel mit Kundenadressen. Durch den Eintrag in Sperrlisten konnte dem Missbrauch in der Offline-Welt begegnet werden. Auch wurden im Rahmen des *kollektiven Rechtsschutzes* Klauseln in den Allgemeinen Geschäftsbedingungen abgemahnt, die mit grundlegenden Regeln des Datenschutzes wie der Einwilligung des Betroffenen und einer gerechten Interessenabwägung nicht im Einklang standen. Ein weiteres Thema waren in diesem Zusammenhang Schweigepflichtentbindungserklärungen von Versicherungsgesellschaften.

Mit zunehmender Digitalisierung unser Gesellschaft werden solche Gegenmaßnahmen und damit der Selbstschutz des Verbrauchers immer schwieriger. Selbst für Experten wird zunehmend undurchschaubar, wo durch wen welche Daten erhoben, verarbeitet und weitergegeben werden. In der Online-Welt hinterlässt jede Lebensregung Datenspuren. Angesichts dieser unkontrollierbarer Datenströme nimmt potenziell auch die Einflussmöglichkeit der Verbraucher ab. Zugleich sind *personenbezogene Daten* für die Informationswirtschaft als weitere Einnahmequelle zunehmend interessant. Es gilt also, die nachteiligen Folgen für den Verbraucherschutz zu begrenzen, und für eine *Chancen- und Waffengleichheit* zwischen Verbrauchern als „Datenträger" und Anbietern als „verantwortliche Stellen" zu sorgen. Gleichzeitig müssen die *Verbraucher als eigenverantwortliche Datensubjekte* im Sinne der Hilfe zur Selbsthilfe in die Lage versetzt werden, die Brisanz ihrer Daten zu begreifen, Risiken im Umgang mit diesen zu erkennen, um angemessen reagieren zu können.

Wesentliche Grundlage des Rechts auf informationelle Selbstbestimmung bildet immer noch das Volkszählungsurteil aus dem Jahre 1983, in dem das Bundesverfassungsgericht erstmals das Recht des Einzelnen aus unserer Verfassung hergeleitet hat, „grundsätzlich selbst über die Preisgabe und Verwendung seiner persönlichen Daten zu bestimmen". Während es damals vor allem um den *Schutz vor staatlichem Zugriff* ging, geht es heute auch um den *Schutz vor der unkontrollierten Datenverwendung durch private Stellen*. Hier findet zunehmend eine Verschiebung der Quantitäten und Qualitäten personenbezogener Datenverarbeitung statt. Weiß der Einzelne schon in der herkömmlichen papiergebundenen Welt oftmals nicht, wer über seine persönlichen Daten verfügt, so wird es im world wide web schier unmöglich, die Verwendung der eigenen persönlichen Daten zu kontrollieren. Hinzu kommen *neue Verarbeitungstechniken*, die wiederum neue Gefährdungen personenbezogener Daten mit sich bringen, wie etwa die Biometrie. Wegen der unmittelbaren, vor allem auch datenschutzbezogenen Relevanz für den Verbraucher gestalten wir hier die Rahmenbedingungen in technischer, organisatorischer und rechtlicher Hinsicht aktiv mit.

Neue Probleme ergeben sich auch durch *neue Einsatzmethoden* der modernen Datentechnik. Aktuell geht es heute auf europäischer Ebene um das sog. spamming, d.h. um Werbe-emails, die unaufgefordert den elektronischen Briefkasten des Empfängers überfüllen und beim betroffenen Verbraucher neben Unbequemlichkeiten auch erhebliche Kosten verursachen können.

Sowohl hinsichtlich der Kontrolle der Datennutzer als auch der Sensibilisierung der Verbraucher beim Umgang mit seinen Daten in der Online-Welt sehen wir eine gemeinsame Aufgabe von Daten- und Verbraucherschützern. Mit vereinten Kräften werden wir Gefahren für die informationelle Selbstbestimmung wirksamer begegnen können, als wenn wir dies getrennt tun.

3   Auf dem Weg zu einer Datenschutzkultur

These:

Das unterschiedliches Sicherheitsbewusstsein der Verbraucher muss zur Bündelung der Interessen in einer gesellschaftlich anerkannten Datenschutzkultur fü h-ren.

Im Bereich des Datenschutzes begegnet uns nicht ein einheitliches Sicherheitsbewusstsein der Verbraucher, auf das wir nur angemessen zu reagieren brauchen. Die Frage ist wesentlich komplexer und muss daher differenziert betrachtet werden. Auf der einen Seite gibt es eine große Zahl von Verbrauchern, die *besondere Sicherheitsbedenken* haben und aus diesem Grunde vor allem am elektronischen Geschäftsverkehr nicht oder nur sehr zögerlich teilnehmen. Auf der anderen Seite gibt es aber auch eine Gruppe von Verbrauchern, die *keine oder nur sehr gering ausgeprägte Sicherheitsbedenken* haben. Zu beobachten ist ein teilweise sorgloser Umgang mit den eigenen Daten. Die Gründe liegen oft im fehlenden Bewusstsein über die Brisanz der eigenen Daten, über den Geldwert für die anbietende Wirtschaft und in der Unkenntnis der technischen Möglichkeiten zur Erhebung, Verarbeitung und Übermittlung von Daten. Manche Verbraucher nutzen z. B. Angebote wie Kundenkarten[1], mailing-Listen. weitgehend bedenkenlos, oftmals ohne überhaupt auf den Gedanken zu kommen, dass sie damit Anbietern fast grenzenlose Mög

---

[1] Wie z.B. das System PAYBACK, gegen das der vzbv derzeit in der zweiten Instanz vor Gericht steht.

lichkeiten eröffnen, Kundenprofile zu erstellen, mit denen diese das individuelle Konsumverhalten nicht nur bewerten, sondern auch steuern und beeinflussen können.

So unterschiedlich beide Gruppen mit ihren Daten umgehen - *beiden mangelt es vor allem an hinreichender Transparenz,* was sowohl für die Möglichkeiten des Selbstschutzes als auch das Gefährdungspotenzial gilt. Durch *Sensibilisierung* der Verbraucherschaft muss diese über lautere und unlautere Möglichkeiten der Anbieter aufgeklärt werden. Die Verbraucher müssen daneben verstärkt über ihre Möglichkeiten zur *Prävention* informiert werden. Der präventive Schutz ist beispielsweise durch den Erwerb und die Inanspruchnahme datenschutzgerechter Produkte und Dienstleistungen möglich. Erforderlich ist auch hier das Wissen darüber, wie der Einzelne sich z.B. beim Surfen im Internet vor ungewollten Datenerhebungen und –verknüpfungen schützen kann. Dies fängt bei der technisch möglichen Verhinderung der Ablage von Cookies bzw. überhaupt deren Existenz an, geht über anonyme oder pseudoanonyme Möglichkeiten des Surfens im Internet und hört bei der Verschlüsselung sensibler Daten noch lange nicht auf.

Um den Verbrauchern beides zu vermitteln, sind *Maßnahmen zur verbesserten Information* erforderlich. Dazu gehört eine verstärkte Informationspolitik seitens der Verbraucher- und Datenschutzverbände. Wir brauchen aber auch Anstrengungen im staatlichen Bildungsbereich und die Entwicklung einer Datenschutzdidaktik. Der Staat muss im Bereich des Datenschutzes seine mit fortschreitenden technischen Möglichkeiten ebenfalls wachsenden Schutzpflichten gegenüber dem Bürger wahrnehmen. Ziel sollte nicht nur die Bereitstellung einer Sicherheitsinfrastruktur sein, sondern es muss eine Sicherheitskultur geschaffen werden, indem jedem Bürger *Sicherheitskompetenz und Sicherheitsbewusstsein* vermittelt werden.. Dies müsste bereits im Schulunterricht durch Einführung eines Schulfaches „Datensicherheit in der Informationsgesellschaft" geschehen.

4   Die Integration von Datenschutz und Informationszugang

These:

Zugang zu Informationen und Datenschutz sind in einer Informationsgesellschaft keine Gegensätze, sondern zwei Seiten der informationellen Selbstbestimmung.

Möglichst umfassender *Zugang zu Informationen* einerseits und der *Schutz der eigenen Daten* andererseits sind nach dem Bundesverfassungsgericht *elementare Grundbedürfnisse* des Menschen, um sich als Persönlichkeit zu entfalten. Dort, wo Schutzinteressen hinsichtlich sensitiver Daten verschiedener Parteien aufeinander treffen, müssen diese sorgfältig gegeneinander abgewogen werden.

Die *gerechte Interessenabwägung* ist ein wesentlicher Grundsatz unserer Rechtsordnung. Somit müssen auch die berechtigten Interessen des informationsbegehrenden Verbrauchers gegen diejenigen des Unternehmers abgewogen werden, der seine Daten schützen will. Allerdings gilt hier wie in vielen anderen Bereichen auch, dass die potenzielle Unterlegenheit des Verbrauchers oftmals zu einem Zurücktreten der Anbieterinteressen führen muss. Wir fordern deshalb ein *Verbraucherinformationsgesetz*, mit dem der öffentliche Zugang zu staatlichen Prüfergebnissen und Bewertungen sichergestellt und im privaten Bereich Unternehmen verpflichtet werden, öffentlich zugängliche Transparenzdatenbanken aufzubauen.

5   Datenschutz im E-Commerce

These:

Im E-Commerce ist der Datenschutz von besonderer Bedeutung.

Besonders im E-Commerce entstehen *datenschutzspezifische Risiken* wie etwa durch die Erstellung von Online-Profilen durch das. data-mining in sog. datawarehouses. Beim online-Einkauf hinterlässt der Kunde Daten im Klartext und Datenspuren, wenn er beispielsweise dazu veranlasst wird, umfassende persönliche Angaben zu machen, die für die Bestellung nicht notwendig sind, und er zusätzlich noch per Kreditkartennummer im Voraus bezahlen soll, weil eine Bezahlung per Rechnung nicht angeboten wird. Hier müssen unter anderem Möglichkeiten verbrauchergerecht umgesetzt werden, sich anonym in der virtuellen Welt zu bewegen und nur dort, wo es wirklich darauf ankommt und auch die Zweckbindung gewährleistet ist, die wahre Identität zu offenbaren.

Bei der Gestaltung der gesetzlichen Rahmenbedingungen muss der Staat seinen Schutzpflichten gegenüber dem Bürger u.a. durch *Schaffung einer wirksamen Sicherheitsinfrastruktur*, wie etwa der digitalen Signatur, nachkommen. Notwendig sind Regelungen, die auch sanktionsbewährt sind. Die Schaffung geeigneter Sanktionsregelungen wird sicher einer der wesentlichen Diskussionspunkte im Rahmen der Modernisierung des Datenschutzrechts sein. Genauso wichtig ist angesichts des rasanten Fortschreitens der Technik eine wirksame und verlässliche *Selbstregulierung der Anbieter*.

Nach einer aktuellen *Studie unseres Weltverbandes Consumer International*, in der ca. 750 Internetseiten überprüft wurden, gaben 28 % der Internet-Händler *keinerlei Informationen zum Datenschutz*. Informationen über den Anbieter, Preis- und Lieferangaben etc. fehlten ebenfalls in erheblichem Umfang. Mehr als zwei Drittel der geprüften Seiten blieben hinter international anerkannten Minimalstandards zurück. Es wurden *persönliche Daten von Verbrauchern* solcher Art *abgefragt*, dass eine Identifizierung und Kontaktaufnahme ermöglicht wurde, ohne dass dies für die Nutzer eindeutig erkennbar gewesen wäre. Weit mehr als die Hälfte der Seiten bot *keine Möglichkeit* an, durch die der Nutzer selbstständig und bewusst *über die Weiterverarbeitung seiner persönlichen Daten durch Dritte hätte entscheiden* können. Trotz strengerer Gesetzgebung in der EU waren viele in der EU beheimatete Unternehmen nicht in der Lage, ihren Kunden hinreichende *Informationen über* ihre *Privacy Policy* zu geben. Die besten Ergebnisse fanden sich hier bei einigen US-Anbietern. Auch gab es bei den US-Seiten öfter als bei den EU-Anbietern die technische Möglichkeit für die Kunden, durch *bewussten Klick* (*opt*-in) *über die Aufnahme in die mailing-Liste* des jeweiligen

Unternehmens zu entscheiden. Nur 10 % der *an Kinder gerichteten Angebotsseiten* forderte die Zustimmung der Eltern ab oder verzichtete ganz auf die Erhebung persönlicher Daten über die jugendlichen Nutzer.

Innerhalb der Europäischen Union werden diese Probleme nicht primär durch mangelnde Gesetze verursacht. Zu beklagen sind vielmehr der *mangelhafte Gesetzesvollzug* und insbesondere die praktischen Schwierigkeiten, Rechte im *grenzüberschreitenden Rechts- und Geschäftsverkehr* auch durchzusetzen. Hier muss über geeignete Wege gesprochen werden, Verbraucherrechte und Verbrauchervertrauen zu stärken und Missbräuche zu bekämpfen. In dem in Schleswig-Holstein entwickelten Datenschutzaudit sehen wir .ein interessantes und praktikables Instrument, um dieses Ziel zu erreichen.

6   Datenschutz als Wettbewerbsvorteil

These:

Wirksamer Datenschutz ist ein Wettbewerbsvorteil.

Die wirtschaftlichen Möglichkeiten des e-commerce werden derzeit wegen der dargestellten Probleme einer häufig *fehlenden Vertrauenswürdigkeit* und *Intransparenz* bei weitem nicht genutzt. Wirksamer Datenschutz kann deshalb zu einem entscheidenden Wettbewerbsvorteil werden. Voraussetzung ist allerdings, dass Datenschutzmaßnahmen für den Verbraucher konkret und praktikabel sind.. Erst wenn der Verbraucher *Datenschutz als im Alltag praktikabel* erlebt, wird er Produkten, Anbietern und Dienstleistern den Vorzug geben, deren Datenschutzangebot überzeugend ist. Ein Teil der Wirtschaftsakteure hat die Zeichen der Zeit erkannt.. Wir erhalten vermehrt Anfragen von Anbieterseite, die den Dialog mit den Verbraucherverbänden zum Datenschutz suchen und unsere Zustimmung zu bestimmten Angebotsformen erfragen, um das Verbrauchervertrauen zu gewinnen. Diese Unternehmen haben erkannt: „*Privacy sells*"

7   Grundsätzliches

These:

Nötig sind Qualitätstests für datenschutzgerechte Produkte und Dienstleistungen

Datenschutz sollte wie andere Merkmale auch ein *wichtiger Faktor zur Beurteilung der Qualitätseigenschaften von Produkten und Dienstleistungen sein.* Während es auf dem Gebiet der Verbraucherprodukte seit langer Zeit und mit Erfolg der Stiftung Warentest und anderen Einrichtungen gelingt, dem Verbraucher anhand von Waren- und Dienstleistungstests Entscheidungskriterien für den Erwerb von Produkten und die Inanspruchnahme von Dienstleistungen an die Hand zu geben, fehlt Derartiges bisher auf dem Gebiet des Datenschutzes. Denkbar wäre die Einbeziehung von Datenschutzkriterien in die bereits bestehenden Testreihen. Geeigneter wären vermutlich jedoch spezifische Tests, die die besonderen Anforderungen des Datenschutzes, Aspekte der Datensicherheit und Datenschutzpolicies überprüfen könnten.. Die Datenschutzbehörden haben schon erste Ansätze entwickelt. Sie sollten weiter ausgebaut werden, um Datenschutz für den Verbraucher in Zukunft alltagstauglich zu machen. Wir bieten ihnen hierbei unsere Kooperation und Unterstützung an.

Den Kunden im Blickfeld

Dr. Thilo Weichert

1   Einleitung und Geschichte

Datenschutz und Verbraucherschutz sind zwei Rechtsgebiete, die bisher wenig mit einander zu tun hatten. Doch die gemeinsame Schnittmenge wird immer größer. Diese Entwicklung ist für beide Seiten von existenzieller Bedeutung. Im folgenden Beitrag soll begründet werden, weshalb das Datenschutzrecht noch kein echtes Verbraucherschutzrecht ist und wie es hierzu weiterentwickelt werden kann und muss.

Ich möchte mit zwei Fragen und dazugehörigen Antworten beginnen: „Wissen Sie, was BSE und MKS (Maul- und Klauenseuche) mit dem Datenschutz gemeinsam haben?". Die Antwort lautet: Für all das könnte das neu gebildete Verbraucherministerium auf Bundesebene zuständig sein. Aber: „Wissen Sie auch, was den Datenschutz von BSE und MKS unterscheidet?" Die Antwort ist: Für den Datenschutz sieht sich das Verbraucherministerium noch nicht für zuständig an. Wie komme ich zu dieser Behauptung? Nur ein kleines aber signifikantes Indiz hierzu: Das Unabhängige Landeszentrum für Datenschutz Schleswig-Holstein (ULD) organisierte am 10. September 2001 in Kiel eine „Sommerakademie" mit dem neudeutschen Motto „Privacy sells" (Datenschutz rentiert sich). Es ging um die Frage, welche Rolle Datenschutz als Wettbewerbsfaktor spielt. Was lag näher, als hierzu die frisch gebackene Verbraucherministerin als Rednerin einzuladen - viele Monate zuvor und damit eigentlich früh genug. Doch deren Büro wusste schon damals sofort, dass die Ministerin in einem halben Jahr mit der Landwirtschaft noch voll beschäftigt sein würde und sagte ab. Mehr Bewusstsein für die ökonomische Relevanz des Datenschutzes scheint da schon bei den Wirtschaftsministerien des Bundes und auch des Landes Schleswig-Holstein vorhanden zu sein. Von dort inzwischen eingeleitete und geförderte Projekte basieren auf der Erkenntnis, dass Verbrauchervertrauen Datenschutz bedingt. Und ohne dieses Verbrauchervertrauen wird es nicht dazu kommen, dass der E-Commerce als Motor der Informationswirtschaft richtig rund läuft. So haben wir heute noch die Lage, dass das neue Verbraucherministerium - anachronistisch anmutend - voll auf den ersten Sektor, die Landwirtschaft setzt. Die Zukunft nicht nur der Wirtschaft, sondern auch des Verbraucherschutzes wird aber in der Informationsgesellschaft im dritten Sektor, der Dienstleistungsbranche, wird im Bereich der Informations-Dienstleistungen liegen[2].

---

[2] Vgl. dazu den Beitrag von Müller in diesem Band, S. 20

Datenschutz war schon immer verbraucherrelevant. Die beiden klassischen Bereiche des Datenschutzes in der Wirtschaft, die die Aufsichtsbehörden bisher am stärksten beschäftigten, haben einen direkten Bezug zu den Konsumentinnen und Konsumenten: Dies ist zum einen die Direktmarketing-Wirtschaft mit ihrem Adressenhandel und zum anderen die Bonitätskontrolle durch Auskunfteien und Branchen-Warndienste. Diese beiden Wirtschaftssektoren weisen schon seit Jahren zweistellige Wachstumsraten auf. Und dies wird sich auch in absehbarer Zukunft nicht ändern. Durch die Entwicklung der Informationstechnik und deren verstärkten Einsatz gewinnen diese beiden Bereiche sowohl quantitativ wie qualitativ eine weiter zunehmende Bedeutung:

So bringt der E-Commerce fast zwangsläufig eine personalisierte Kundenbeziehung mit sich. Die hierbei gesammelten Kundendaten werden zu Interessenprofilen zusammengefügt, die zur zielgruppenspezifischen Bewerbung mithilfe des One-to-One-Marketing genutzt werden können. Völlig neue Auswertungsmöglichkeiten zum effizienteren Ressourceneinsatz bieten die Instrumente des Data-Warehouse und des Data-Mining. Die angesammelten individualisierten Wirtschaftsdaten können zu Bonitätsprofilen verdichtet werden. Diese werden zum Einen zur Positiv-Diskriminierung bei der Werbung benutzt. Der Mercedes wird nur dem Gutverdiener angeboten, nicht dem Sozialhilfeempfänger. Die Bonitätsprofile werden aber auch zur negativen Diskriminierung genutzt. Mit arbeitslosen und überschuldeten Menschen rentiert es sich nicht, Verträge abzuschließen. Diese Verträge bedürfen eines zu hohen Aufwandes und vieler Pflege. Daher bemüht man sich nicht um dieses Klientel. Ja mehr noch: diesem Klientel wird der Vertragsabschluss einfach verweigert, z.B. das Anmieten eines Autos oder die Eröffnung eines Girokontos. Dies mag bedauerlich sein. So ist es aber heute schon Realität und so wird es in Zukunft in verstärktem Maße sein. Im Interesse des Verbraucherschutzes muss und kann die Politik hier gegensteuern. Mithilfe einer Verbraucherdaten-Verkehrsordnung muss ein Gleichgewicht zwischen Verbraucher und Wirtschaft geschaffen werden.

Diese Notwendigkeit zeigt sich in eklatanter Weise bei der Vermarktung der Kundendaten. Schon heute ist die Vermarktung dieser Daten ein äußerst lukratives Geschäft. Kundendaten werden zur Ware. Doch wer verdient daran? Bisher überhaupt nicht der Verbraucher oder die Verbraucherin selbst, sondern ausschließlich die Wirtschaft. Der Verbraucher ist reines Objekt, nicht Subjekt. Ein offensichtlicherer Widerspruch zu dem vom Verfassungsgericht für eine demokratische Informationsgesellschaft für unabdingbar erklärten Recht auf informationelle Selbstbestimmung ist kaum vorstellbar.

2   Die Rechtslage

Diese Beschreibung der Realität hat sehr viel mit unserem bisherigen Normgefüge zu tun. Das einschlägige Gesetz - das Bundesdatenschutzgesetz (BDSG) - hatte auf diese technisch und ökonomisch bedingte Entwicklung bisher keine adäquaten Antworten parat. Das BDSG ´90 kannte keine Marktinstrumente. Das Einzige, was dort in dieser Richtung geregelt war, war der Anspruch auf Schadenersatz. Und dieses Instrument griff nicht, wurde in der Praxis nicht angewendet. Das BDSG war und ist heute noch ein gekapptes Ordnungsrecht. Es basiert auf gesetzlichen Verboten und Erlaubnissen. Freie Aushandelungsmechanismen sind ihm völlig unbekannt. Die Kundin und der Kunde sind als Betroffene Objekt der Datenverarbeitung und der Regulierung, nicht Beteiligte. Ich nenne das Ordnungsrecht des BDSG „gekappt", weil Verstöße dagegen weitgehend folgenlos bleiben. Das stärkste Schwert der Datenschutz-Aufsichtsbehörden ist die - im Gesetz ausdrücklich überhaupt nicht geregelte - „Rüge" einer Datenverarbeitung. Während diese im öffentlichen Bereich als „Beanstandung" wegen der hierarchischen und demokratisch kontrollierten Struktur der Verwaltung noch Wirkungen entfalten kann, scheren sich viele Unternehmen um solche Rügen wenig. Zwar kennt das BDSG auch Bußgeld- und Strafvorschriften (§ 43 f.) und die Möglichkeit von technischen Anordnungen (§ 38 Abs. 5). Es kommt aber nicht von ungefähr, dass auch diese ordnungsrechtlichen Instrumente bisher praktisch kaum Anwendung fanden.

Das BDSG ´01 brachte insofern schon einige kleine Verbesserungen[3]. Durch verbesserte Transparenzregelungen erhält der Konsument mehr Informationen über die ihn betreffende Datenverarbeitung. Dies wird erreicht durch bessere Benachrichtigung, einen erweiterten Auskunftsanspruch, weitergehende Informationsansprüche z.B. bei der Videoüberwachung, beim Marketing oder beim Chipkarteneinsatz und generell einer Stärkung der Betroffenenrechte. Die Schadenersatzregelung wurde etwas verbessert. Mit einem generellen Widerspruchsrecht hat der Verbraucher erstmals einen eigenen Prüfanspruch direkt gegenüber dem Datenverarbeiter in der Wirtschaft. Die wichtigste Änderung ist die sich direkt aus der Europäischen Datenschutz-Richtlinie erzwungene Einführung einer anlassunabhängigen Datenschutzkontrolle. Dies hat sowohl symbolische wie auch ganz praktische Konsequenzen. Mit ihr wird unwiderruflich anerkannt, dass die Verarbeitung von fremden Daten nicht mehr eine Privatangelegenheit des Datenverarbeiters ist, sondern eine öffentliche Angelegenheit. Personenbezogene Datenverarbeitung ist sozialpflichtig und unterliegt staatlicher Kontrolle.

Vorreiter in Sachen Verbraucher-Datenschutz war schon vor Erlass des BDSG ´01 der Datenschutz im Multimedia- und Telediensterecht. Hier wurden Instrumente eingeführt, die jetzt ins BDSG nachgezogen wurden oder erst im Rahmen

---

3 Vgl. dazu den Beitrag von Bizer in diesem Band, S. 125

einer weiteren BDSG-Novellierung in einer zweiten Stufe kommen werden[4]. Dies gilt insbesondere für das Ersetzen der gesetzlichen Verarbeitungserlaubnis durch die informierte Einwilligung der an der Telekommunikation Teilnehmenden. Hierdurch wird - zumindest was die Nutzungs- und Verbindungsdaten angeht - dem Verbraucher die ihm verfassungsrechtlich zustehende Datenmacht erstmals auch einfachgesetzlich zugestanden. Mit der Pflicht zur Datensparsamkeit werden die Möglichkeiten des Verarbeiters, durch geschickte Systemgestaltung doch noch zur kommerziell nutzbaren Vorratsdatenhaltung zu kommen, begrenzt. Schließlich wird mit der Regelung des Datenschutz-Audits ein originäres Marktinstrument eingeführt. Mit einem „Prüfsiegel" sollen die guten gegenüber den mäßigen und schlechten Datenverarbeitern hervorgehoben werden und einen Wettbewerbsvorteil erhalten. Aber wieder kam viel Wasser in den Wein: Die Gesetze spiegeln nicht die ganze Realität wieder. Ebenso wie im BDSG ´01 bedarf auch die Audit-Regelung bei den Tele-Diensten einer weiteren gesetzlichen Konkretisierung. Und diese ist nicht in Sicht. Zusammenfassend kann festgestellt werden: Aus Verbrauchersicht ist unser Datenschutzrecht unbefriedigend.

3   Rahmenbedingungen eines Verbraucher-Datenschutzes

Um die Frage nach den geeigneten und angemessenen Regelungsinstrumenten beantworten zu können, müssen wir uns erst den ökonomischen und gesellschaftlichen Rahmenbedingungen widmen, den konträren Interessen und Konflikten.

Der erste Konflikt zwischen Verbraucher und Wirtschaft ist der zwischen Transparenz und Betriebsgeheimnis. Während die Konsumentinnen und Konsumenten zumindest wissen können sollten, was mit ihren Daten passiert, wollen die Wirtschaftsunternehmen genau dieses Wissen vor dem Verbraucher wie vor der Konkurrenz geheim halten. Aktuelles Beispiel dafür ist das Kreditscoring: Hier werden nicht nur das Verfahren, die Bewertungsmaßstäbe und die einfließenden Parameter geheim halten, sondern sogar das Ergebnis. Bis vor Kurzem weigerte sich z.B. die Schufa noch, dem Verbraucher seinen Scorewert mitzuteilen, der für die Kreditwirtschaft allgemein verfügbar und oft die entscheidende Grundlage für das Eingehen von Finanzvertragsbeziehungen ist. Nicht viel rosiger ist die Lage im gerade sich entfaltenden Markt der Kundenbindungs- und Rabattkarten. Von Klarheit über die Verantwortlichen, die verarbeitenden Stellen und Datenempfänger, über die tatsächlich verarbeiteten Daten, die Verarbeitungs- und v.a. Auswertungsstrukturen kann keine Rede sein. Mit allgemeinen Klauseln in den Allgemeinen Geschäftsbedingungen (AGB) wird mehr verschleiert als informiert. Und die Praxis der Firma mit der weit verbreitetsten Rabattkarte in Deutschland zeigte lange Zeit, dass mit blumigen Worten

---

[4] Vgl. dazu den Beitrag von Roßnagel in diesem Band, S. 115

selbst das gesetzlich unzweifelhaft zustehende Auskunftsrecht verweigert wird. Überhaupt keine Transparenz besteht für den Verbraucher hinsichtlich der für diesen im Dialog mit der Wirtschaft vielleicht wichtigsten Frage: Wie viel sind meine Daten tatsächlich wert? Wie viel kosten meine Adress-, Marketing- oder Bonitätsdaten? Dieses Geheimnis wird am strengsten gehütet. Würde es gelüftet und würde bekannt, was die Wirtschaft an der Ausbeutung der fremden Daten verdient, so wüsste auch der Verbraucher, was er u.U. hätte verdienen können.

Der zweite Konflikt liegt zwischen Information und Manipulation. Die Kundinnen und Kunden wollen verführt werden. Sie wollen verlockt, bezirzt und geschmeichelt werden. Doch der Flirt, das Sich-Verführen-Lassen soll nicht zur ungewollten Schwangerschaft führen. Übertragen auf die Verrbaucherdatenverarbeitung bedeutet dies: Wer eine Bestellung beim Versandhandel tätigt, will sich damit nicht monatelang einen vollen Briefkasten einhandeln. Wer unbeschwert im Internet surft, will nicht, dass daraus ein über Jahre beständiges Interessen- und Kommunikations- und damit auch ein Manipulationsprofil erstellt wird, das nicht nur die Stärken, sondern auch die eigenen Schwächen offenbart, z.B. die Schwäche für Sexbilder, für´s Glücksspiel oder für teures Parfüm. Grundlage für Vertrauen ist Information. Wer lässt sich schon im zwischenmenschlichen Bereich auf eine Partnerschaft ein, ohne etwas vom Partner zu wissen. Der Wunsch nach Kenntnis meines Gegenübers gilt auch im Wirtschaftsleben: Wer ist das, der da welche von meinen Daten wie und für welche Zwecke nutzt? Werden diese Daten nicht offen gelegt, so lasse ich mich lieber vom Konkurrenten verführen, der im Internet nur einen Klick weit entfernt ist. Als Konsument will ich nicht gezwungen sein, jedes Mal seitenlange AGBs lesen zu müssen. Ich will aber die Möglichkeit haben, bei Bedarf genau zu erfahren, mit wem ich es zu tun habe.

Die dritte Konfliktlinie läuft zwischen Einwilligung und „berechtigtem Interesse". Die wichtigste Regelung im BDSG von heute ist so versteckt, dass sie selbst von routinierten Juristinnen und Juristen nur mit Mühe gefunden wird. In § 28 Abs. 1 Satz 1 Nr. 2 BDSG wird die Datenverarbeitung erlaubt, wenn es zur Wahrung „berechtigter Interessen" erforderlich ist und keine schutzwürdigen Interessen des Betroffenen überwiegen. Der Begriff „berechtigte Interessen" kann fast alles legitimieren, auch das Durchführen von Marketingmaßnahmen. Er wird definiert von der Daten verarbeitenden Stelle selbst. Die Regelung mit dem berechtigten Interesse ist die Ermächtigungsnorm zur kommerziellen Ausbeutung der Daten von Kunden, also von fremden Menschen, die etwas gekauft haben, für andere Zwecke als den Vertragszweck. Eine solche Verarbeitungsbefugnis kann in einer demokratischen Informationsgesellschaft nicht mehr sozialadäquat sein. Daher verfolgt der Gutachterausschuss der Bundesregierung zur Novellierung des BDSG den richtigen Ansatz, diese bisherige zentrale Verarbeitungslegitimation durch die Einwilligung der Betroffenen zu ersetzen. Diese Einwilligungslösung ist nichts anderes als die Umsetzung der zentralen Grundlage der Markt wirtschaft, der Privatautonomie, im Bereich der Datenverarbeitung. Durch die dadurch erreichte informationelle Selbstbestimmung wird das für die Akzeptanz des E-Commerce nötige Konsumenten-Vertrauen bewirkt.

4 Neue Prinzipien eines modernen Verbraucher-Datenschutzes

- Der erste Grundsatz für einen modernen Verbraucher-Datenschutz ergibt sich konsequent aus dem eben Gesagten: Das bisherige Opt-Out ist durch ein *Opt-In* zu ersetzen. An die Stelle des bisher in § 28 Abs. 3 BDSG und anderen Regelungen vorgesehenen Widerspruchsrechts im Bereich des Marketing hat die Einwilligung bzw. die Zustimmung im Rahmen eines Vertrages zu treten. Eine spannende Frage wird in diesem Zusammenhang sein, in welchem Maße dem Verbraucher nach einem Opt-In noch die Möglichkeit eines Opt-Out offen gelassen wird. Hat er für seine Zustimmung zur Datenverarbeitung eine Leistung erhalten und widerspricht er danach der Datenverarbeitung, so wird das Wirtschaftsunternehmen wenig begeistert sein, die Daten nicht mehr nutzen zu dürfen. Das Opt-In muss aber zunächst etabliert werden, und zwar als oberster Grundsatz für die Legitimation der Verarbeitung in sämtlichen Bereichen; besonders dringend ist dies aber im Bereich des Marketing.

- Für die Bonitätskontrolle benötigen wir, anders als bisher, eine bereichsspezifische Regelung. Hier kann und darf nicht auf die Einwilligung zurückgegriffen werden. Wer gesteht schon gerne freiwillig ein, dass er zahlungsunfähig ist? Dass ein in Vorleistung tretender Vertragspartner die Vertrauenswürdigkeit seines Gegenüber prüfen kann, ist sein legitimes Interesse. Dass Verträge, insbesondere Kreditverträge, wegen Zahlungsunfähigkeit nicht Not leidend werden, hieran besteht außerdem ein öffentliches Interesse der Gesellschaft; ja dies liegt im wohlverstandenen Interesse des Gegenübers, der vor einer weiteren Überschuldung bewahrt werden muss. Doch die bestehenden Regelungen (insbes. des § 29 BDSG) wie die aktuelle Praxis zeugen von Wildwuchs oder gar von Wild-West-Manieren: Da prangern Firmen ihre Kunden im Internet an, die - aus welchen Gründen auch immer - ihre Rechnungen nicht bezahlt haben. Die Bundesregierung plant sogar offiziell, die Daten aus der Verbraucherinsolvenz weltweit über Internet zur Verfügung zu stellen. Das schon erwähnte allgegenwärtige Scoring-Verfahren wird so geheim gehalten, dass es selbst der staatlichen Kontrolle nicht zugänglich gemacht wird. Auskunfteien, selbst die scheinbar seriöse Schufa, arbeiten mit ungesicherten, sog. „weichen" Daten, z.B. zu einem beantragten Mahnbescheid. Bei der Bonitätsbeurteilung fließen Gerüchte und der gute Leumund ein, ohne dass diese auf einer realen Grundlage basieren müssten.

- Die bereichsspezifische Regelung zur Bonitätsprüfung muss folgende Elemente enthalten: Grds. dürfen nicht ungesicherte Daten, sondern nur „harte" Fakten aus Vertragsbeziehungen Berücksichtigung finden. Dies sind schuldrechtliche Titel, Insolvenzanträge oder eidesstattliche Versicherungen, nicht aber Mahnungen, beantragte Mahnbescheide oder die Erhebung von Klagen. Die bisher dezentral bei den Amtsgerichten geführten öffentlichen Register bzw. Informationen (Schuldnerverzeichnis, Insolvenzverzeichnis) müssen in einem geregelten Verfahren zur Verfügung gestellt werden. Das bisherige Verfahren mit vagabundierenden Listen und Disketten ist nicht - weder aus Wirtschafts- noch aus Bürgerrechts-Sicht - praktikabel. Dabei kann durch eine Zentralisierung der Daten Ordnung und Kontrolle bewirkt werden. Die Betroffenen sind einzubeziehen. Sie müssen das Verfahren überschauen, die einfließenden Daten kontrollieren und falsche Darstellungen per Gegendarstellung korrigieren können. Weiterhin muss eine Verhältnismäßigkeitsprüfung eingeführt werden. Es geht nicht an, dass man sich bei einer Buchbestellung über das Internet gegenüber dem Anbieter ebenso nackt ausziehen muss wie bei der Aufnahme eines Baudarlehens über mehrere 100.000 Mark. Die Datenabfrage mit der Überprüfung des berechtigten Abfrageinteresses ist derzeit völlig unbefriedigend. Die Angabe „Girokonto" oder „Vertragsanfrage" genügt, um an sensible Daten heranzukommen. Oft wird überhaupt nicht geprüft, ob eine Angabe gemacht wurde. Das berechtigte Auskunftsinteresse muss protokolliert und kontrolliert werden. Schließlich muss sichergestellt werden, dass die Daten aus der Bonitätsprüfung nur für diesen Zweck verwendet werden. Es ist unerträglich, dass solche Informationen z.B. für Werbezwecke eingesetzt werden.

- Der Gutachterausschuss zur BDSG-Novellierung hat eine partielle Freistellung von datenschutzrechtlichen Pflichten, z.B. der Benachrichtigungs- und Auskunftspflicht, bei einer *„Datenverarbeitung mit ungezieltem Personenbezug"* vorgeschlagen. Die zunächst sehr vagen Vorschläge, die zu Recht wegen ihrer Offenheit kritisiert worden sind, sind inzwischen vom Gutachterausschuss so weit konkretisiert worden, dass sie auch aus Sicht der Verbraucherschutzes akzeptierbar sein können. Bevor aber diese Idee gesetzlich eingeführt wird, ist sie auf ihre praktischen Konsequenzen für die Betroffenen abzuklopfen.

- Soweit bestimmte Datenverarbeitungstechniken zu spezifischen Risiken für die Verbraucherinnen und Verbraucher führen, müssen und können besondere Regelungen gefunden werden. Mit der *Video-* und der *Chipkartenregelung* hat der Gesetzgeber im BDSG ´01 in die richtige Richtung gewiesen. Die Regelung zur Videoüberwachung ist aber nicht ausreichend, weil sie weder genügend Transparenz noch einen effektiven Schutz vor einer Totalüberwachung gibt. Sie muss im Rahmen der 2. Novellierungsstufe des BDSG in jedem Fall erneut angefasst werden. Weiteren Regelungsbedarf sehe ich beim elektronischen Publizieren durch Privatpersonen (z.B. auf Homepages) und im Einsatz von Internet-Suchmaschinen. Hierbei spielen neben dem Datenschutz die Meinungsäußerungs- und die Informationsfreiheit eine Rolle. Nach der aktuellen Rechtslage sind Data-Warehouses und Data-Mining-Instrumente unter Einbeziehung personenbezogenen Daten wegen des Nichtbeachtens des Zweckbindungsgrundsatzes i.d.R. rechtlich nicht zulässig. Unzweifelhaft werden aber solche Instrumente von der Wirtschaft schon in großem Umfang eingesetzt. Dies ist nur dadurch möglich, dass zwar viel hierüber lobhudelnd geschrieben wird, dabei aber umso konsequenter das Geheimnis gehütet wird, welche Daten mit welchen Auswertungsroutinen für welche Zwecke und mit welchem Ergebnis verarbeitet wurden bzw. werden. Sollen diese Instrumente, z.B. über Pseudonymisierungen oder durch Black-Box-Verfahren ihrer größten Risiken beraubt und rechtlich zugelassen werden, so sind hierfür rechtliche Vorgaben nötig.

- Das Einführen von Aushandelungsmechanismen im Datenschutzrecht kann zum Einen dadurch erfolgen, dass das Instrument eines *„Datenüberlassungsvertrages"* zwischen Verbraucher und Wirtschaft etabliert wird. Dieser Vertragstyp passt bisher nicht in die klassischen Vertragsformen, die vom Bürgerlichen Gesetzbuch (BGB) geregelt sind. Ein zentrale flankierende Maßnahme zur Durchsetzung marktwirtschaftlichen Denkens wäre die Anerkennung von Bereicherungsansprüchen der Verbraucherinnen und Verbraucher bei unzulässiger Verarbeitung ihrer Daten. Das bisherige Schadensersatzrecht ist dagegen ein stumpfes Schwert, weil ein materieller Schaden zumeist nicht oder nur schwer bezifferbar ist, immaterielle Schäden regelmäßig nicht kompensationsfähig sind und die Kausalität zwischen unzulässiger Verarbeitung und Schaden nicht nachgewiesen werden kann. Würde dagegen von den Gerichten anerkannt, dass auch hinsichtlich geringer Summen das aus einer illegalen Datenverarbeitung Erlangte an den Inhaber des Rechts auf informationelle Selbstbestimmung herausgegeben werden muss, so hätte dies auf die Daten verarbeitende Wirtschaft einen starken erzieherischen Effekt.

- Die Diskussion über *Datenschutzaudits*[5] und *Gütesiegel*[6] ist inzwischen so weit gediehen, dass diese Marktinstrumente allgemein akzeptiert werden. Als Problem bleibt, dass sie zwar im Mediendienstestaatsvertrag, im Teledienste-Datenschutzgesetz und jetzt auch im BDSG vorgesehen sind, mangels Durchführungsbestimmungen aber nicht eingesetzt werden können. Verbraucherverbände oder z.B. auch der TÜV haben daraus die Konsequenz gezogen und mit der Auditierung ohne gesetzliche Grundlage begonnen. In Schleswig-Holstein haben wir seit 2000 eine gesetzliche Grundlage und seit März 2001 Ausführungsbestimmungen. Ich bin neugierig und optimistisch, dass dieses Instrument bald weit verbreitet sein wird. Die Notwendigkeit hierfür liegt auf der Hand. Es kann nicht dabei bleiben, dass die Datenschutzaufsichtsbehörden mit ihrer über Steuergelder finanzierten nachschauenden Kontrolle das einzige Verfahren in der Hand halten, um den Markt der personenbezogenen Datenverarbeitung einigermaßen sauber zu halten. Die Idee des Audits ist einfach und bestechend: Datenschutzfreundlichkeit wird im Wettbewerb belohnt. Dieses Instrument wendet sich nicht gegen die betrieblichen Datenschutzbeauftragten, es ist vielmehr eine Möglichkeit für diese, den Datenschutz in ihren Firmen durchzusetzen.

- Transparenz und Wahlfreiheit lassen sich im direkten Kundenkontakt realisieren. Dies kann in *Privacy Policies* im Internet und durch klare Allgemeine Geschäftsbedingungen erfolgen. In Verhaltensrichtlinien ganzer Branchen können Standards für Information und Wahlmöglickeiten festgelegt werden. Auf einen höheren technischen Niveau können Angebot und Nachfrage in Sachen Datenschutz auch durch automatische Voreinstellungen im Online-Bereich und durch den Einsatz von Identitätsmanagern, wie sie derzeit mit dem Programm P3P vorbereitet werden, ausgeglichen werden.

- Selbstregulierung der Wirtschaft wird auch von dieser selbst angestrebt und akzeptiert. Mechanismen der Selbstregulierung sind der *betriebliche Datenschutzbeauftragte* oder Verhaltensregeln. Auch wenn bisher die betrieblichen Datenschutzbeauftragten vorrangig im Arbeitnehmerbereich und bei der Datensicherheit im Betrieb aktiv waren, so sind sie doch die geborenen Gesprächs- und Verhandlungspartner für Verbraucherverbände. Das ULD hat in Schleswig-Holstein erstmals mit einer Firma Gespräche aufgenommen mit der Absicht, eine freiwillige Datenschutz-Zielvereinbarung als einseitige Selbstbindung zu erarbeiten. Generell gilt für alle Instru-

---

[5] Vgl. dazu den Beitrag von Golembiewski in diesem Band, S. 107
[6] Vgl. dazu die Beiträge von Diek, S. 157, Ewer, S. 180 und Voßbein, S. 150 in diesem Band.

mente der Selbstregulierung: Diese sind nur so wirksam, wie ihre Beachtung kontrolliert wird. Daher bleiben staatliche Kontroll- und Sanktionsmechanismen unabdingbar. Möglich sind aber auch effektiv durchsetzbare Vertragsstrafen oder eine Kontrolle durch Datenschutz- und Verbraucherverbände.

- Bisher kommen *Datenschutz- und Verbraucherverbände* im Datenschutzrecht überhaupt nicht vor. In der Praxis ist dies schon etwas anders, wenn z.B. von diesen nach dem Vorbild der „Stiftung Warentest" Gütezeichen vergeben werden oder durch skandalisierende Öffentlichkeitsarbeit, wie z.B. durch Verleihung des „Big Brother Award", über die Medien Druck oder Anreize zur Einhaltung der Datenschutz-Normen ausüben. Damit sind die Möglichkeiten von Verbänden aber nicht erschöpft. Eine wichtige Rolle können sie bei der Aushandelung von Verhaltensregeln (codes of conduct) spielen. Ähnlich wie im Natur- und Umweltschutzrecht wie auch im allgemeinen Wettbewerbsrecht sollte weiterhin daran gedacht werden, diesen Interessenverbänden ein weiter als bisher gehendes (Muster-) Klagerecht einzuräumen. Schließlich können viele Aufgaben der staatlichen Datenschutzkontrolle auf diese Verbände verlagert werden. Voraussetzung ist aber, dass diese mit ausreichenden Mitteln ausgestattet werden, um ihre Aufgabe auch effektiv wahrnehmen zu können. Dass dies nicht unmöglich ist, zeigt sich bei der öffentlichen Förderung der Verbraucherzentralen, die sich ja zunehmend auch im Bereich des Datenschutzes engagieren[7].

- Schließlich ist eine Aufwertung der *staatlichen Datenschutzaufsicht* unabdingbar. Hier gehört deren personeller und technischer Ausbau sowie die rechtlich-organisatorische Sicherung von deren Unabhängigkeit. Im Landesdatenschutzgesetz Schleswig-Holstein werden der Aufsichtsbehörde in vorbildlicher Weise neue Aufgaben zugewiesen[8]: die der Verbraucherberatung und des Angebots von Selbstdatenschutz-Werkzeugen, also von Privacy Enhancing Technologies (PET). Im neuen BDSG wird eine vorsichtige Erweiterung der Befugnisse und Sanktionsmöglichkeiten vorgenommen. Schließlich ist dringend eine Verbesserung der Kooperation der Aufsichtsbehörden nötig. Dies gilt sowohl für die nationale wie für die internationale Ebene. Die bisherige Organisation in Deutschland im „Düsseldorfer Kreis" erweist sich angesichts der Schnelligkeit und Flexibilität der Daten verarbeitenden Wirtschaft als zu schwerfällig und zu wenig technikorientiert. Die Bereitschaft Reformen durchzuführen, ist dort für mich leider bisher noch nicht richtig erkennbar. Internationale Kooperation muss

---

[7] Vgl. dazu den Beitrag von Müller in diesem Band, S. 20
[8] Vgl. dazu den Beitrag von Simonis in diesem Band, S. 225

zwangsläufig unverbindlicher sein und ihren Schwerpunkt im Meinungs- und Informationsaustausch haben. Hierfür kann es förderlich sein, sich auf eine einheitliche Sprache, z.B. die Internet-Sprache Englisch, zu einigen. Mit internationalen Konferenzen und der Einrichtung eines länderübergreifenden virtuellen Datenschutzbüros (virtual privacy office) im Internet sind hier die richtigen Weichen gestellt.

5   Schlussbemerkungen

Die hier präsentierten Überlegungen müssten eigentlich ein Selbstläufer sein, sie müssten eigentlich im wohl verstandenen Interesse aller Beteiligten liegen, nicht nur der Verbraucher und der Datenschützer, sondern auch im Interesse der Wirtschaft. Leider wird dies noch nicht von allen in der Wirtschaft so erkannt. Konservative Besitzstandswahrung ist leider noch all zu weit verbreitet, obwohl sich die Geschäftsbedingungen mit der technischen Entwicklung und der Globalisierung der Kundendaten-Verarbeitung geändert haben. Abschreckendes Beispiel für dieses konservative Denken ist der Deutsche Direktmarketing Verband (DDV), der noch vor zwei Jahren meinte, die jetzt im BDSG in Kraft getretenen Datenschutzregelungen würden für die Branche in Deutschland 100.000 Arbeitsplätze kosten. Wir können nicht so tun, als wäre der Verkauf einer konventionellen Kundenliste einer Firma vor zwanzig Jahren das Gleiche wie Datenverarbeitung in einem Data-Warehouse einer ganzen Branche, eines Konzerns oder eines Unternehmensverbundes heute.

Die Verbraucher- und Datenschutzdiskussion in Deutschland ist derzeit weder durch Ideologien noch durch Parteipolitik besetzt. Dies hat eine Ergebnisoffenheit über alle Interessen-, Gruppen- und Parteigrenzen hinweg zur Folge. Auch die Vertreter der Wirtschaft haben die Chance, den Verbraucher-Datenschutz als Marktargument zu propagieren und damit sowohl ihr Produkt als auch den Datenschutz zu fördern. Von der Datenschützern und den Verbaucherschützern werden sie insofern sicher Unterstützung finden. Etwas flankierende Unterstützung vonseiten der Politik - schon heute, aber spätestens im Rahmen der zweiten Stufe der BDSG-Novellierung - wäre sicherlich förderlich und läge im Trend der Zeit. Wenn die Politik nicht möchte, dass im Internet beim E-Commerce in absehbarer Zeit eine Art Maul- und Klauenseuche ausbricht, muss sie sich des Datenschutzes als Thema verstärkt annehmen. Die richtigen Orte, wo dies passieren könnte und sollte, wären die in Deutschland in Mode kommenden Verbraucherministerien.

3

Was bietet die Wirtschaft?

Datenschutz als positiver Standortfaktor

Prof. Dr. Hans H. Driftmann

1 Standortkriterien

Ich habe mich zunächst gefragt: Datenschutz als positiver Standortfaktor? Man kann es auch übertreiben .... Dies soll aber nicht meine Hauptbotschaft sein, der nur noch die dazu gehörende negative Begründung folgen kann. Ich will vielmehr versuchen, mich dem Thema etwas profunder zu nähern – vielleicht kommt ja auch etwas Positives dabei heraus.

Das Spektrum der Standortkriterien, die aus der Sicht der Wirtschaft relevant sind, ist breiter gefächert, als man gemeinhin glaubt. Es reicht von der Verkehrsinfrastruktur über die Forschungslandschaft, die Bildungsinfrastruktur, das Bildungsniveau der Mitarbeiterinnen und Mitarbeiter bis hin zu den so genannten weichen Standortkriterien wie kulturelles Umfeld, Landschaft, Sport und Erholung. Nicht unwesentlich sind auch die vom Staat auf allen seinen Ebenen gesetzten Rahmenbedingungen sowie die Qualität der öffentlichen Dienstleistungen. Zu den vom Staat gesetzten Rahmenbedingungen zählt beispielsweise der Bereich der inneren und äußeren Sicherheit in seiner ganzen Bandbreite, und dazu gehört auch die Datensicherheit.

Heißt das aber gleich, dass Datensicherheit ein relevanter Standortfaktor ist und dazu noch ein positiver? Der normale Mittelständler bei uns assoziiert mit Datenschutz Begriffe wie Vorschriften, Verbote, Kontrolle, Sanktionen, und so etwas ist kein gutes Entree. Hier will das unabhängige Landeszentrum für Datenschutz Schleswig-Holstein ansetzen, indem es Datenschutz mit positiven Assoziationen verknüpft. Gut und schön, aber: Wettbewerbsvorteil durch Datenschutz?

Ich produziere Müsli unter einer gut eingeführten Marke aus einem 200 Jahre alten Familienunternehmen. Ich verkaufe Haferflockenprodukte, da ist nicht viel mit Datenschutz zu Gunsten meiner Kunden, es sei denn unter einem ganz anderen Blickwinkel, mit dem man allerdings gerade keine Reklame macht, weil er im vitalen Eigeninteresse liegt: Was die Kunden eines Unternehmens angeht, was Konditionen angeht, da lässt man sich nämlich nur äußerst ungern von der Konkurrenz in die Karten gucken.

2   Wettbewerbsrelevanz des Datenschutzes?

Also, welchen Wettbewerbsvorteil ich aus einem perfekten Datenschutz ziehen soll, ist mir nicht ganz klar. Es gibt aber durchaus verschiedenste Wirtschaftsbereiche, Dienstleister aller Art, Arztpraxen und Ähnliches, für die ein perfekter Datenschutz von sehr positiver Relevanz ist, auch von positiver Wettbewerbsrelevanz.

Zum Thema „Datenschutzaudit"[1] will ich mich nicht näher äußern. Wenn es wirklich ein Instrument ist, die Spreu vom Weizen zu trennen und nicht nur dazu dient, die „Datenhaie" herauszumendeln, wenn das auf Dauer ohne großen Verwaltungs- und Personalaufwand möglich ist, dann mag auch dies ein Instrument zur Verbesserung der Wettbewerbsposition sein. Ich bin mir da allerdings nicht so sicher. Man sollte nicht unterschlagen, dass eine Zertifizierung im follow up Kontrollen auslöst, um sicherzustellen, dass der mit dem Audit zertifizierte Standard dauerhaft gesichert wird. Aus einem anderen Bereich, nämlich dem Umweltbereich, weiß ich, dass umweltzertifizierte Unternehmen häufiger Besuch von der Gewerbeaufsicht bekommen als solche, die ihren Umweltstandard erst mal auf das geforderte Maß bringen müssten. Man muss für solche Qualitätskontrollen ja auch Verständnis haben, denn es geht nicht an, dass beispielsweise eine Arztpraxis alles tut, um das Datenschutzaudit zu kriegen, es stolz an die Praxistür heftet, dann aber wieder der alte Schlendrian einsetzt und es einem Patienten so geht, wie es mir neulich gegangen ist, als mir die MTA am Tresen vor allen Ohren im Wartezimmer sagte: „Kommen Sie zum Blutabnehmen am nächsten Dienstag, wir müssen Ihre Cholesterinwerte und die Werte wegen Ihrer Schilddrüse noch einmal haben ..." Also, es ging um eine andere medizinische Angelegenheit, an deren Vertraulichkeit mir allerdings ebenso gelegen ist.

Das Gütesiegel für IT-Produkte[2] ist zweifellos geeignet, den Unternehmen, die dieses Siegel führen, einen Wettbewerbsvorsprung zu verschaffen. Ich frage mich allerdings, ob ein Gütesiegel nur eines Bundeslandes ausreicht, um ein entsprechendes Renommée am Markt zu erringen.

---

[1] Vgl. den Beitrag von Golembiewski in diesem Band, S. 107
[2] Vgl. dazu die Beiträge von Diek, S. 157, Ewer, S. 180 und Voßbein, S. 150 in diesem Band.

3   Datenschutz als Standortfaktor

Ich komme jetzt zum Thema „Datenschutz als positiver Standortfaktor". Ich habe es so verstanden, dass der Datenschutz neben seiner Hauptaufgabe – der Gewährleistung des Schutzes der Privatsphäre – stärker in den Bereich Beratung vorstoßen will. Übrigens – individueller Datenschutz: Manchmal habe ich das Gefühl, dass viele Menschen kein allzu großes Interesse an ihrem Grundrecht auf Schutz der Privatsphäre haben, wenn ich unfreiwillig Ohrenzeuge davon werde, was die Leute im Zug oder anderswo neben vielem banalen Quatsch an Intimem in ihre Handys artikulieren. Aber das ist wieder ein anderes Thema.

Also: Datenschutz als positiver Standortfaktor. Weite Bereiche der Wirtschaft haben ein vitales Interesse am Schutz sensibler Firmendaten. Sie fragen sich: Wie sichern wir Konstruktionspläne und Produktideen, Kalkulationen und Kontostände, Personal- und Kundendaten vor fremdem Zugriff, vor Manipulation, vor Zerstörung? Dieses Interesse ist ganz eigensüchtig, denn diese Form innerbetrieblicher Datensicherheit dient zu aller erst der Sicherung der Wettbewerbsposition des Unternehmens. Wir haben uns auf einer gemeinsamen Veranstaltung des Unabhängigen Landeszentrums, der Technologiestiftung und UVNord vor einem Jahr hierüber ausgetauscht, und wenn das Unabhängige Landeszentrum Hersteller von einschlägiger Soft- und Hardware berät mit dem Ziel, die endogene Sicherheit der Geräte und Programme zu verbessern, wenn ein Gütesiegel für IT-Produkte angeboten, wenn also einer datenschutzfreundlichen Avantgardetechnik der Weg geebnet wird, dann kommt dies auch den Nutzern zugute, und wenn die Nutzer entsprechend beraten und auf sichere Geräte und Programme aufmerksam gemacht werden, dann ist so verstandener Datenschutz tatsächlich ein wirtschaftsrelevanter positiver Standortfaktor – nicht nur für die Produzenten von IT-Produkten, die am Standort Schleswig-Holstein operieren, sondern auch für die hier tätigen Anwender.

Ich wünsche den hieran Arbeitenden, dass es gelingt, den Spagat zwischen hoheitlicher Aufsichts- und Kontrollfunktion einerseits und der intendierten Beratungs- und Betreuungsfunktion andererseits zu schaffen. Ich hoffe, dass dadurch das Image des Datenschutzes aufpoliert und damit auch dem Image des Landes einen Gefallen getan wird. Ich wünsche durchaus, dass es dem Landesbeauftragten für den Datenschutz gelingt, so viele Haushaltsmittel aus dem kleiner gewordenen Kuchen herauszuschneiden, dass er seine hoch gesteckten Ziele mit einer adäquaten personellen und sächlichen Ausstattung ansteuern kann. Ich wünsche ihm zusätzlich, das er einen anständigen „Drittmitteletat" zusammenkriegt, denn diese Dienstleistungen sollten angemessen honoriert werden. Ob das alles mit dem gesetzlichen Kernauftrag vereinbar ist, kann ich nicht beurteilen.

4   Datenschutz als staatliche Dienstleistung

Ich will noch auf einen anderen nach meiner Ansicht sehr maßgeblichen Aspekt eingehen, der quasi per se ein positiver Standortfaktor ist: Die Dienstleistungsbereitschaft und die Dienstleistungsqualität der Ämter und Behörden in ihrer Gesamtheit.

Die Unternehmensverbände haben kürzlich eine Umfrage in Hamburg und Schleswig-Holstein durchgeführt, in der wir von Unternehmern wissen wollten, wie sie die verschiedensten Standortkriterien aus der Sicht ihres Betriebes bewerten. Eine der Fragen zielte auf die Dienstleistungsbereitschaft und die Dienstleistungsqualität im öffentlichen Sektor, und da kam heraus, dass viele Unternehmer mit der Bereitschaft der Behörden, von sich aus auf die Kunden zuzugehen, sie zu beraten, ihnen nützliche Tipps zu geben, sich mit ihren Sorgen zu befassen, ziemlich unzufrieden sind. Die Kritik ging vor allem in die Richtung „zu lange Bearbeitungsdauer" und „Behandlung von oben herab".

Der Landesdatenschutzbeauftragte, wenn er nur seinen gesetzlichen Auftrag im Auge hätte, könnte sich zwar nicht zurücklehnen, aber er könnte den Unternehmen und anderen gegenüber als der staatlich lizenzierte Kontrolleur auftreten, anordnen, Fristen setzen, nachprüfen, Sanktionen verhängen. Das macht er nicht, und das ist gut so. Er überlegt, wie er Datenschutz populärer, attraktiver in den Augen der Öffentlichkeit machen kann, er geht auf seine Kunden zu, bietet das Know-how seiner Institution an, macht sich Gedanken über „marktwirtschaftlich orientierten Datenschutz", das heißt über die Frage, in welcher Form wird Datenschutz eigentlich gewollt, und ich kann ihm, aber auch den Unternehmen nur wünschen, dass sein Beispiel in möglichst vielen Bereichen der öffentlichen Verwaltung Schule macht.

Für den öffentlichen Dienst gelten die Regeln der Marktwirtschaft nicht unmittelbar. Er braucht sich nicht um Kunden zu bemühen, Kunden werden ihm zugeteilt. Seine Effizienz ist in einigen Bereichen objektiv schwer messbar, die Optimierung der Organisationsstrukturen steht zwar unter dem zunehmenden Druck des knappen Geldes, aber nicht unter Konkurrenz- oder sogar Konkursdruck von Unternehmen, wie man dies derzeit überall beobachten kann.

Dass dies alles nicht so ist, dafür kann der öffentliche Dienst nichts. Umso wichtiger ist es, eine andere Form von Wettbewerb zu generieren und dadurch Konkurrenzdruck auszulösen, nämlich den Wettbewerb zwischen verschiedensten Ämtern und Behörden darum, wie man moderne, markt- und kundenorientierte öffentliche Dienstleistungsverwaltung – auch im Bereich der so genannten Hoheitsverwaltung! – organisiert und praktiziert.

Diesen inzwischen durchaus in Gang gekommenen Wettbewerb hat der Landesbeauftragte für den Datenschutz in Schleswig-Holstein zusätzlich belebt und damit dazu beigetragen, dass sich die Qualität der öffentlichen Dienstleistung in ihrer Gesamtheit zu einem positiven Standortfaktor entwickelt. Dafür gebührt ihm Dank und Anerkennung.

Diskretion bei der Beate Uhse AG

Otto Christian Lindemann

1   Datenschutz als Teil der Unternehmenspolitik der Beate Uhse AG
Vertraulichkeit ist Ehrensache

Beate Uhse ist heute mit einem Jahresumsatz von 215 Millionen Euro in Europa absoluter Marktführer der Erotik-Branche und genießt in Deutschland einen Bekanntheitsgrad von gut 95 Prozent. Bei Beate Uhse gibt es alles, was die Liebe noch schöner und aufregender macht: verführerische Dessous, trendige Sex-Toys und interessante Hilfsmittel, die neuesten Filme auf DVD und Video, aktuelle Bücher und Magazine und vieles mehr. Vertrieben werden die Erotik-Artikel in 12 Ländern – über Shops, den Versand oder das Internet. Seit März 2001 strahlt Beate Uhse ein eigenes Fernsehprogramm im MovieWorld-Paket von Premiere aus. In den nächsten Jahren will das Unternehmen weiter expandieren und zur Nr. 1 in der Welt der Erotik werden. Für 2002 ist der Start eines eigenen Versandhauses in den USA geplant.

Was 1946 als „Institut für Ehehygiene" begann, hat sich zu einem international agierenden Erotik-Unternehmen entwickelt. Mit dem Gang an die Börse 1999 etablierte Beate Uhse die erste deutsche Erotik-Aktie, die heute im Mdax gelistet ist und damit zu den Top 100 deutschen börsennotierten Unternehmen zählt. Der Markenwert von Beate Uhse wird laut einer in der „Wirtschaftswoche" vom 12. Oktober veröffentlichten Studie der GfK auf 52 Millionen Euro geschätzt. Damit gehört sie zu den 50 wichtigsten deutschen Markennamen.

2   Diskretion ist oberstes Gebot

Wichtiges Credo bei allen Expansionsstrategien ist es, die Anonymität und Intimsphäre des Kunden zu wahren und zu respektieren. Gerade im Sex- und Erotik-Geschäft reagieren die Verbraucher mit höchster Sensibilität. Beate Uhse weiß dies wie sonst kein anderes Unternehmen und nimmt Kundendatenschutz sehr ernst. Ob ein Kunde per Post oder per Telefon, per Fax oder im Internet bestellt oder im Shop persönlich seine Produkte auswählt und einkauft, Beate Uhse sorgt dafür, dass niemand etwas erfährt. Briefe und Pakete werden grundsätzlich neutral verpackt und ohne erkennbare Absenderangabe verschickt. In den Shops werden Kunden diskret beraten.

3   Ausweg: der Trick mit dem Siegel

Kunden- und Datenschutz hat bei Beate Uhse eine lange Tradition und ist fest in der Unternehmensphilosophie verankert. Als Beate Uhse ihr Geschäft gründete, war allein schon die Bewerbung von FKK-Büchern hochproblematisch. In den prüden 50er und 60er-Jahren musste sie in rund 3.000 Prozessen um ihr Recht kämpfen. Jeder, der unaufgefordert Werbematerial der Firma Beate Uhse erhalten hatte, durfte sich „in seinem Persönlichkeitsrecht getroffen fühlen". Das heißt, Beate Uhse Kataloge im Briefkasten waren damals beleidigend, da man niemandem zumuten durfte, Material sexuellen Inhalts zur Kenntnis nehmen zu müssen.

Um diese Beleidigungsklagen zu umgehen, wurden die Kataloge mit einem Siegel verschlossen, das den Empfänger auf den sexuellen Inhalt des Angebots hinwies. Wer das Siegel öffnete, tat dies aus freien Stücken und ohne Zwang. Somit konnte dieser vor Gericht schwerlich den Beweis antreten, dass er mit unsittlichen Inhalten konfrontiert worden sei.

Inzwischen haben sich die Gesetze gelockert – nicht zuletzt mit ein Verdienst unserer Firmengründerin Beate Uhse. Dennoch sind wir unserer moralischen und juristischen Verpflichtung weiterhin bewusst, insbesondere in punkto Jugendschutz, und achten auf die Rechtmäßigkeit unserer Inhalte.

4   Wir können schweigen

Bei unseren Direktmarketing-Aktivitäten per Postwurf oder per e-mail holen wir die doppelte Permission des Kunden ein. Es werden keine Daten weitergegeben ohne die ausdrückliche und schriftliche Genehmigung des Kunden. Das gilt für Kunden-Dateien aus dem klassischen Versandgeschäft sowie aus dem Internet-Shop. Wir versenden keine Angebote, ohne dass sich der Kunde vorab ausdrücklich damit einverstanden erklärt hat. Ohne Probleme werden im Internet Kreditkarten angegeben oder elektronische Einzugsermächtigungen erteilt und sind der schönste Beweis für das hohe Vertrauen der Kunden in unsere Verschwiegenheit.

Im Rahmen der Legalität zu handeln und die Daten der Kunden vertraulich zu behandeln, ist für uns ungeschriebenes Gesetz, das jeder Mitarbeiter zu wahren hat – vom Auszubildenden bis zum Geschäftsführer. Denn der gute Ruf des Namens Beate Uhse ist uns wichtig – heute und in Zukunft.

Premium Privacy

Prof. Dr. jur. Alfred Büllesbach

1 Information als Steuerungsmittel und Produkt

Im Zeitalter der Informationsgesellschaft hat die Ressource Information zunehmend an Bedeutung gewonnen. Information ist der Begriff, der der heutigen Gesellschaft ihren Namen verleiht, sie maßgeblich steuert, strukturiert und determiniert. Erkenntnisse über Mitmenschen bestimmen nicht nur das psychologische und soziologische Vorgehen sowie die Wahrnehmung von Rollen, sie beeinflussen auch Aufbau und Organisation von Führungs- und Leitungsgremien sowohl im unternehmerischen als auch im politischen Bereich. Gezielt eingesetzt kann Information aber nicht nur im positiven Sinne Lenkungsfaktor sein, sondern auch zu schädlichen Reaktionen führen.

Das Bundesverfassungsgericht hat die Bedeutung der Information insbesondere in seinem Volkszählungsurteil[1] gewürdigt und ihr durch die Definition des Rechts auf informationelle Selbstbestimmung als Bestandteil des Persönlichkeitsrechts Rechnung getragen. Diese gerichtliche Entscheidung stellt einen Meilenstein in der Datenschutzrechtsentwicklung dar und hat diese maßgeblich mit beeinflusst[2]. Das Prinzip der Selbstbestimmung tritt in den Vordergrund und bildet die Grundlage der Freiheitsausübung und der Ausübung der Freiheitsgrundrechte. Entmonopolisierung, Deregulierung und Privatisierung sind Teilaspekte dieser Gesamtentwicklung und werden von Unternehmen, Verbänden und öffentlichen Verwaltungen zunehmend aufgegriffen und in Modernisierungsstrategien integriert. Inzwischen ist Information neben Arbeit, Kapital und Rohstoffen zum vierten Produktionsfaktor geworden. Gleichzeitig mit der zunehmenden Bedeutung der Information geht ein gesteigerter Informationsbedarf einher, der nur noch mittels moderner Informationstechnik bewältigt werden kann. Globalisierung und weltweite Kooperation basieren insbesondere auf Informationsaustausch, Kommunikation, Kapital- und Materialaustausch. Ohne die Informationstechnik ist diese globale Geschäftsentwicklung nicht mehr wirtschaftlich zu bewältigen. Der Rohstoff Information wird in vielfältiger Weise aufbereitet, strukturiert und rationalisiert, um gezielt in der Produktion eingesetzt werden zu können. Dies bedeutet eine Operationalisierung

---

[1] BVerfGE 65, 1ff.
[2] Siehe dazu Roßnagel/Pfitzmann/Garstka: Gutachten, S. 59.

der Information, die ohne moderne Informationstechnologien nicht möglich ist. Erst die Fortentwicklung der Technik hin zur modernen Kommunikationstechnologie, die nicht an nationale Grenzen gebunden ist, macht eine weltweite Kommunikations- und Infrastruktur verfügbar. Sie bildet die Basis für neue ökonomische Unternehmens- und Marktentwicklungen, z.B. auch für die Etablierung virtueller Unternehmen. Durch die Globalisierung erschließen sich für die Unternehmen neue internationale, multinationale, offene Märkte und neue Marktsegmente. Der Informationstechnologie kommt damit bereits ein entscheidender, aber immer noch im Wachstum begriffener Anteil am Wertschöpfungsprozess zu. Eine Informationsgesellschaft ohne Informationstechnik ist deshalb nicht denkbar.

Die zunehmende Abhängigkeit von Information als Produktionsfaktor macht eine Qualitätssicherung unentbehrlich. Information wird selbst zum Produkt, dessen Qualität für seinen erfolgreichen Einsatz in der Steuerung von Unternehmens- und Produktionsabläufen, und damit für den gesamten wirtschaftlichen Unternehmenserfolg entscheidend ist. Eine unrichtige Information kann erhebliche wirtschaftliche Auswirkungen haben, wenn sie beispielsweise die Marketingstrategie eines Unternehmens beeinflusst oder bei der Gestaltung von Schadensersatzklauseln in Verträge einfließt. Mit der Globalisierung der Märkte geht deshalb auch ein zusätzlicher Informationsbedarf seitens des Unternehmens einher, der einerseits die gesellschaftliche, andererseits die rechtliche Struktur neu erschlossener Regionen betrifft. Genauso muss der Nutzer eines Internet-Angebots auf die Sicherheit, Authentizität und Integrität globaler Kommunikation vertrauen können. Auf die Relevanz der Qualitätssicherung für Unternehmen und Verbraucher soll später im Einzelnen eingegangen werden.

2   Informationstechnologie im Wandel

Seit dem Einzug des PCs in die Privathaushalte in den 80er-Jahren hat sich nicht nur die Infrastruktur der Vernetzung weg vom firmeninternen Netzwerk hin zu einer globalen, öffentlichen Netzinfrastruktur entwickelt. Auch das Angebot im Internet zielt immer mehr auf Privatpersonen ab. Damit verbunden ist eine zunehmende Kommerzialisierung des Internet-Angebots, weg von dem ursprünglichen Forschungsnetzwerk der Universitäten mit wissenschaftlichen Inhalten, aus dem das Internet entstanden ist. Die Anzahl der Verbindungskanäle hat sich dadurch nicht nur vervielfacht, sondern potenziert, da jeder Rechner die Möglichkeit haben muss, mit jedem anderen Rechner kommunizieren zu können.

Die modernen Kommunikationsmedien, wie das Internet, ermöglichen zunehmend die aktive Teilnahme des Konsumenten, der bisher nur passiver Empfänger von Information war. Die neuen Medien bieten die Möglichkeit der interaktiven Teilnahme am Kommunikationsverkehr und eröffnen eine große Zahl neuer Informationsquellen. Durch die aktive und individuelle Informationsbeschaffung kann der Konsument gezielt und jederzeit die von ihm gewünschte

Information suchen und abfragen. Der Umfang des Datenflusses vervielfacht sich dadurch, was wiederum leistungsfähige Kommunikationskanäle voraussetzt. Außerdem birgt die Individualisierung der Kommunikation Risiken, die bei der Nutzung der herkömmlichen Kommunikationsmittel nicht bestanden. Beispielsweise entstehen bei jeder Internetbenutzung so genannte „Datenspuren", die eine genaue Analyse der Interessen und des Verhaltens eines Konsumenten zulassen. Diese Daten könnten wiederum zur Überwachung am Arbeitsplatz oder für andere Zwecke missbraucht werden, die nicht im Interesse des Nutzers liegen. Ebenso ist es beispielsweise bei der Nutzung von Handys möglich, den Aufenthalt eines Teilnehmers anhand der Funkzellennutzung nachzuvollziehen und daraus ein Bewegungsprofil zu erstellen[3]. Da die Rufnummer eines Nutzers, anders als früher, nicht mehr von seinem Aufenthaltsort abhängt, genügt außerdem bereits die Kenntnis dieser einen Nummer, um eine Person an jedem Ort zu erreichen und den Aufenthaltsort zu bestimmen. Zudem wird eine Mobilfunknummer häufig nur von einer einzigen Person benutzt, sodass die Kenntnis dieser Nummer ganz gezielt eingesetzt werden kann, um einerseits Informationen über die Person zu sammeln und andererseits die Person mit unerwünschten Informationen zu versorgen.

Auch die Einführung von Magnet- und Chipkarten hat in vielen Bereichen zu neuen Datenansammlungen geführt, die für den Betroffenen nicht mehr überschaubar sind. Zugangsberechtigungskarten in Unternehmen, Kreditkarten im Finanzbereich, Versicherungskarten im Gesundheitswesen, Telefon-, Pay-TV-, Schlüsselkarten sind nur einige von vielen Einsatzmöglichkeiten elektronischer Identifikations- und Berechtigungssysteme. Auch im Bereich der Verkehrstelematik, in Maut- und Navigationssystemen werden neue Technologien vermehrt eingesetzt. Welche Daten dabei anfallen, erhoben und verarbeitet werden, bleibt dem Nutzer regelmäßig verborgen.

Die Kombination und Vernetzung von herkömmlichen und neuen Medien eröffnet weitere Möglichkeiten des Datenaustausches[4]. Die Abkehr von unternehmensinternen Firmennetzwerken hin zu öffentlichen Netzinfrastrukturen wie dem Internet bedeutet eine Vernetzung aller Teilnehmer untereinander und eine Vermischung von Daten aus den unterschiedlichsten Quellen und Bereichen. Das ermöglicht dem Nutzer z.B. die Abwicklung einer Bestellung mittels eines einzigen Mediums, wofür früher mehrere voneinander getrennte Informations- und Kommunikationssysteme benötigt wurden: Den Katalog erhielt der Kunde in gedruckter Form meist per Post, die Bestellung erfolgte z.B. telefonisch oder per Fax und die Bezahlung z.B. mittels Überweisung. Heute können sämtliche

---

[3] Mattern: Ubiquitius Computing, in: Kubicek/u.a., S. 52, 57f.

[4] Siehe zur Konvergenz der Medien auch Jessen: Die Zukunft des Internet – und insbesondere der Wissenschaftsnetze, in Kubicek/u.a., S. 11 ff.; Eberspächer: Die Zukunft des Internet im Lichte von Konvegenz, in Kubicek/u.a., S. 17 ff.; Mattern: Ubiquitious Computing, in Kubicek/u.a., S. 52 ff.

Schritte über das Internet abgewickelt werden: Das Angebot des Händlers kann online eingesehen, die Bestellung z.B. durch eine Warenkorbfunktion übermittelt und die Ware mit elektronischem Geld oder durch Übermittlung der Kreditkartendaten bezahlt werden. Die Konzentration eines Geschäftsvorgangs auf ein einziges Medium bietet aber auch die Möglichkeit zur Erstellung von Nutzerprofilen[5]. Diese können nicht nur zum gezielten Marketing und zur Verbesserung der Kundenbetreuung im Interesse des Kunden eingesetzt, sondern auch zur „Kategorisierung" des Kundenstamms in „gute" und „schlechte" oder „zahlungsfreudige" und „zahlungsunwillige" Kunden oder zu anderen missbräuchlichen Zwecken gespeichert und genutzt werden.

Die Konvergenz in der Medienlandschaft birgt für den Kunden außerdem das Risiko, dass es zunehmend schwieriger wird, die Grenzen zwischen den einzelnen Medien zu erkennen. Die Grenzen zwischen Online- und Offline-Anwendungen ist bei vielen der heute üblichen grafischen Benutzeroberflächen fließend. Dadurch ist für den Nutzer nicht mehr transparent, welche Daten wo über ihn gespeichert werden. Die Planung einer flächendeckenden Einführung neuer Smart-Card-Anwendungen, wie z.B. derzeit beim elektronischen Rezept im Gespräch, führt deshalb regelmäßig zu politischen und gesellschaftlichen Diskussionen.

3 Relevanz des Datenschutzes für den Kunden und Verbraucher

Bei vielen Multimedia-Anwendungen fallen personenbezogene Daten an. Die Menge der gespeicherten personenbezogenen Daten nimmt ständig zu und wird zunehmend, auch für den Verantwortlichen, unüberschaubar. Wegen mangelnder Wartung und Aktualisierung von Systemen enthalten zudem viele Datenbanken unrichtige oder redundante Informationen. Vor allem Adressdatenbanken sind häufig in einem veralteten Zustand. Der Betroffene weiß meist nicht, dass überhaupt Datensätze über ihn existieren, sofern nicht Kontakt zu ihm aufgenommen wird. Ebenso wenig erfährt der Nutzer von Internet, Handy oder anderen neuen Medien, welche Daten bei der Nutzung anfallen und personenbezogen gespeichert werden.

Technikmängel, unzulängliche Organisation und fehlerhafte Infrastruktur von Informationssystemen führen zu Gefährdungen für Datenschutz und Datensicherheit. Wichtig ist der technische und organisatorische Schutz von Daten vor unberechtigten Zugriffen, Fälschung, Manipulation, Verlust, Unterdrückung, Fehlleitung und Zerstörung. Das Internet ermöglicht durch die Vernetzung von Rechnern und Daten so genanntes „Matching" in bisher ungeahnten Dimensionen. Mittels Data Mining werden Daten klassifiziert, strukturiert und zusammengefasst und in so genannten Data Warehouses gespeichert. Der gezielte Zugriff auf die dort abgelegten Daten wird durch die Strukturierung der Datenbestände

---

[5] Siehe dazu Roßnagel/Pfitzmann/Garstka: Gutachten, S. 117 ff.

ermöglicht, außerdem können bis dahin unbekannte Zusammenhänge ermittelt werden. Die Erfassung von Daten wird dadurch nicht nur beschleunigt und vereinfacht, sondern auch weit weniger kostenintensiv als dies bisher bei solchen Archiven der Fall war. Quasi als Nebenprodukt der neuen elektronischen Dienste fallen Datenspuren an, die die Erstellung von Persönlichkeits- und Aktivitätsprofilen ermöglichen.

Auch so genannte „Cookies" sind zunehmend in die datenschutzrechtliche Diskussion geraten, da sie zur Generierung umfangreicher Nutzungsdaten bei Internet-Servern dienen können. Anhand von personalisierten IP-Adressen können damit differenzierte Nutzerprofile geschaffen werden, die umfangreiche Informationen über Verhalten, Interessen und Persönlichkeit bieten. Hat der Nutzer ein Cookie erst einmal akzeptiert, existieren praktisch keine Kontrollmöglichkeiten über Art und Umfang sowie Verwendung der gespeicherten Daten. Werden die Eingriffs- und Kontrollmöglichkeiten für den Betroffenen nicht verbessert, so besteht mit zunehmender Sensibilisierung der Nutzer die Gefahr wachsender Ablehnung. Dies wäre ein Faktor, der die Entwicklung der Informationsgesellschaft hemmen könnte[6].

Der Datenschutz ist in den letzten Jahren mehr und mehr ins Bewusstsein der Verbraucher gerückt. Nutzer von Multimedia-Anwendungen stehen der Erhebung ihrer Daten durchaus kritisch gegenüber und informieren sich zunehmend darüber, was genau über sie gespeichert wird. Eine Befragung der Bevölkerung in Deutschland durch das BAT Freizeit-Forschungsinstitut Hamburg hat ergeben, dass nur 23 % der PC-Nutzer der Ansicht sind, dass ihre persönlichen Daten bei der Nutzung der Internet ausreichend geschützt sind[7]. Fast jeder zweite PC-Nutzer, nämlich 46 %, verzichtet aus Datenschutzgründen sogar ganz auf das Surfen im Netz, ein Viertel (26 %) der Nutzer weiß nicht, ob persönliche Daten im Internet genügend geschützt sind. Gleichzeitig sind 53 % der Bevölkerung der Ansicht, dass dem Datenschutz mehr Bedeutung beigemessen werden muss, 30 % meinen, der Datenschutz erfülle seine Funktion und solle im bisherigen Umfang beibehalten werden[8]. Insgesamt rückte das Thema Datenschutz in den letzten Jahren mehr und mehr in das Licht der öffentlichen Diskussion. Die zunehmende politische Debatte um den Datenschutz und die parlamentarischen Neuregelungen auf dem Gebiet des Datenschutzrechts in den vergangenen Monaten sowie des Informations- und Kommunikationsrechts in den letzten Jahren haben ebenfalls zu einer Sensibilisierung der Verbraucher beigetragen.

Bisher finden E-Commerce-Angebote in der Bevölkerung auf Grund dieser Unsicherheiten wenig Akzeptanz. Die meisten Verbraucher fürchten einen Missbrauch ihrer Daten, vor allem bei Zahlung mit Kreditkarte ist die Unsicherheit groß. In Westeuropa wird weniger als ein Prozent des gesamten Umsatzes im

---

[6] Siehe dazu Roßnagel/Pfitzmann/Garstka: Gutachten, S. 21.
[7] Vgl. Opaschowski in diesem Band, S. 13
[8] Vgl. Opaschowski in diesem Band, S. 13

Einzelhandel über das Internet erzielt[9]. Das Vertrauen der Verbraucher in einen sorgfältigen Umgang mit ihren Daten durch Banken, Unternehmen, Institutionen, Handel, Versicherungen, etc. ist gering, es besteht ein großer Informationsbedarf. Viele Bürger kennen ihr Recht auf informationelle Selbstbestimmung sowie das Widerspruchsrecht nach dem BDSG nicht[10]. Die Verbraucher selbst schätzen ihre Kenntnisse im Datenschutz überwiegend als schlecht ein. Drei Viertel der Bevölkerung hat noch nie etwas von der Existenz des Datenschutzbeauftragten gehört und die Zahl derer, die eine konkrete Vorstellung bezüglich des Tätigkeitsbereichs des Datenschutzbeauftragten haben, ist noch wesentlich geringer[11].

4   Datenschutz und IV-Sicherheit als Managementaufgabe

Moderne Anwendungen verlangen von modernem Management eine sensible und behutsame Gestaltung. Die Fragen einer globalen Netzsicherheit, marktgängiger Fortentwicklung umfangreicher Chipkartensysteme, die vielfältigen Anwendungsformen der Verkehrstelematik und multimediale Anwendungen erfordern die erfolgreiche und kreative Gestaltung gegenwärtiger und künftiger Applikationen. Dies bedeutet neue Herausforderungen sowohl für das Management als auch für das Datenschutzmanagement. Das so genannte Issue-Management gehört neben dem Profit-Management inzwischen zu einem modernen Management. Die zunehmende Sensibilisierung der Nutzer birgt die Gefahr, dass Einwilligungen in die Datenspeicherung, beispielsweise zu Marketingzwecken, von den Verbrauchern verweigert werden. Die Nutzbarkeit des Internet als Markt würde dadurch stark eingeschränkt, die Potenziale dieses Marktes könnten von den Unternehmen nur sehr begrenzt genutzt werden. Dadurch würde die Entwicklung der Informationsgesellschaft letztendlich gehindert. Deshalb werden Datenschutz und IV-Sicherheit mehr und mehr zur Managementaufgabe.

Die Erarbeitung eines integrierten Datenschutz- und Sicherheitskonzeptes ist für ein Unternehmen, das am Wettbewerb teilnimmt, unverzichtbar[12]. Dazu gehört eine Analyse, welche Daten erhoben, verarbeitet und genutzt werden, die anschließende rechtliche Bewertung der Vorgänge, die Festlegung von Löschungsfristen. Weiter ist unverzichtbar die Schaffung von Beratungs-, Gestaltungs- und Kontrollinfrastrukturen, um damit die Anforderungen des BDSG umzusetzen. Durch eine Ist-Analyse wird der gegenwärtige Stand der IV-Sicherheit festgestellt und zu verbessernde Bereiche ausgewählt. Nach einer Risiko- und

---

[9] Vgl. Opaschowski in diesem Band, S. 13
[10] Vgl. Opaschowski in diesem Band, S. 13
[11] Vgl. Opaschowski in diesem Band, S. 13
[12] Siehe dazu auch Dworatschek/Büllesbach/Koch: PC & Datenschutz, S. 109 ff.; Büllesbach, RDV 1997, s239, 243; Roßnagel/Pfitzmann/Garstka: Gutachten, S. 130 ff.

Schutzbedarfsanalyse, sowie einer umfassenden Risikobewertung können dann der Sollzustand und die Ziele festgelegt werden. Hieraus wird schließlich ein Sicherheitskonzept erarbeitet, in dem konkrete Maßnahmen und ein Zeitplan festgeschrieben werden. Die Realisierung erfolgt durch Projektteams, eine Fortschreibung und Weiterentwicklung des Sicherheitskonzeptes ist ebenfalls empfehlenswert. Datenschutz und IV-Sicherheit sind somit integrale Bestandteile von Produkten, Dienstleistungen und Beratungen. Ohne sie ist die Herstellung von Vertrauen im Kundenkontakt nicht mehr denkbar.

Es ist deshalb ebenfalls eine der wichtigsten Managementaufgaben, der Bevölkerung die Tätigkeiten des Datenschutzbeauftragten näher zu bringen und für bessere Aufklärung bei den Verbrauchern zu sorgen. Mit zunehmender Sensibilisierung für datenschutzrechtliche Fragen ist es für die Bevölkerung von essenzieller Bedeutung, einen Ansprechpartner zu haben. Nur wenn Vertrauen in die Tätigkeit des Datenschutzbeauftragten besteht und der Verbraucher seine Daten gut geschützt weiß, kann die Hemmschwelle gegenüber neuen Kommunikations- und Konsumformen überwunden werden. Solange aber bei den Verbrauchern weder bekannt ist, welche Rechte der Betroffene hat, um selbst Maßnahmen zum Schutz seiner Daten zu ergreifen, noch die Institution des Datenschutzbeauftragten als neutraler Ansprechpartner Vertrauen bei den Verbrauchern genießt, sind die datenschutzrechtlichen Risiken aus Verbrauchersicht unkalkulierbar. Daraus resultiert ein die Entwicklung der Informationsgesellschaft hemmendes Umgehungs- und Vermeidungsverhalten.

Wichtig ist beim Datenschutzmanagement auch die Koordination des Einsatzes von Privacy Enhancing Technologies. Dabei handelt es sich um alle Arten von technischen Maßnahmen, nämlich sowohl Hard- und Software-Produkte als auch Protokolle, Infrastrukturen, Strategien und Instrumente[13]. Der Begriff „PET" beschreibt allerdings eine ganzheitliche Philosophie des Datenschutzes, die auch den Prinzipien der Datenvermeidung und der Datensparsamkeit folgt. Diese Prinzipien sollen durch entsprechende Gestaltung von IT-Applikationen sowie durch technische Datensicherheitsmaßnahmen der Anonymisierung, Pseudonymisierung und Verschlüsselung verwirklicht werden. Das Prinzip der Datenvermeidung wird insbesondere dadurch realisiert, dass Angebote anonym nutzbar gemacht werden, sodass keinerlei personenbezogene Daten erhoben, verarbeitet oder gespeichert werden. Soweit keine völlige Datenvermeidung möglich ist, sollen so wenig personenbezogene Daten wie möglich erhoben werden.

Um einen optimalen Schutz durch technische Maßnahmen Gewähr leisten zu können, muss deren Einsatz richtig organisiert und geregelt werden. Eine gesetzliche Verpflichtung hierzu ergibt sich aus § 9 BDSG, der von der Daten verarbeitenden Stelle verlangt, dass die Anforderungen des BDSG durch die erforderlichen technischen und organisatorischen Maßnahmen umgesetzt werden. In

---

[13] Tauss/Kollbeck/Fazlic, in Müller/Reichenbach, Sicherheitskonzepte für das Internet, S. 195.

der Anlage zu § 9 BDSG sind diese Maßnahmen in den so genannten „8 Geboten" näher beschrieben. Sie sind so konzipiert, dass Vertraulichkeit, Integrität, Verfügbarkeit und Verlässlichkeit von Daten sichergestellt werden. Folgende Anforderungen werden im Anhang zu § 9 BDSG gestellt:

Zutrittskontrolle: Unbefugten muss der Zutritt zu Datenverarbeitungsanlagen, mit denen personenbezogene Daten verarbeitet oder genutzt werden, verwehrt werden.

Zugangskontrolle: Datenverarbeitungssysteme dürfen nicht von Unbefugten genutzt werden können.

Zugriffskontrolle: die zur Benutzung eines Datenverarbeitungssystems Berechtigten dürfen ausschließlich auf die ihrer Zugriffsberechtigung unterliegenden Daten zugreifen können und personenbezogene Daten dürfen bei der Verarbeitung, Nutzung und nach der Speicherung nicht unbefugt gelesen, kopiert, verändert oder entfernt werden.

Weitergabekontrolle: Personenbezogene Daten dürfen bei der elektronischen Übertragung oder während ihres Transports oder ihrer Speicherung auf Datenträger nicht unbefugt gelesen, kopiert, verändert oder entfernt werden können, und es muss überprüft und festgestellt werden können, an welche Stellen eine Übermittlung personenbezogener Daten durch Einrichtungen zur Datenübertragung vorgesehen ist.

Eingabekontrolle: Es muss nachträglich überprüft und festgestellt werden können, ob und von wem personenbezogene Daten in Datenverarbeitungssysteme eingegeben, verändert oder entfernt wurden.

Auftragskontrolle: Personenbezogene Daten, die im Auftrag verarbeitet werden, dürfen nur entsprechend den Weisungen des Auftraggebers verarbeitet werden können.

Verfügbarkeitskontrolle: Personenbezogene Daten müssen gegen zufällige Zerstörung oder Verlust geschützt sein.

Zu unterschiedlichen Zwecken erhobene Daten müssen getrennt verarbeitet werden können.

Wichtig bei der Umsetzung der 8 Gebote sind aufbau- und ablauforganisatorische Maßnahmen, eine ordnungsgemäße Dokumentation, eine genaue Festlegung des Umfangs der IV-Nutzung, Vorgaben zur Aufbewahrung und Entsorgung von Hardware sowie zum Einsatz portabler Hardware, eine Bewertung von Informationen, des Weiteren auch eine Software-Einsatzsteuerung, eine Wiederanlauf-Planung und regelmäßige Datensicherung. Die Einhaltung der Vorgaben muss regelmäßig kontrolliert werden[14].

---

[14] Dworatschek/Büllesbach/Koch: PC & Datenschutz, S. 149 ff.

5   Datenschutz und IV-Sicherheit als Wettbewerbsbestandteil

Noch in den 80er-Jahren wurden Datenschutz und IV-Sicherheit als Wettbewerbshindernis verstanden. Datenschutz wurde als Hemmnis für den modernen Informationsverkehr und die Informationsgesellschaft betrachtet. Der „free flow of information" wurde damals als eines der wichtigsten Merkmale der Informationsgesellschaft angesehen. Inzwischen hat sich eine neue Ansicht durchgesetzt, die Datenschutz als Wettbewerbsbestandteil begreift, ohne den ein Bestehen im internationalen Wettbewerb nicht möglich ist. Je weiter die Entwicklung hin zur Informationsgesellschaft fortschreitet, umso wichtiger werden Datenschutz und IV-Sicherheit für den Verbraucher. Auch durch die Entwicklung hin zum Outsourcing im öffentlichen Bereich und der zunehmenden Übertragung staatlicher Aufgaben auf private juristische oder natürliche Personen wird der Datenschutz immer relevanter. Ohne das informationelle Selbstbestimmungsrecht bestünde die Gefahr, dass der Bürger zum „gläsernen Konsumenten", „gläsernen Patienten" und letztendlich zum „gläsernen Menschen" werden würde. Zur Verwirklichung und Durchsetzung dieses Rechts ist der Schutz personenbezogener Daten und deren Sicherung unabdingbar. IV-Sicherheitsanforderungen müssen dazu wirkungsvoll umgesetzt und eine sichere IV-Infrastruktur geschaffen werden.

In den letzten Jahren wurde dieser Schutzgedanke in Europa vor allem durch den Erlass verschiedener Richtlinien zunehmend aufgegriffen und verwirklicht. Vor allem die EU-Datenschutz-Richtlinie 95/46/EG hat hierzu einen wichtigen Beitrag geleistet. Sie wurde auch außerhalb Europas ausführlich diskutiert und hat die Datenschutzrechtsentwicklung in den USA, Kanada, Australien und Südamerika maßgeblich mitbestimmt. Für die USA wurden, um den Anforderungen der EU-Richtlinie gerecht werden zu können, die Safe Harbor Principles entwickelt. Deren freiwillige Akzeptanz und Umsetzung ermöglicht Datenübertragungen zwischen Europa und den USA, da die übertragenen Daten auf diese Weise auch außerhalb Europas hinreichend geschützt bleiben. In Kanada, Argentinien und Australien beispielsweise wurde für die Datenschutzgesetzgebung in weiten Teilen die EU-Richtlinie aufgegriffen[15]. Außereuropäische Unternehmen bleiben dadurch auf dem europäischen Markt wettbewerbsfähig, da sie nur mithilfe eines dem europäischen Standard entsprechenden Datenschutzniveaus weiterhin das Vertrauen europäischer Kunden gewinnen und rechtliche Beschränkungen durch die EU-Richtlinie für sich ausschalten können. Dadurch wurde Datenschutz weltweit zum Thema bei der Gestaltung unternehmerischer Entscheidungen und unternehmensinterner Abläufe.

Die Entwicklung zu einer Integration des Datenschutzes in Geschäftsprozesse ist vergleichbar mit der Etablierung des Umweltschutzes als Qualitätsmerkmal von Produkten und Unternehmen. Die zunehmende Sensibilisierung der Verbraucher

---

[15] Siehe dazu Büllesbach/Höss-Löw, DuD 2001, 135 ff.

macht tendenziell den Datenschutz zu einem Auswahlkriterium, das im Wettbewerb eine immer wichtigere Rolle spielt. Die Wirtschaft unternimmt auf Grund dessen wachsende Anstrengungen, um den Wünschen der Verbraucher gerecht zu werden. Das jeweilige Maß an Vorkehrungen zum Schutz von Kundendaten stärkt die Wettbewerbsfähigkeit. Das Schutzniveau kann dann je nach unternehmerischem Anspruch über die gesetzlichen Anforderungen hinaus erweitert und in Marketing und Vertrieb gezielt als Qualitätsmerkmal eingesetzt werden.

Selbstregulierungsmechanismen bieten den Unternehmen Möglichkeiten zur Schaffung effektiver Datenschutzstrukturen. Dazu gehört zum einen die Integration eines Privacy Statements in alle Marktauftritte des Unternehmens, z.B. im Internet. Des Weiteren bieten Codes of Conduct vor allem für global tätige Unternehmen die Möglichkeit, ein einheitliches Datenschutzkonzept in allen Unternehmensbereichen zu etablieren[16]. Das hat vor allem den Vorteil, dass Unterschiede in den nationalen Datenschutzrechtsordnungen weniger zum Tragen kommen können. Außerdem wird durch die Codes of Conduct die Übersichtlichkeit des Datenschutzsystems im Unternehmen gewahrt, was vor allem für die Mitarbeiter von entscheidendem Vorteil bei der Umsetzung ist. Im Gegensatz zur Verwendung von Vertragsklauseln werden dadurch auch komplexe und unübersichtliche Anpassungsmechanismen vermieden, die die Verwendung solcher Vertragsklauseln notwendigerweise mit sich bringen, da Änderungen in einer Vielzahl von Einzelaktivitäten umgesetzt werden müssen.

6   Datenschutz, IV-Sicherheit und Qualitätsmanagement

Neben der gesetzlich vorgeschriebenen Aufgabenwahrnehmung des Beauftragten für den Datenschutz hat ein Unternehmensbereich, der Datenschutz und IV-Sicherheit als Wettbewerbs- und Qualitätsbestandteil begreift, die Aufgabe, den Datenschutz in den allgemeinen und bereichsspezifischen Datenschutzregelungen durchzusetzen. Dazu gehört insbesondere die Konzeption der Datensicherheit für personenbezogene Daten. Darüber hinaus bedarf es einer engen Kooperation mit der allgemeinen IV-Sicherheit unternehmensbezogener Datenverarbeitung und mit dem Vertrieb. Durch die Unterstützung des Vertriebes wird die Darstellung der unternehmenseigenen Datenschutzphilosophie nach außen ermöglicht. Das Datenschutzkonzept muss selbstverständlich mit dieser Darstellung übereinstimmen. Ein umfassendes Datenschutz- und Sicherheitscontrolling stellt diese Identität sicher, erfordert aber eine Gesamtkoordinierung zwischen Technik, Organisation, Recht und Markt. Die ständige Fortentwicklung dieser Faktoren verlangt die gestaltende Mitarbeit in nationalen und internationalen Gremien, um so eine vernünftige Verzahnung zwischen gesellschaftspolitischen und wirtschaftlichen Anforderungen zu Gewähr leisten. Dies bietet für das Unternehmen die Möglichkeit, neben der eigenen Markt- und

---

[16] Siehe dazu Büllesbach/Höss-Löw, DuD 2001, S. 135 ff.

Wettbewerbsorientierung auch die Interessen seiner Kunden und Geschäftspartner in die politische Diskussion einzubringen und einem zu hohen Maß an staatlicher Steuerung, die letztendlich den Wettbewerb und den freien Markt behindern würde, entgegenzuwirken. Datenschutz wird auf diese Weise als Wettbewerbsfaktor erhalten und verfestigt.

Das unternehmerische Gesamtkonzept muss von den Mitarbeitern und dem Management des Unternehmens gemeinsam getragen werden. Dies setzt wiederum Schulung und Sensibilisierung für diese Thematik auf allen Hierarchie-Ebenen voraus[17]. Diese theoretischen Grundvoraussetzungen sind die Grundlage für die praktische Umsetzung des Datenschutzkonzeptes[18]. Erst durch eine gelungene praktische Umsetzung wirkt sich ein gutes Datenschutzkonzept im Wettbewerb positiv aus und wird selbst zum Wettbewerbsvorteil. Datenschutz muss nicht nur in allen Bereichen als Thema gleichermaßen präsent sein, sondern auch organisatorisch in die Projektplanung und –umsetzung, sowie in alle datenschutzrelevanten Arbeitsabläufe eingebunden sein. Die beratende Beteiligung des Datenschutzbeauftragten in Fragen des Datenschutzes und der Datensicherheit in allen Phasen der Unternehmenstätigkeit muss sichergestellt sein. Diese Beteiligung ist insbesondere in den Phasen der Angebotserstellung, der Vertragsgestaltung, der Projektabwicklung, der Erstellung von Backup- und Wiederanlauf-Konzepten, bei der Erstellung von Konzepten für Dokumentation und Archivierung wichtig, und erstreckt sich bis hin zur Beurteilung von Datenschutz- und Sicherheitsanforderungen bei der Beschaffung oder Bereitstellung von Produkten.

7 Zukunft von Datenschutz und E-Commerce

Für die Zukunft des E-Commerce ist die Entwicklung neuer Marketingstrategien wichtig. Im Trend liegt derzeit das so genannte „Permission Marketing". Dabei werden Maßnahmen getroffen, die durch Verbesserung des Datenschutzes auf die Gewinnung von Vertrauen bei den Kunden abzielen. Marktstrategien, die die Kundeninteressen einbeziehen und die Gewinnung von Vertrauen als einen wichtigen Faktor einstufen, sind erfolgsversprechend. Sicherheitsrisiken für den Verbraucher müssen als Risiko für das Unternehmen eingestuft und ernst genommen werden. Mittels einer Privacy Policy[19] und eines Privacy Statement kann das Vertrauen der Verbraucher gestärkt werden. Die integrale Betrachtung von Datenschutz und Datensicherheit schafft außerdem für den Kunden ein

---

[17] Zu einem Schulungs- und Sensibilisierungskonzept siehe Büllesbach: „Personal Data and Privacy Protection: the Pedagogics at Issue", Vortrag im Rahmen der „23rd International Conference of Data Protection Commissioners", Paris La Sorbonne, September 24-26, 2001.

[18] So auch Roßnagel/Pfitzmann/Garstka: Gutachten, S. 131.

[19] Vgl. dazu den Beitrag von Petri in diesem Band, S. 142

Netzwerk von Vertrauenswürdigkeit und Verlässlichkeitl.[20]. Audits tragen eben-falls dazu bei, das Datenschutzniveau zu sichern. Die Sicherheit kann zusätzlich durch Qualitätssiegel gewährleistet und nach außen für den Kunden erkennbar gemacht werden. Im Customer Relationship Management (CRM) sowie bei Data Mining-Projekten sollte der Datenschutz immer ein Bestandteil der Projektplanung, -organisation und -durchführung sein. So wird eine effektive Umsetzung des Datenschutzes gerade in den sensiblen Bereichen der Kunden-daten gewährleistet.

In der Marktforschung wird es zur Wahrung der Konkurrenzfähigkeit eines Un-ternehmens immer wichtiger werden, dass Kundeninformationen in Echtzeit zur Verfügung gestellt werden[21]. Werbemaßnahmen werden zunehmend individuell gestaltet und auf die Bedürfnisse des Kunden gezielt zugeschnitten. Das steigert einerseits die Effektivität der Werbung, erfordert andererseits umfassende, wir-kungsvolle und verlässliche Strukturen zum Datenschutz. Für die Unternehmen am Markt stellen sich dadurch neue Probleme, diese immer komplexeren Pro-zesse datenschutzgerecht zu managen. Von einem gelungenen Datenschutzkon-zept und –management wird in Zukunft immer mehr der unternehmerische Er-folg abhängen. Erfolgreicher E-Commerce ohne Datenschutz ist nicht denkbar. Datenschutz wird daher mehr und mehr auch selbst zum Gegenstand von Wer-bung werden[22].

Entscheidend für den Erfolg eines Produktes am Markt ist letztendlich die Wert-orientierung der Verbraucher. Die strategische Ausrichtung eines Produktes muss sich an der Sicht der Verbraucher orientieren, die immer mehr den Service beim Kauf eines Produktes fokussiert. Ein erstklassiges Produkt braucht deshalb eine erstklassige Dienstleistung. Dazu gehört ein erstklassiger Datenschutz.

Grundlagenliteratur

Bäumler, H. (Hrsg.): E-Privacy. Datenschutz im Internet, Braunschweig-Wiesbaden 2000

Büllesbach: Datenschutz und Datensicherheit als Qualitäts- und Wettbewerbsfaktor, RDV 1997, S. 239 ff.; ders.: Datenschutz als prozessorientierter Wettbewerbsbestandteil, PIK 1999, S. 162 ff.; ders.: Konzeption und Funktion des Datenschutzbeauftragten vor dem Hintergrund der EG-Richtlinie und der Novellierung des BDSG, RDV 2001, 1.

Büllesbach/Höss-Löw: Vertragslösung, Safe Harbor oder Privacy Code of Conduct, DuD 2001, S. 135 ff.

Dworatschek/Büllesbach/Koch: PC & Datenschutz – Vernetzte PC, Risiken und Sicher-heitskonzepte, 6. Auflage, Frechen-Königsdorf, 2000.

---

[20] Vgl. dazu den Beitrag von Weichert in diesem Band, S. 27
[21] Vgl. Stukenberg, DMR 11-12/2001, S. 8, 13.
[22] Siehe z. B. die Werbung der DaimlerChrysler AG im Jahresprogramm der Datenschutz-akademie Schleswig-Holstein, Titelseite innen.

Kubicek/Klumpp/Fuchs/Roßnagel (Hrsg.): Internet@Future – Jahrbuch Telekommunikation und Gesellschaft 2001.

Opaschowski: Der gläserne Konsument – Die Zukunft von Datenschutz und Privatsphäre in einer vernetzten Welt, Skript zur Freizeitforschung, Hamburg 2001.

Roßnagel/Pfitzmann/Garstka: Modernisierung des Datenschutzrechts, Gutachten im Auftrag des Bundesministeriums des Innern, 2001.

Stukenberg: Die Zukunft gehört e-Media, DMR 11-12/2001, S. 8 ff.

Tauss/Kollbeck/Fazlic: Datenschutz und IT-Sicherheit – zwei Seiten derselben Medaille, in: *Müller/Reichenbach*, Sicherheitskonzepte für das Internet, Berlin/Heidelberg, 2001.

Das Datenschutzkonzept der Deutschen Telekom

Thomas Königshofen, Bonn

Einleitung

Die Sicherung des Datenschutzes durch Unternehmen der Telekommunikations-
und Multimediabranche ist nicht nur eine Wahrnehmung gesellschaftlicher Verantwortung, zu der diese durch das Bundesdatenschutzgesetz und
bereichsspezifische Normen verpflichtet sind. Sie ist vielmehr in immer stärke-
rem Maße auch eine Forderung der Kunden dieser Unternehmen. Berücksichtigt
man dabei, dass gerade durch das Internet dem Datenschutz und der Datensicherheit eine wesentlich höhere Aufmerksamkeit zukommt als in vergangenen
Zeiten, so lässt sich schnell daraus schließen, dass Datenschutz- und Datensi-
cherheitsstandards unmittelbare und messbare Qualitätsparameter für eine kundenorientierte Geschäftspolitik geworden sind. Angesichts der Tatsache, dass mit
der Digitalisierung der Telekommunikationsnetze und der Verbreitung des Internet tagtäglich Millionen von hoch sensiblen Verbindungsdaten (von welchem
Anschluss bzw. Rechnersystem aus wird mit welchem Anschluss bzw. Rechnersystem kommuniziert) erhoben und gespeichert werden - was die
Telekommunikationsunternehmen und Internet-Serviceprovider zu den weltweit
größten Verarbeitern personenbezogener Daten macht - kann ohne Übertrei-
bung gesagt werden, dass der Datenschutz für diese Branche dieselbe hohe Bedeutung haben muss wie der Umweltschutz für die Chemie-Industrie. Insofern
ist die Einhaltung des Datenschutzes eine Aufgabe, der sich im Sinne des Total
Quality Managements ausnahmslos alle Führungskräfte, insbesondere die Ge-
schäftsführung bzw. der Vorstand eines Unternehmens schon aus
betriebswirtschaftlichen Gründen zu stellen haben.

Hinzu kommt, dass die Informations- und Kommunikationsunternehmen angesichts der extrem hohen Kosten für den Aufbau moderner Infrastrukturen mit
hoher Bandbreite geradezu dazu verdammt sind, neue Produkte und Dienstleistungen in die (Massen-) Märkte zu bringen, die von einer möglichst großen
Bevölkerungsgruppe auch dann akzeptiert und genutzt werden, wenn sie mit
zusätzlichen Entgelten für die Kunden verbunden sind. Das „Zauberwort" heißt
hier „e-commerce", wobei der schillernde Begriff an dieser Stelle eingeschränkt
werden soll auf den Teil der Produkte und Dienstleistungen, die für die Endverbraucher vorgesehen sind (sog. B2C = business-to-consumer-Bereich). Hier
suchen alle Informations- und Kommunikationsunternehmen nach Wegen, insbesondere kommerzielle Dienstleistungsangebote über das Internet gegen Ent-
gelt zu vermarkten und an den damit verbundenen Transaktionen
mitzuverdienen.

Um mit solchen Dienstleistungen und Produkten überhaupt Massenmärkte erschließen zu können, müssen sie von den potenziellen Kunden akzeptiert werden. Dies setzt aus Sicht der Kunden einen akzeptablen Preis voraus; d.h. die mit der Dienstleistung oder dem Produkt verbundenen Vorteile müssen aus Sicht des Kunden höher sein als dessen Kosten. Dabei ist der Kostenbegriff sicher viel zu kurz gefasst, wenn man nur den mit der Dienstleistung oder dem Produkt verbundenen Preis, den der Anbieter verlangt, betrachtet. Aus Kundensicht kommen nämlich weitere „Kosten" hinzu, die der Kunde auch einkalkuliert. Das ist zum einen die Zeit, die der Kunde braucht, um die Dienstleistung bzw. das Produkt nutzen zu können. Ein kompliziertes Bestellverfahren, eine komplizierte Bedienungsanleitung oder Verzögerungen bei der Lieferung „kosten" nämlich aus Kundensicht auch und können dazu führen, dass der Kunde auf ein Produkt – trotz akzeptabler Entgeltkalkulation aufseiten des Anbieters – verzichtet.

Der aus Sicht der Internetnutzer im Bereich des e-commerce höchste nicht monetäre Kostenfaktor scheint derzeit nach allen Umfragen der Verlust der Kontrolle über den Umgang mit ihren persönlichen Daten zu sein. Nach wie vor verzichten mehr als die Hälfte aller potenziellen Nutzer von e-commerce-Dienstleistungen auf die Inanspruchnahme entsprechender Angebote oder schränken ihr Konsumverhalten zumindest insoweit ein, weil sie kein Vertrauen in den angemessenen und sorgfältigen Umgang mit ihren über das Internet transportierten und ggf. auch vom Dienstleister abgefragten personenbezogenen Daten haben. Das Thema „mangelndes Vertrauen in den Datenschutz" wird damit zu einem der größten Hemmnisse, wenn nicht sogar zu dem größten Hemmnis für die weitere Entwicklung des e-commerce.

Wenn man die diesbezüglichen Meinungsumfragen studiert, so lässt sich erkennen, dass das bestehende diesbezügliche Misstrauen der Kunden nicht mit zunehmender Gewöhnung an die neuen Medien verschwunden ist, sondern nach wie vor besteht.[1]

Die Herausforderung für Unternehmen der Informations- und Kommunikationsbranche ist somit, das Vertrauen der potenziellen Kunden in den richtigen, das heißt von den Kunden gewünschten Umgang mit ihren Daten zu gewinnen und zu behalten.

Dieses Vertrauen kann man nach meiner Überzeugung aber nur gewinnen, wenn das Thema „Datenschutz" in der Marktkommunikation nicht verschwiegen, sondern pro-aktiv angegangen wird. Ein professioneller Marktauftritt mit Hochglanzbroschüren und eine im Internet veröffentlichte „Datenschutz-Erklärung" mögen zwar hilfreich sein, auf Dauer lassen sich die Kunden aber nur dann von einem angemessenen Umgang mit ihren Daten überzeugen, wenn

---

[1] Vgl. Opaschowski, Quo vadis, Datenschutz?, DuD 2001, 678, 679 ff und in diesem Band, S. 13

für sie sichtbar wird, dass das Unternehmen tatsächlich höhere Anstrengungen als die Konkurrenz unternimmt, um einen den Kundenwünschen entsprechenden Umgang mit ihren persönlichen Daten zu Gewähr leisten.

1   Ausgangspunkt für das Datenschutz-Konzept der Deutschen Telekom

Aus diesem Kontext heraus sollte Datenschutz und Datensicherheit nicht als „lästiges Übel" und „Verhinderungsmechanismus" für effektives und wirtschaftliches Handeln eines Unternehmens definiert werden, sondern als Qualitäts- und Wettbewerbsfaktor, der nicht nur Teil des unternehmerischen Risk Managements sein kann, sondern darüber hinaus positives Differenzierungskriterium gegenüber den Wettbewerbern in den Informations- und Telekommunikationsmärkten.

Folgt man dem letzteren Ansatz, geht es dann bei der Gewährleistung des Datenschutzes und der Datensicherheit nicht vordringlich um das Ziel, mit möglichst minimalem Aufwand die gesetzlichen Datenschutzregelungen so umzusetzen, dass man jedenfalls nicht negativ auffällt, sondern darum, über ein effektives Prozessmanagement das Datenschutz- und Datensicherheitsniveau des Unternehmens kontinuierlich zu verbessern, um dieses Niveau dann – in einem zweiten Schritt – auch den Kunden glaubhaft zu versichern, ganz nach dem Motto: „Tue Gutes und rede darüber!"

Im Konzern Deutsche Telekom sind deshalb „Gemeimsame Leitlinien zur kontinuierlichen Verbesserung von Datenschutz und Datensicherheit" verabschiedet worden, die nicht nur von den Datenschutz-Organisationen, sondern auch von den Vorständen bzw. Geschäftsführern der einzelnen Konzernunternehmen wie der Deutschen Telekom AG, der T-Online International AG, der T-Systems International GmbH und der T-Mobile GmbH unterzeichnet und in Kraft gesetzt wurden.

Basis dieser Leitlinien ist nicht nur die gemeinsame Vision, den effizientesten Datenschutz auf weltweit höchstem Niveau zu realisieren, sondern auch konkrete Vorgaben zur effektiven Aufbau- und Ablauforganisation sowie zur Zusammenarbeit der einzelnen Datenschutz-Organisationen im Konzern.

Ein wichtiges, wenn nicht sogar das wichtigste Kern-Element dieser Leitlinien ist die gemeinsame Überzeugung, dass sich das bei der Deutschen Telekom AG bereits im Jahre 1997 eingeführte Datenschutz-Organisationsaudit als effektives und effizientes Mittel zur kontinuierlichen Verbesserung des Datenschutzniveaus der auditierten Organisationseinheiten bewährt hat und auch in anderen Unternehmen der Telekom-Gruppe eingeführt werden soll. Dabei ist vereinbart, das Datenschutzaudit mit dem Ziel fortzuentwickeln, durch den Einsatz einer einheitlichen Methode eine Vergleichbarkeit des Datenschutzniveaus für alle Konzerneinheiten zu erreichen (Benchmarking).

Der Ausgangspunkt des Audit-Konzeptes war von Anfang an die spezifische Analyse der technischen und organisatorischen Schwachstellen innerhalb des Unternehmens, wobei der Mensch (der Mitarbeiter) als größte Schwachstelle betrachtet werden muss.

Unerwünschter, unzulässiger und unrechtmäßiger Umgang mit personenbezogenen Daten und den entsprechenden Datenverarbeitungssystemen eines Unternehmens wird sowohl von außen (durch Hacker etc.) als auch durch eigene Mitarbeiter veranlasst. Dabei ist die Ursache dieser Verhaltensweisen teilweise in echter krimineller Energie der Täter zu suchen, zum weit überwiegenden Teil ist sie aber auf Unwissenheit, Fahrlässigkeit und mangelndes Problembewusstsein zurückzuführen.[2]

Die zweite große Schwachstelle im Bereich des Datenschutzes und der Datensicherheit ist die Schnittstelle Mensch-Maschine. Nach wie vor fehlen den Mitarbeitern entweder die Kenntnisse, um im Rahmen ihrer eigenen Arbeitsumgebung wirkungsvoll mögliche Fehler bei der Verarbeitung personenbezogener Daten zu erkennen, oder aber es fehlen ihnen die Werkzeuge (insbesondere Software-Tools) am Arbeitsplatz, die Fehler erkennen können oder auf sie aufmerksam machen.

Darüber hinaus hat auch die „Datenverarbeitungsmaschine" selbst erhebliche Schwachstellen. Konnte man früher als Experte mit einigem Aufwand die Datenverarbeitungsarchitektur in der abgeschirmten und nicht vernetzten Großrechnerwelt noch einigermaßen nachvollziehen, so scheitert heute schon der Versuch, für eine normale Client-Server-Anwendung ein vollständiges Datenflussdiagramm zu erstellen, an dessen Komplexität, wenn man in die Betrachtung auch die Systeme einbeziehen will, die hinter den technischen Schnittstellen dieser Anwendung operieren und dieses beeinflussen.

Schließlich ist die moderne Datenverarbeitungswelt dadurch gekennzeichnet, dass sie sich ständig verändert: immer schneller kommen neue Hard- und Software-Versionen zum Einsatz, immer größer ist der Bedarf an effektiver IV-Unterstützung der Kernprozesse eines Unternehmens, die ja ihrerseits auch einem permanenten Veränderungsdruck unterliegen. Der klassische technische Ansatz

---

[2] Obwohl schon lange bekannt ist, dass gerade im Dienstleistungsbereich ein sehr hoher Anteil der zur Verfügung stehenden Kapazitäten eines Unternehmens durch die Beseitigung von Fehlern gebunden wird, besteht häufig immer noch der Irrglaube, die „Produktion" von Sicherheit im weitesten Sinne, zu der auch der Datenschutzbereich gerechnet werden muß, sei ein hoher Kostenfaktor („Sicherheit gibt es nicht zum Nulltarif!"). Diese Ansicht ist jedoch nur begrenzt zutreffend, da immer wieder vergessen wird, die mit „Nichtsicherheit" (= Fehler und Risiken) verbundenen Kosten gegenzurechnen. Wenn man dies jedoch macht, wird man schnell feststellen, dss die Erhöhung der Sicherheit (nicht: die „höchstmögliche" Sicherheit) - wegen der damit verbundenen Fehler- und Risikominimierung - immer auch betriebswirtschaftlich sinnvoll ist.

der Evaluierung und Auditierung von Systemen stößt deshalb immer mehr auf
simple Kapazitäts- und Zeitprobleme: Angesichts der kompletten Vernetzung der
IV-Infrastruktur und des permanenten Wechsels der einzelnen Systemkompo-
nenten ist das Ergebnis einer Evaluierung und Auditierung komplexer Teilsys-
teme schon überholt, bevor sie abgeschlossen sind.

2 Ermittlung des Ist- und Sollzustandes

Gleichwohl ist es für jeden Datenschutz- und Sicherheitsbeauftragten eines Unternehmens notwendig, sich zunächst einmal ein Bild über den tatsächlichen Ist-
Zustand im Hinblick auf die datenschutz- bzw. sicherheitsrelevanten Stärken
und Schwächen des Unternehmens zu verschaffen. Um dieses Bild zu gewinnen ist es erforderlich, dass zunächst der Sollzustand festgelegt wird. Dieser
Sollzustand sollte sich aber, wie oben bereits ausgeführt, nicht nur auf die Einhaltung gesetzlicher Mindeststandards beschränken, sondern sich an der Unternehmenspolitik einer permanenten Verbesserung der Qualität von Prozessen
und damit der Verbesserung der Wettbewerbsfähigkeit ausrichten.

Bei dieser Prämisse reicht es dann beispielsweise nicht mehr aus, dass diejenigen Personen in einem Betrieb, die bei der Verarbeitung personenbezogener
Daten beschäftigt sind, einmal in ihrem Berufsleben auf das Datengeheimnis
verpflichtet werden, so wie es das Gesetz (vgl. § 5 BDSG) verlangt.

Vielmehr kann man hier die gesetzlich vorgesehene förmliche Verpflichtung auf
das Datengeheimnis aus unternehmenspolitischen Erwägungen (siehe oben) als
eine Sensibilisierungsmaßnahme ausgestalten, die mit einer Grundschulung verbunden ist und die für sämtliche Mitarbeiter durchgeführt sowie in periodischen
Abständen – bei der Deutschen Telekom grundsätzlich alle zwei Jahre - wiederholt wird.

Je nach den gesetzlichen und/oder unternehmenspolitischen Festlegungen (Sollzustand) muss also der Datenschutzbeauftragte im Beispielsfall wissen, welche
Mitarbeiter bei der Datenverarbeitung beschäftigt sind und ob diese alle - irgendwann einmal - auf das Datengeheimnis verpflichtet wurden (Sollzustand =
gesetzliche Mindestanforderung im Sinne der ersten Variante), oder aber, wie
viele Mitarbeiter einer Organisationseinheit - unabhängig von ihrer betrieblichen
Kernaufgabe - entsprechend den unternehmenspolitschen Vorgaben innerhalb
der letzten zwei Jahre auf das Datengeheimnis verpflichtet und/oder geschult
wurden (Sollzustand = unternehmenspolitische Vorgabe im Sinne der der zweiten Variante).

Geht der Datenschutzbeauftragte entsprechend dieser Methode vor, so zeigen
ihm die Abweichungen vom Sollzustand sehr schnell, wo er zur Verbesserung
des Datenschutzniveaus innerhalb seines Unternehmens ansetzen muss.[3]

---

[3] De jure hat der gesetzlich zu bestellende Datenschutzbeauftragte nur die Aufgabe der

In der Praxis zeigt sich aber häufig, dass die Abweichungen zwischen dem Ist- und dem Sollzustand – wenn man erst einmal beginnt, diese zu messen - so groß sind, dass der Datenschutzbeauftragte Schwierigkeiten hat, diese Abweichungen in den Griff zu bekommen, zumal hierbei ja auch noch die aufbau- und ablauforganisatorischen Veränderungen in größeren Unternehmen die Probleme erhöhen.

Hier helfen aber Methoden, wie sie aus dem Total Quality Management (TQM) bzw. dessen Verwandten (Kontinuierlicher Verbesserungsprozess – KVP, Kaizen, Business Excellence etc.) in Unternehmen wohl bekannt, aber für den Bereich Datenschutz- und –sicherheit kaum eingesetzt werden: In allen diesen Formen der systematischen Qualitätsverbesserung wird auf der Messung objektiver Parameter aufgesetzt mit dem Ziel, eine selbstlernende und sich selbst verbessernde Organisation zu entwickeln, die in der Lage ist, die gemessenen Werte (Qualitätsparameter) immer weiter zu erhöhen.

Dies wird von einem Benchmarking in dem Sinne unterstützt , dass durch eine Transparenz, Nachvollziehbarkeit und Vergleichbarkeit der gemessenen Werte unterschiedlichster Organisationseinheiten innerhalb eines Unternehmens die Ergebnisse untereinander verglichen und ihrerseits als Maßstab für effizientes Prozessmanagement herangezogen werden können.

Während beispielsweise in der Abteilung X des Betriebs A alle PC´s mit Sicherheitsmaßnahmen wie BIOS-Passwort, Bildschirmschoner etc. tatsächlich ausgestattet sind, haben einige Mitarbeiter der Abteilung Y desselben Betriebs diese Sicherheitsvorkehrungen aus Bequemlichkeitsgründen oder Unwissenheit deaktiviert, obwohl dies nach den betrieblichen Richtlinien möglicherweise unzulässig ist.

3   Festlegung und Umsetzung der Datenschutz- und –sicherheits-Policy

Aus diesen Überlegungen heraus ergab sich bei der Deutschen Telekom folgende systematische Vorgehensweise:

(1) Festlegung der Unternehmens-Policy im Bereich des Datenschutzes und der Datensicherheit, wobei als Mindestmaß nicht die zwingenden gesetzlichen Bestimmungen vorgegeben sind; sondern die Deutsche Telekom freiwillig mehr als das vom Gesetzgeber geforderte Maß an Datenschutz- und -sicherheit als Sollzustand definiert hat.

Sicherstellung der Ausführung der rechtlich zwingenden Anforderungen an den Datenschutz (vgl. § 37 Abs. 1 BDSG). De facto macht es aber keinen Sinn, die Sicherstellung der unternehmenspolitischen Anforderungen, die über die rechtlich zwingenden Anforderungen hinausgehen können, einem anderen Aufgabenträger als dem gesetzlich zu bestellenden Datenschutzbeauftragten zu übertragen.

(2) Festlegung aller Sicherungs-, Schutz- und Kontrollmaßnahmen im Bereich des Datenschutzes und der Datensicherheit im Sinne der Umsetzung der Unternehmens-Policy durch das Konzern-Datenschutzhandbuch als interne Richtlinie und die Festlegung der Maximalwerte bei den für das Datenschutz-Audit gemessenen Parametern (Sollzustand).

(3) Anpassung und Neuerstellung von entsprechenden Arbeitsanweisungen und fachbezogenen Richtlinien anhand des festgelegten Sollzustands.

(4) Neubekanntmachung bzw. erste Bekanntmachung der betreffenden Arbeitsanweisungen an die betroffenen Mitarbeiter der Betriebe; Erstellung eines umfassenden Schulungskonzeptes zur Schulung und Sensibilisierung der Beschäftigten zur Einhaltung dieser Maßnahmen.

(5) Durchführung bzw. Installierung der gesetzlich zwingenden und unternehmenspolitisch notwendigen Schutz-, Sicherheits- und Kontrollmaßnahmen im Bereich des Datenschutzes und der Datensicherheit.

(6) Routinemäßige und anlassbezogene Überwachung, Kontrolle, Verbesserung und Anpassung der Arbeitsanweisungen, Richtlinien und sonstigen Maßnahmen.

(7) Periodische Auditierung der wichtigsten Datenschutz-Qualitätsparameter durch den Datenschutzbeauftragten (siehe unter 3).

(8) Regelmäßige Berichte des Datenschutz- bzw. Sicherheitsbeauftragten an die jeweiligen Leiter der Organisationseinheiten betreffend den aktuellen Unterschied zwischen ist- und Sollzustand.

(9) Ein aus den jeweiligen Einzelberichten erstellter Gesamtbericht des Datenschutzbeauftragten, der mindestens einmal jährlich der Unternehmensleitung vorgelegt wird.

4   Datenschutz-Audit

Um bei einem Datenschutz-Audit nicht nur einzelne Prozesse oder Systeme in einer Momentaufnahmen zu betrachten, sondern eine Aussage über die Lern- und Veränderungsfähigkeit des Unternehmens und seiner Organisationseinheiten zu erhalten, muss das Datenschutzniveau des gesamten Unternehmens und seiner Untergliederungen periodisch gemesen werden. Hierzu ist es erforderlich, eindeutige, objektive und nachvollziehbare Messgrößen festzulegen, die das Datenschutz- und Sicherheitsniveau (den Datenschutz-Standard) im Sinne eines Sollist-Vergleichs einer Organisationseinheit widerspiegeln. Wenn man beispielsweise davon ausgeht, dass eine große Schwachstelle im Bereich Datenschutz und Datensicherheit der mangelnde Kenntnisstand der Mitarbeiter ist, so bietet es sich an, die Prozentzahl der Mitarbeiter einer Organisationseinheit, die innerhalb eines bestimmten Zeitraums an Schulungsmaßnahmen zum Datenschutz und zur Datensicherheit teilgenommen haben, zu messen und den Verantwortlichen die Messergebnisse offen zu legen - auch im Sinne eines benchmarking: zum Vergleich die Ergebnisse anderer Organisationseinheiten. Diese Methode der Messung von „Datenschutz-Qualitätsparametern" führt neben der damit verbundenen Transparenz praktisch automatisch zu einem kontinuierlichen Verbesserungsprozess, wenn man die Messungen periodisch wiederholt („What gets measured gets done").

Dabei spielt die Auswahl der Qualitätsparameter die wichtigste Rolle: Es kommt im Ergebnis darauf an, möglichst diejenigen (wenigen) messbaren Parameter zu identifizieren, deren Steigerung das Datenschutzniveau innerhalb einer Organisationseinheit insgesamt positiv beeinflussen kann.

Bei der Deutschen Telekom AG wurden für die Messung von objektiven „Datenschutz-Qualitätsparametern" die folgenden Qualitätsmerkmale festgelegt:

1. Kenntnisstand der Mitarbeiter;
2. Datenschutzsensibilität der Führungskräfte;
3. Transparenz der Datenverarbeitung für Prüf- und Revisionszwecke;
4. Transparenz der Datenverarbeitung für Kunden;
5. PC-Sicherheit, Datenschutz- und Sicherheitskonzepte;
6. Datenschutzkonformität der IV-Anwendungen;
7. Datenschutzkonformität des Netzbetriebs;
8. Sicherheit der Service- und Computerzentren (Rechenzentren);
9. Datenschutzgerechte Verarbeitung personenbezogener Daten im Auftrag;
10. Kontinuierlicher Verbesserungsprozess.

Für jedes dieser Qualitätsmerkmale wurden mehrere messbare „Indikatoren" definiert:

So kann man beispielsweise das Datenschutzniveau bezüglich der Datenschutz-Sensibilität der Führungskräfte daran messen, in welchem prozentualen Umfang an der Gesamtzahl der Führungskräfte diese innerhalb der letzten zwei Jahre an Datenschutz- und Sicherheits-Schulungen teilgenommen haben (Indikator 1); aber auch daran, wie oft sich innerhalb eines Jahres die Führungskräfte regelmäßig (jour fixe) mit den Datenschutz- und/oder Sicherheitsbeauftragten mit dem Ziel der Verbesserung des Datenschutzniveaus treffen (Indikator 2).

Im Hinblick auf die sichere Datenverarbeitung beim PC-Einsatz lässt sich beispielsweise messen, wie viel Prozent der eingesetzten PC´s einer Organisationseinheit über einen BIOS-Paßwortschutz oder eine chipkartengestütze Zugriffssicherung (Indikator 1), einen Bildschirmschoner mit Passwortschutz (Indikator 2), eine Sicherheits-Software (Indikator 3), eine Software zur Verschlüsselung sensibler Dateien (Indikator 4) oder eine aktuelle Virenschutz-Software (Indikator 5) verfügen. Außerdem kann gemessen werden, in welchen Organisationseinheiten ein Datenschutzkonzept mit Vorgaben bzgl. der Datensicherung, der Datenträgerentsorgung etc. besteht.

Bezüglich der Anforderung an datenschutzkonforme IV-Anwendungen lässt sich messen, wie viel Prozent der betriebenen IV-Anwendungen einer Organisationseinheit unter Beteiligung des Datenschutz- oder Sicherheitsbeauftragten oder seiner Mitarbeiter entwickelt wurden (Indikator 1), wie viel Prozent der betriebenen IV-Anwendungen, die auf Standard-Software beruhen, vom Datenschutz- oder Sicherheitsbeauftragten oder seinen Mitarbeitern auf eine Datenschutzkonformität hin auditiert worden sind (Indikator 2) u.s.w.

Alle diese Indikatoren werden mit Punktzahlen versehen, die das Messergebnis widerspiegeln, wobei ein bestimmter Messwert als optimal (z.B. 10 Punkte = Sollzustand) und ein weiterer Messwert als Minimum (z.B. 1 Punkt) definiert wird.

5   Erfahrungen

Es hat sich bei der Deutschen Telekom AG gezeigt, dass allein die Tatsache der Messung und die interne Transparenz der Messergebnisse (Benchmarking) dazu geführt hat, dass die jeweils Fachverantwortlichen große Anstrengungen unternommen haben, um das Datenschutz- und Sicherheitsniveau ihrer Organisationseinheiten zu verbessern. Auf der Basis der selbstgewählten Sollgrößen konnte festgestellt werden, dass schon mit der Ankündigung der Pilotmessung gegen Ende des Jahres 1996 erhebliche Aktivitäten im Hinblick auf die Annäherung an den Sollzustand durch die Organisationseinheiten entfaltet wurden.

Innerhalb der letzten drei Jahre haben die auditierten Organisationseinheiten ihre jeweiligen Punktzahlen – die das Datenschutzniveau nach der Systematik des Audits widerspiegeln sollen – mehr als verdoppelt.

Es hat sich auch gezeigt, dass die gemessenen Werte der Organisationseinheiten, die zum ersten Mal am Datenschutz-Audit teilnehmen, nicht wesentlich von den Werten abweichen, die 1997 bei der Pilotmessung in den Niederlassungen erreicht wurden. Dies belegt, dass die Einführung des periodischen Datenschutz-Audits der wesentliche Faktor für die Verbesserung des Datenschutzniveaus in den gemessenen Organisationseinheiten ist.

Als Beispiele für das zwischenzeitlich erreichte hohe Datenschutzniveau der auditierten Organisationseinheiten mögen folgende, durch entsprechende Stichprobenkontrollen nachgewiesene Zahlen dienen:

96% aller Beschäftigten wurden innerhalb der letzten zwei Jahre mit einer entsprechenden Belehrung über die wichtigsten gesetzlichen und arbeitsplatzbezogenen Bestimmungen schriftlich (erneut) auf das Daten- und Fernmeldegeheimnis verpflichtet;

78% der Beschäftigen und 75% aller Führungskräfte haben innerhalb des letzten Jahres darüber hinaus an besonderen Datenschutz-Schulungsmaßnahmen teilgenommen;

In mittlerweile 64% aller Betriebe sind Datenschutz-Qualitätszirkel (zum großen Teil nach ISO 9000 ff.) bzw. periodische Treffen der Betriebsleitung mit den „Datenschützern" vor Ort fest etabliert worden mit dem Ziel, Schwachstellen des Datenschutzes vor Ort systematisch zu beseitigen und die Beseitigung auch zu monitoren;

96% aller Arbeitsplatzsysteme (PC, Laptop, Notebook etc.) verfügen über Virenschutzprogramme, die nicht älter sind als 2 Monate;

93% der vorhandenen örtlichen Datenschutz- und –sicherheitskonzepte wurden innerhalb der letzten 2 Jahre neu entwickelt bzw. aktualisiert;

75% aller lokalen IV-Anwendungen (Verfahren der automatisierten Verarbeitung personenbezogener Daten im Sinne des § 4d BDSG) sind in letzter Zeit vom Hilfspersonal des Datenschutzbeauftragten einem systematischen Datenschutz- und Sicherheitsaudit unterzogen worden.

6   Ausblick

Um dieses zwischenzeitlich erreichte Datenschutzniveau als Differenzierungskriterium im Wettbewerb wirksam einsetzen zu können, reicht es meines Erachtens aber nicht aus, die Kunden selbst auf diese Anstrengungen zur kontinuierlichen Verbesserung hinzuweisen. Hier fehlt vielmehr das „Gütesiegel" durch eine aus Kundensicht vertrauenswürdige dritte Instanz, z.B. die staatlichen Datenschutzbeauftragten oder private Einrichtungen. Aus diesem Grunde befürwortet die Deutsche Telekom auch die mittlerweile vielfältigen Initiativen zur Schaffung von Datenschutz-Gütesiegeln auf der Basis objektiver Audit-Verfahrens und zur Schaffung diesbezüglicher Industrie- und/oder gesetzlicher Standards.

Unternehmensweites Datenschutzmanagement bei IBM

Günter Karjoth, Matthias Schunter und Michael Waidner

1   Einführung

Der Schutz von Kundendaten gewinnt immer stärker an Bedeutung. Besonders im Bereich e-Commerce ist Datenschutz ein kritisches Problem. Auch im herkömmlichen Handel wächst dessen Bedeutung. Unternehmen sind sich dieser Problematik bewusst. Deshalb veröffentlichen Unternehmen Datenschutzpolitiken, welchen einen fairen Umgang mit gesammelten Daten versprechen. Trotzdem sind folgende Probleme oft ungelöst:

- Geschäftsabläufe werden ohne Berücksichtigung von Datenschutzaspekten entworfen. Als Konsequenz sammeln Unternehmen personenbezogene Daten (personally identifiable information (PII)) auf Vorrat statt nur die Daten zu erfassen, welche für einen spezifischen Geschäftsablauf nötig sind.

- Bestehende Dienste setzen eine Benutzeridentifizierung auch dann voraus, wenn die Identität des Benutzers nicht nötig wäre. Datensparsame und anonymisierende Sicherheitstechnologie wird nur selten eingesetzt.

- Unternehmen sammeln und speichern verschiedenste Arten von personenbezogenen Daten. In größeren Unternehmen besteht u.U. nur ungenügende Kenntnis darüber, welche personenbezogenen Daten gesammelt werden und wo sie gespeichert sind.

- Unter Umständen ist unbekannt, ob und welches Einverständnis zur Verwendung der Daten vom Kunden erklärt wurde. Ebenso sind die anwendbaren rechtlichen Bestimmungen oft unklar.

In Kapitel 2 stellen wir die IBM Enterprise Privacy Architecture (EPA) vor. EPA beschreibt einen Weg, welcher Unternehmen ermöglicht o.g. Probleme zu lösen. EPA ist eine Methodik mit der Unternehmen seinen Kunden einen verbesserten und wohldefinierten Grad an Datenschutz bieten kann. Es wird im Datenschutz-Consulting der IBM eingesetzt.

In Kapitel 3 wird die Platform for Enterprise Privacy Practices (E-P3P) beschrieben. E-P3P erlaubt Unternehmen Datenschutzpolitiken zu definieren, zu formalisieren, und automatisch durchzusetzen sowie die datenschutzrelevanten Einverständniserklärungen der Kunden zu verwalten.

2   IBM Enterprise Privacy Architecture

Die IBM Enterprise Privacy Architecture (EPA) ermöglicht einem Unternehmen maximalen Nutzen aus personenbezogenen Daten unter Berücksichtigung der Datenschutzbedenken der Kunden sowie der relevanten Bestimmungen zu ziehen. EPA beschreibt ein umfassendes Datenschutzmanagementsystem, welches spezifisch auf die Gesamtheit der für ein Unternehmen relevanten Datenschutzbestimmungen und -möglichkeiten zugeschnitten werden kann.

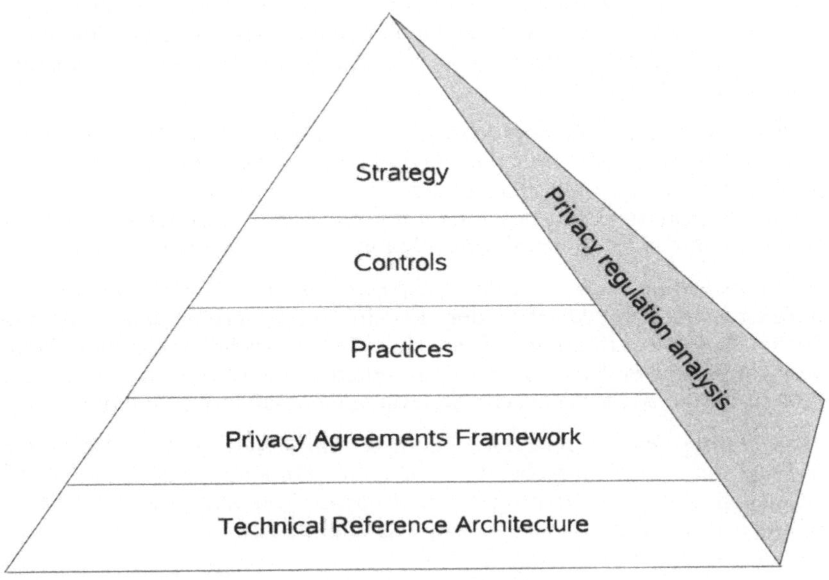

Abbildung 1. Bausteine der IBM Enterprise Privacy Architecture.

In umfassender und systematischer Weise ermöglicht EPA die Einführung und Anwendung von Datenschutzdiensten und -bewusstsein in Unternehmen. Die Spitze der EPA-Pyramide (vgl. Abb. 1) bildet das Managementreferenzmodell, welches die Datenschutzstrategien und deren Umsetzung im Unternehmen festlegt. Im datenschutzorientierten Geschäftsmodell wird beschrieben, wie Unternehmensabläufe unter Einbezug von Datenschutz restrukturiert werden können. Die unterste Ebene ist die technische Referenzarchitektur, welche die für die Umsetzung nötige Technologie zur Verfügung stellt.

Der Entwicklung von EPA lagen die folgenden Ziele zu Grunde:

- *Der Wert der Daten soll erhöht oder erhalten werden*. Das Datenmodell im technischen Referenzmodell erlaubt die Identifizierung und Katalogisierung von personenbezogenen Daten innerhalb einer Organisation und somit die Einrichtung angemessener Schutzmaßnahmen.

- *Vereinheitlichung verschiedenster Datenschutzbestimmungen und -normen*. Die Datenschutzregelanalyse unterstützt die Identifizierung der einzuhaltenden Bestimmungen und erlaubt deren einheitliche Ausformulierung. Die anwendbaren Bestimmungen werden in einer Datenschutzpolitik für das Unternehmen formalisiert, welche mit den gesammelten personenbezogenen Daten verknüpft wird.

- *Aufbau und Förderung von Vertrauen am Markt*. Dank EPA behalten die Kunden die Kontrolle über ihre eigenen Daten. Das Managementreferenzmodell fördert die Sensibilisierung eines Unternehmens bezüglich der Datenschutzproblematik. Zusammen mit externen Kontrollen erhöhen diese Maßnahmen das Vertrauen der Kunden in ein Unternehmen.

- *Herausarbeitung von Gestaltungsalternativen im Bereich Daten schutz- management*. Die Analyse der Regeln zeigt verschiedene Alternative bezüglich deren Erfüllung auf, speziell auch hinsichtlich der Verwendung weniger sensitiver Datentypen. Des weiteren identifiziert sie Bereiche mit großem Risiko sowie datenschutzrelevante Geschäftsverbindungen.

- *Verwendung einer integren Platform für konsistentes Datenschutz- management*. Eine Aufgabe des Managementreferenzmodells ist es sicher zu stellen, dass Veränderungen des Umfelds kontinuierlich in das Datenschutzmanagement eines Unternehmens einfließen.

2.1   Datenschutzregelanalyse

Die Einhaltung der Bestimmungen ist eine Hauptmotivation von Datenschutzanstrengungen der Wirtschaft. Vor der Entwicklung eines Datenschutzkonzepts ist eine strukturierte Übersicht über die bestehenden Bestimmungen notwendig. Die große Herausforderung hierbei bildet die im Rechtswesen typische Sprache mit spezifischen Ausdrucksweisen und Begriffen.

EPA strukturiert die relevanten Regulierungen in zwei Tabellenarten: Die erste Tabellenart enthält einen Überblick über die relevanten Vorschriften unter Verwendung einheitlicher Begriffe. Die zweite Tabellenart formalisiert diese in Form von Verhaltensregeln zur Verwendung gesammelter Daten. Die letzteren Tabellen sind unternehmensspezifisch und formaler als erstere. Jeder Eintrag beschreibt, welche Operationen welche Partei mit welchen Daten ausführen darf sowie welche Datenschutzbestimmungen dabei zu beachten sind. Des weiteren enthalten die Einträge entsprechende Querverweise auf die rechtlichen Bestimmungen. Hierbei werden datenschutzrelevante Geschäftsvorgänge in die Phasen Sammeln, Speichern, Bearbeiten und Verwenden untergliedert (engl. collection, retention, processing and use, oder kurz „CRPU").

2.2 Das Managementreferenzmodell

Das EPA Managementreferenzmodell befasst sich mit den für ein umfassendes Datenschutzmanagement notwendigen Prozessen innerhalb eines Unternehmens. Diese Prozesse sind so strukturiert und vernetzt, dass sie alle Aspekte von der strategischen Übersicht bis zur Implementierung der Datenschutzmassnahmen umfassen (siehe Abbildung 1).

Die *Strategie* beschreibt die Datenschutzphilosophie, die übergeordneten Regeln und identifiziert die anwendbaren Bestimmungen. Sie stellt die höchste Ebene des Datenschutzmanagements eines Unternehmens dar und verkörpert dessen Philosophie, Grundsätze und anzuwendenden Bestimmungen. Ergebnis der Strategie sind die Datenschutz- und die Sicherheitsstrategie. Beide zusammen definieren, welche Anstrengungen ein Unternehmen bereit ist für Datenschutz und Sicherheit zu leisten.

Kontrolle definiert die allgemeinen Kontrollen, welche für das Durchsetzen der Grundsätze notwendig sind. Sie setzt sich aus folgenden Komponenten zusammen: ein Inventar der Datenschutzanforderungen, eine Klassifizierung und Kontrolle von Datenquellen, eine Routine zur Kontrolle der Einhaltung dieser Regelungen, die Definition der organisatorischen Rolle und Verantwortungsbereiche sowie ein Mitarbeiterschulungsprogramm.

In den *Praktiken* wird die Umsetzung der Grundsätze in die Unternehmensabläufe beschrieben. Hier wird das Datenschutzprogramm eines Unternehmens in die zu implentierenden Datenschutzverbindlichkeiten für Verfahren, Programme und Aktivitäten umgesetzt. Die einzelnen Komponenten sind eine Datenschutzdeklaration des Unternehmens, ein Programm, welches Kunden die Möglichkeit gibt, ihre Präferenzen (opt-in, opt-out) zu bestimmen, ein Prozess, der es Kunden erlaubt, die von ihnen vorhanden Daten einzusehen, ein Schlichtungsverfahren, ein Kommunikationsprogramm, welches die Datenschutzanstrengungen des Unternehmens extern bekannt macht, sowie Programme, welche den Zugriff auf Informationen kontrollieren, um die Daten und Ressourcen des Unternehmens zu schützen.

2.3 Das datenschutzorientierte Geschäftsmodell

Das datenschutzorientierte Geschäftsmodell (privacy agreement framework) beschreibt das Datenschutzmanagement auf Ebene der einzelnen Geschäftsvorgänge, welche personenbezogene Daten verarbeiten. Solche Vorgänge finden zwischen Kunden und dem Unternehmen, zwischen Mitarbeitenden und Abteilungen innerhalb des Unternehmens sowie mit kooperierenden Unternehmen statt. Dank diesem Modell lassen sich die zwischen den verschiedenen Parteien notwendigen Datenschutzvereinbarungen identifizieren. Die Hauptbestandteile dieses Modells sind die betroffenen Parteien, die bearbeiteten Daten und die Datenschutzregeln.

Das *Parteienmodell* beschreibt die Parteien, welche personenbezogene Daten verarbeiten. Es wird zwischen Kunde (data subject, die Personen, über die Daten gesammelt werden) und Nutzern (data user, Parteien welche diese Daten verwenden) unterschieden. Für die Beschreibung der Parteien, ihrer Datenverarbeitung sowie der Beziehungen verwendet das Parteienmodell eine objektorientierte Modellierung. Das Ergebnis wird in UML [1] in Form von Klassen- und Kollaborationsdiagrammen dargestellt.

Das *Datenmodell* spezifiziert die für einen Geschäftsvorgang notwendigen Daten. Zusätzlich zur Identifizierung der Felder eines Formulars klassifiziert es die Daten in mindestens drei Kategorien:

- Personenbezogene Daten stellen die kritischsten Daten dar, welche direkt einer Person zugeordnet werden können. Beispiele hierfür sind Familienname oder die Kreditkartennummer.

- Depersonalisierte Daten sind personenbezogene Daten, bei denen die identifizierende Information durch ein Pseudonym ersetzt wurde. Dadurch werden Daten unkritischer, können aber nach Verarbeitung wieder repersonalisiert werden, indem das Pseudonym durch die entsprechenden Daten ersetzt wird. Ein Beispiel für De- und Repersonalisierung ist die Bestellverarbeitung nach Kundennummer.

- Anonymisierte Daten enthalten weder Identifizierungsinformationen noch Pseudonyme. Somit stellen sie die unkritischste Kategorie dar. Daten werden dann als anonymisiert betrachtet, wenn aus ihnen grundsätzlich kein Rückschluss auf die Identität des Kunden mehr gezogen werden können. Beispiele hierzu sind der Wohnort oder die alleinige Altersangabe, d.h. ohne weitere Angaben, welche Rückschlüsse auf die Identität der Person ermöglichen würden.

Im *Regelmodell* werden die Regeln erfasst, welche die Nutzung von Daten durch die Parteien und die erlaubten Handlungen festlegen. Also, welche Handlungen vom für welchen Zweck vorgenommen werden dürfen. Zusätzlich können Regeln auch Vorbedingungen sowie aus einem Zugriff resultierende Verpflichtungen festlegen. Beispiele für Vorbedingung und Verpflichtung sind, dass Daten nur gelesen werden dürfen, falls der Kunde volljährig ist und dass der Kunde nach einem Zugriff von diesem Zugriff in Kenntnis gesetzt werden muss.

2.4   Technische Referenzarchitektur

Um sicher zu stellen, dass ein Unternehmen seinen Kunden einen adäquaten Datenschutz gewährt, muss Datenschutz unternehmensweit umgesetzt werden. Bei jeder Verwendung von personenbezogenen Daten muss das Einhalten der vereinbarten Bestimmungen gesichert sein. Die Datenschutzsysteme eines Unternehmens bestehenaus mindestens drei Komponenten (siehe Abbildung 2).

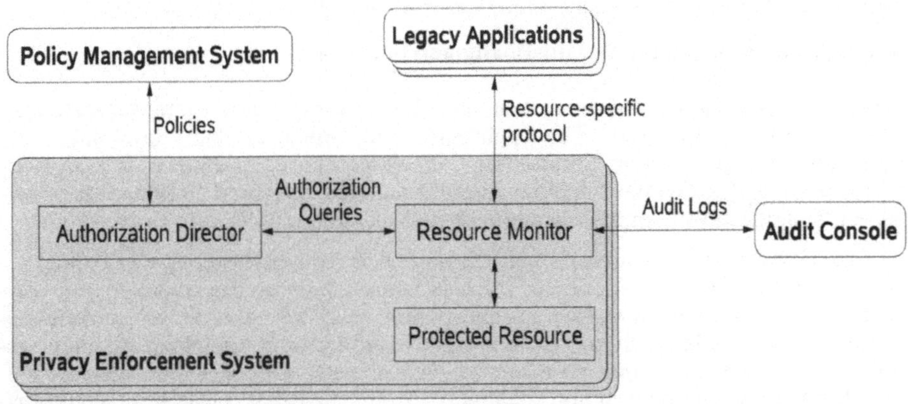

Abbildung 2: Die Komponenten des Datenschutzsystems eines Unternehmens.

Mittels dem *policy management system* kann der Administrator die Datenschutzpolitik definieren, ändern und anpassen. Gleichzeitig verteilt es die relevanten Bestimmungen an das Kontrollsystem.

Das *privacy enforcement system* erzwingt den Schutz sensitiver Daten bei jeder Operation. Es erhält die anzuwendenden Datenschutzbestimmungen vom policy management system und sendet Logfiles an die audit console. Normalerweise besteht es neben dem zu schützenden System aus zwei Teilen:

Jedes zu schützende System (Datenbank, CRM-System, etc.) benützt einen entsprechenden systemspezifischen *resource monitor*, welcher das System vor unberechtigten Zugriffen abschirmt. Jede ankommende Anfrage wird in eine Anfrage an den authorization director umgewandelt. Dieser systemunabhängige authorization director wertet die gegebene Datenschutzpolitik aus und entscheidet, ob ein Operation gewährt wird oder nicht. Nur wenn dieser den Vorgang genehmigt, wird die Anfrage an das geschützte System weitergeleitet. Neben der Abschirmung sendet der resource monitor Logfiles an die audit console.

Mittels der *audit console* überwacht der Datenschutzbeauftragte die Kontrolldaten in des privacy enforcement system sowie die vom policy management system verteilten Bestimmungen.

3   Die E-P3P-Plattform für datenschutzfreundliches Datenmanagement

Die Platform for Enterprise Privacy Practices (E-P3P) ist eine Verfeinerung der EPA Referenzarchitektur für unternehmensweites Datenschutzmanagement. Sie setzt die Einhaltung der unternehmensinternen Datenschutzbestimmungen durch, welche vom entsprechenden Geschäftmodell[1] abgeleitet wurden.

E-P3P besteht aus mehreren, unabhängigen Schritten:

Identifizierung von PII-Daten. Vor der Einführung eines Datenschutzanagementsystems muss ein Unternehmen ein Inventar der Systeme, die personenbezogene Daten verarbeiten, erstellen. Dieses bestimmt den Anwendungsbereich des Datenschutzmanagementsystems in einem Unternehmen und ist ein Resultat des datenschutzorientierten Geschäftsmodells.

Formalisierung der *Datenschutzrichtlinien.* Für personenbezogene Daten erzeugt das datenschutzorientierte Geschäftsmodell eine natursprachliche Beschreibung der relevanten Datenschutzpolitik, welche sowohl die rechtlichen Bestimmungen wie auch die Erwartungen von Kunden und Unternehmen erfüllen muss (z.B. abhängig vom Verwendungszweck oder den Ort, an dem solche Daten in ein Unternehmen gelangen). Damit in E-P3P diese Politik automatisch umgesetzt werden kann, bedarf es einer Formalisierung in einer maschinenlesbaren Sprache. Den Kunden wird dann die natursprachliche Version zur Einverständniserklärung präsentiert, während die maschinenlesbare Version der automatischen Umsetzung dient.

---

[1] Diese Bestimmungen können mit P3P formuliert werden [2]. Man beachte, dass P3P grobkörniger als die Datenschutzpraktiken von E-P3P sind: Während z.B. P3P sagt, „wir geben keine Daten weiter," können unter E-P3P die exakten, in einem Unternehmen zugelassenen Datenflüsse definiert werden.

Auflistung und Formalisierung von Optionen. Um ein möglichst breites Kundenspektrum abzudecken, kann die Datenschutzpolitik verschiedene wählbare Optionen beinhalten, welche nach der Art der erfassten Daten unterscheiden (z.B. Daten von Kindern, Erwachsenen, etc.). Dank diesen Optionen kann ein Unternehmen eine umfassende Datenschutzstrategie verfolgen und dennoch einzelne Kundenwünsche berücksichtigen.

Verwaltung der Kundeneinverständniserklärungen. Eine Datenschutzstrategie kann als ein Vertrag zwischen dem einzelnen Kunden und dem Unternehmen betrachtet werden. Somit muss der Kunde den anzuwendenden Bestimmungen inklusive der gewählten Optionen zustimmen. Die entsprechenden Einverständniserklärungen sind jeweils für jeden Kunden einzeln zu speichern.

Überprüfbarkeit. Der Umgang mit personenbezogenen Daten sollte die Datenschutzbestimmungen auf überprüfbare Art und Weise erfüllen, um spätere Überwachung durch den Datenschutzbeauftragen zu ermöglichen.

Datenschutzdienstleistungen für die Kunden. Ein korrekter Umgang mit personenbezogenen Daten umfasst auch gewisse Zusatzdienstleistungen für den Kunden, welche durch die vorhandenen Datenschutzbestimmungen gefordert werden. Ein Kunde sollte die Möglichkeit haben, die gespeicherten Daten sowie die Zugriffsprotokolle auf die Daten einzusehen und zu kontrollieren und die Daten gegebenenfalls zu aktualisieren. Zusätzlich kann ein Unternehmen auch die Möglichkeit anbieten, personenbezogene Daten zu löschen.

3.1   Regeln und Gewaltentrennung zwischen den beteiligten Parteien

In einem Unternehmen umfassen Datenschutz und Autorisierungen mindestens vier Arten von Parteien.

- *Kunden* deren personenbezogene Daten erfasst werden.

- *Benutzer* innerhalb der beteiligten Unternehmens, welche die gesammelten Daten verwenden. Diese Verwendung geschieht durch das Ausführen von Arbeitsschritten der installierten Anwendungen, welche ihrerseits auf Teilbereiche der gesammelten Daten zugreifen.

- Der *Datenschutzbeauftragte* (privacy officer oder PO) regelt den Datenschutz eines Unternehmens.

- Der *Sicherheitsbeauftragte* (security officer oder SO) regelt die Zugriffsberechtigungen eines Unternehmens.

E-P3P führt folgende Abstraktionen und die entsprechenden Teile einer Datenschutzpolitik ein (siehe Abb. 3):

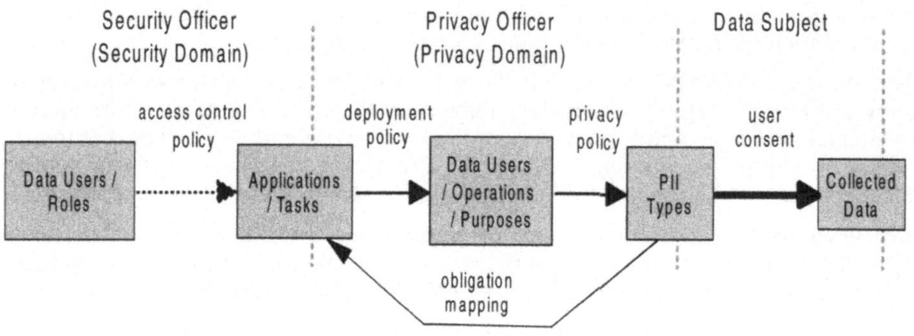

Abbildung 3: Gewaltentrennung zwischen Sicherheits-, Datenschutzbeauftragter und Kunde.

1. *Personenbezogene Daten werden in Feldern* gesammelt, welche in Formularen gruppiert werden. Ein Formular verknüpft die Felder, welche aus Kundensicht zusammengehören. So kann ein Kundenformular z.B. die Felder Name, Straße und Ort verknüpfen. Weitere Beispiele sind Formulare für bisherige Bestellungen oder für Finanzdaten.

2. *Der PO definiert die Datenschutzpolitik (privacy policy).* Die Datenschutzpolitik legt fest, welche Daten für welche Operationen von welchem Benutzer für welchen Zweck verwendet werden darf. Ein Beispiel ist „Die Abteilung für Marktforschung darf die Daten zum Zwecke des e-mail Marketings einsehen". Zudem können weitere Bedingungen und Verpflichtungen an die Datenverwendung geknüpft werden, wie z.B., dass die Daten nach 30 Tagen zu löschen sind, falls keine Zustimmung eines Elternteils vorliegt.

3. *PO und SO definieren die anwendungsspezifische Integration (deployment policy).* Diese ordnen jedem Arbeitsschritt jeder Anwendung eine datenschutzrelevante Operation und einen Zweck zu. Diese Zuordnung ist unternehmensspezifisch. So kann z.B. ein Unternehmen ein CRM-System, welches Newsletters versendet, und ein Drucker für Massensendungen die Operation „lesen" zum Zwecke der „Marktforschung" zuordnen. Ein anderes Unternehmen verwendet eine andere Anwendung welche ebenso auf „lesen" für „Marketing" abgebildet wird.

4. *Der PO erzeugt einen Katalog der gesammelten Daten.* Der Katalog beinhaltet die Datenquellen und definiert für jede Quelle die erfassten Daten, deren Typ und die anzuwendende Datenschutzpolitik. Diese Informationen werden einem Formular für diese Quelle zugeordnet.

5. *Der PO beschreibt die Implementierung der Datenschutzverpflichtungen (deployment mapping).* Diese legt fest, wie Verpflichtungen bei den vorgegebenen Systemen umgesetzt werden. Die Umsetzung von „löschen" kann bei einem CRM System bedeuten, dass der Benutzer von einer Mailingliste gelöscht wird. Bei einer Datenbank hingegen kann es sich um direktes löschen handeln.

6. *SO gibt die Zugriffskontrollregeln (access control policy) vor.* Diese Regeln definieren innerhalb eines Unternehmens die Rollen und Benutzer sowie welche Benutzer oder Funktionen welche Arbeitschritte welcher Anwendung ausführen dürfen.

Nachdem diese Vorgaben festgelegt wurden, kann ein geschütztes System (c.f. 2.4) die erfassten Daten eines Kunden speichern und verarbeiten: Der Kunde gibt die geforderten Daten in ein vorgegebenes Formular ein. Der Kunde hat die Möglichkeit vorgegebenen Optionen zu wählen und stimmt der Datenschutzpolitik mit den gewählten Optionen zu oder lehnt sie ab. Bei Zustimmung wird das Formular mit den gewählten Optionen, der Datenschutzpolitik und den Datenfelder und deren Typen für die Weiterverarbeitung gespeichert.

3.2 Erteilung oder Verweigerung der Zugriffserlaubnis

Die Entscheidung, ob ein Zugriff auf personenbezogene Daten erlaubt oder verweigert werden soll, wird mittels der im Formular enthaltenen Datenschutzpolitik gefällt. Diese Entscheidung erfolgt auf zwei Ebenen. Während die Zugriffskontrolle (engl.: access control) sich mit der Einschränkung des Zugriffs der Mitarbeiter auf Anwendungen einschränkt, beschränkt die Datenschutzkontrolle (engl.: privacy control) den Zugang einer Anwendung zu den erfassten Daten.

Zugriffskontrolle: Als Benutzer mit gewissen Rollen möchte ein Mitarbeiter einen Arbeitsschritt einer Anwendung ausführen. Mittels der Zugriffskontrollpolitik wird geprüft, ob der Benutzer oder eine dessen Rollen autorisiert ist, diesen Arbeitsschritt auszuführen. Wenn ja, wird der Arbeitsschritt der Anwendung gestartet. Diese Zugriffskontrolle ist unabhängig von der Autorisierung auf der Datenschutzebene.

Datenschutzkontrolle: Verlangt ein Arbeitsschritt einer gestarteten Anwendung den Zugriff auf bestimmte Datenfelder, werden die Datenschutzregeln im entsprechenden Formular ausgewertet, um die Zugriffserlaubnis zu erteilen oder zu verweigern:

1. Das Datenschutzsystem erhält die Anfrage mit den Angaben zum gewünschten Arbeitsschritt der Anwendung und den benötigten Datenfeldern.

2. Das Datenschutzsystem ordnet dem Arbeitsschritt mittels der anwendunsspezifischen Integration eine datenschutzrelevante Operation und einem Zweck zu.

3. Aufgrund der Datenschutzpolitik und der gewählten Optionen wird entschieden, ob die gewünschte Operation zu diesem Zweck zulässig ist oder nicht. Im Falle der Nichtzulässigkeit wird der Zugriff auf diese Daten verwehrt. Wird der Zugriff zugelassen, so werden der Zugriff gewährt sowie evtl. von der Datenschutzpolitik vorgegebenen Datenschutzverpflichtungen ausgeführt.

3.3   Verwaltung von Einverständniserklärungen

Ein wichtiger Aspekt dieses Datenmanagementsystems ist die Verwaltung der Einverständniserklärungen der Kunden. Diese bestehen aus der Zustimmung zum Umfang der gesammelten Daten, der Datenschutzpolitik im Allgemeinen, wie auch den jeweiligen gewählten Optionen.

Kernstück unseres Modells ist das sog. "sticky policy paradigm": Über das Formular werden sowohl Datenschutzpolitik wie auch Optionen mit den Daten dauerhaft verknüpft. Dies gilt auch, wenn die Daten an ein anderes Unternehmen weitergegeben werden.

Man beachte, dass eine Verwaltung von Einverständniserklärungen pro Benutzer notwendig ist, wenn Daten in verschiedenen Kontexten gesammelt aber gemeinsam gespeichert werden. Beispiele hierfür sind die Verwaltung verschiedener Versionen der Datenschutzpolitik oder Benutzern aus Ländern mit unterschiedlichen Rechtssystemen, z.B. europäisches und amerikanisches Recht.

4   Zusammenfassung

Die IBM Enterprise Privacy Architecture (EPA) ermöglicht Unternehmen, ihren Kunden einen umfassenden und wohldefinierten Grad an Datenschutz anzubieten. EPA besteht aus den folgenden vier Grundelementen. Die Datenschutzregulierungsanalyse (privacy regulation analysis) identifiziert und strukturiert die anzuwendenden Bestimmungen. An Hand des Managementreferenzmodells kann das Unternehmen seine Datenschutzstrategie sowie die daraus resultierenden Datenschutzpratiken herleiten. Das datenschutzorientierte Geschäftmodell beschreibt eine Methodik, um Unternehmensabläufe unter Berücksichtigung von Datenschutzanforderungen neu zu strukturieren. Sie generiert ein detailliertes Modell der relevanten Parteien und Aktivitäten sowie der hierauf anzuwendenden Datenschutzpolitiken. Das vierte Element ist die technische Referenzarchitektur, welche die für die Implementierung notwendigen Technologien bereitstellt.

Die Platform for Enterprise Privacy Practices (E-P3P) stellt eine weitere Verfeinerung der technischen Referenzarchitektur dar: Unternehmen sammeln personenbezogene Daten und versprechen ihren Kunden faire Datenschutzpraktiken bei der Verarbeitung dieser Daten. Dank E-P3P können Unternehmen diese Versprechungen automatisiert durchsetzen, indem E-P3P gesammelte Daten mit der formalisierten Datenschutzpolitik, welcher der einzelne Nutzer zugestimmt hat, verknüpft.

5   Danksagung

Wir bedanken uns bei Kathy Bohrer, Nigel Brown, Jan Camenisch, Calvin Powers und Els Van Herrenweghen für konstruktive Kommentare sowie bei allen Mitgliedern des EPA-Teams für ihre produktive Zusammenarbeit.

Literatur

[1] Grady Booch: Object Oriented Analysis and Design. Benjamin Cummings, 1994.

[2] The Platform for Privacy Preferences (P3P), W3C Candidate Recommendation, http://www.w3.org/TR/2000/CR-P3P-20001215, 2000.

4 Wettbewerb in der Verwaltung?

**Wettbewerb in der öffentlichen Verwaltung
Thesen zur Strukturierung und Weiterführung aktueller
Entwicklungstendenzen**

Prof. Dr. Albert von Mutius

1 Datenschutz als Wettbewerbsvorteil

These:

Modernen Datenschutz als Wettbewerbsvorteil zu begreifen und einzusetzen, bietet sich nicht nur in der privaten und gemeinwohlorientierten Wirtschaft (1. und 3. Sektor), sondern auch in der öffentlichen Verwaltung (öffentlicher Sektor) an, um sach- und ergebnisorientiert den seit Jahren andauernden Modernisierungsprozess der öffentlichen Verwaltung einerseits und den zukunftsfähigen Anreizen zur Verbesserung von Datenschutz und Datensicherheit andererseits gerecht zu werden. Wesentliche Gründe hierfür sind:

Der Wandel der öffentlichen Verwaltung zu modernen kunden- und kostenorientierten Dienstleistungsunternehmen (in Schleswig-Holstein 19 Modellkommunen und 60 Landesprojekte seit Anfang der 90-er Jahre, Einführung von Elementen der Neuen Steuerung wie Delegation von Ressourcenverantwortung, Budgetierung, Kontraktmanagement mit Berichtswesen, Einführung von Leistungs- und Kostenrechnung, Produktmanagement, Kennzahlbildung usw.)

Rückzug der Verwaltung auf Gewährleistungsfunktionen als Folge stärkerer Ergebnisorientierung (sog. Kernaufgaben, Stichwort: schlanker Staat, Aufgabenkritik, Produktanalyse) mit verstärkter Tendenz zum Outsourcing, zur materiellen, funktionalen oder auch nur formalen Privatisierung

Infolge dessen Zunahme vielschichtiger Kooperationsverhältnisse zwischen Verwaltungsträgern oder Behörden mit Akteuren des privaten und dritten Sektors, die Teilaufgaben übernehmen bzw. Teilprodukte erstellen, die auch im privaten Sektor angeboten werden

- Angleichung der Standards des modernen Datenschutzes und der Datensicherheit im privaten, dritten und öffentlichen Sektor mit vergleichbaren Instrumenten (Datenschutz und Datensicherheit durch Technik, Betroffene als Teilnehmer des Datenschutzes, Datenschutz als Teil einer Informationsordnung, Hinwendung zum System- und Selbstdatenschutz, Anreize zur Verbesserung von Datenschutz und Datensicherheit durch Auditierung, vertrauenswürdige Zertifizierung, Erleichterung der rechtlichen Anforderungen bei hoher Transparenz innerorganisatorischer Maßnahmen)

Fazit: Die Grenzen zwischen privatem, drittem und öffentlichem Sektor werden fließend, grundrechtliche und damit auch datenschutzrechtliche Anforderungen werden vergleichbar, transparenter Datenschutz und akzeptierte Datensicherheit werden zum Qualitätsmerkmal des Dienstleistungsangebots öffentlicher Verwaltungen.

2 Wettbewerb als Ordnungsprinzip in der öffentlichen Verwaltung?

These:

Datenschutz und Datensicherheit als Wettbewerbsvorteil im öffentlichen Sektor bedingen, dass auch dort Wettbewerb als ökonomisches und rechtliches Ordnungsprinzip zumindest partiell herrscht; dies ist nicht von vornherein selbstverständlich, weil die maßgeblichen Grundelemente des Wettbewerbs komplementäre Größen der Privatautonomie darstellen und öffentliche Dienstleistungen primär nicht durch Privatautonomie, sondern durch verfassungsrechtliche und gesetzliche Ziel- und Aufgabenzuweisungen legitimiert werden.

Von *Wettbewerb* in diesem Sinne kann nur die Rede sein bei einem weitgehenden Angebot von Waren und Dienstleistungen am Markt oder in marktähnlichen Strukturen (*echter* Wettbewerb). Dies erfordert:

- Mindestens Parallelangebote unterschiedlicher Dienstleister (= Konkurrenz)

- Entscheidungsfreiheit oder Dispositionsbefugnis des Anbieters und des Abnehmers der Dienstleistung (= des Kunden, Leistungsempfängers, Konsumenten, des Verbrauchers; dieser ist bei öffentlichen Dienstleistungen nicht unbedingt identisch mit Bürgerinnen und Bürgern bzw. Unternehmen; Verwaltungsträger und Behörden erstellen auch Dienstleistungen gegenüber anderen Trägern öffentlicher Verwaltung, Behörden, Parlamenten usw.)

- Üblicherweise markt- oder marktähnliche Regelungs-, Verhaltens- sowie unmittelbare oder mittelbare Steuerungsmechanismen über Quantität und Qualität der Dienstleistungsangebote, über Preisgestaltung, über Auswahl der in Betracht kommenden Kunden oder Leistungsempfänger (Aufgabe des Wettbewerbsrechts sowie des öffentlichen, insbesondere auch kommunalen Wirtschaftsrechts ist es insoweit, Monopolmissbrauch zu verhindern, öffentliche Verantwortung und Bindung zu sichern, Verbraucherschutz zu wahren u. Ä..)

Bezogen auf den öffentlichen Sektor kann in diesem Sinne *Wettbewerb/Konkurrenz* in unterschiedlichen Beziehungsrelationen entstehen:

- Konkurrenz von zwei Verwaltungsträgern auf einem gemeinsamen Markt[1]
- Konkurrenz zwischen Verwaltungsträgern bzw. einem öffentlichen Unternehmen in öffentlich-rechtlicher Organisationsform zu einem privaten Unternehmen[2]
- Durch formale Privatisierung (Erfüllung öffentlicher Aufgaben in der Rechts- bzw. Organisationsform des Privatrechts) Konkurrenz zwischen öffentlichen Unternehmen in Privatrechtsform und Privaten[3]
- Wettbewerbsrelevantes Verhalten von Verwaltungsträgern oder öffentlichen Unternehmen gegenüber Kunden (Bürgerinnen und Bürgern, Privatunternehmen), die sich hierdurch in ihrer Privat- bzw. Unternehmenssphäre belästigt fühlen[4]

Fazit: Im öffentlichen Sektor sind auch *echte* Wettbewerbsrelationen vielfältig, bedürfen aber aus rechtlichen und ökonomischen Gründen der Differenzierung, sollen Legitimation und rechtliche Grenzen sachgerecht bewertet werden.

---

[1] Z. B. Krankenversicherungsträger: Vgl. BGHZ 108, 284/287 ff.; BSGE 36, 238/240 und 56, 140/141.

[2] z.B. Wohnungsvermittlung, BVerwGE, NJW 1978, 1539 f.; Dienstleistungsangebote einer AOK für gesetzliche Krankenversicherte, BGHZ 82, 375 ff.

[3] Z.B. Veranstaltung von Ausstellungen, BGH, MDR 1964, 210; Speditionsunternehmen, OLG Karlsruhe, BB 1976, 101 f.; Wohnungsbau, VGH Mannheim, NJW 1984, 251 ff. und OVG Rheinland-Pfalz, GewerbeArch 1980, 339 ff.)

[4] Z.B. Übersendung von Werbebeilagen, BVerwGE 82, 29 ff.; Übersendung der sog. Postbank Card, LG Berlin, Archiv PT 1993, 80 f.

3 Kein echter Wettbewerb

These:

In der klassischen hoheitlichen (= öffentlich-rechtlich zu erfüllenden) Verwaltung, gleichgültig, ob Eingriffs- oder (grundrechtsrelevante) Leistungsverwaltung, findet ein echter Wettbewerb in diesem Sinne in aller Regel nicht statt (Beispiele Aufgaben bzw. Dienstleistungen der unteren Bauaufsicht, des Einwohnermeldeamtes, des Ordnungsamtes, der Verkehrsüberwachung, des ÖPNV, der Kindergartenbetreuung, der leitungsgebundenen Ver- und Entsorgung, der verbindlichen Bauleitplanung, der Bildungsangebote in öffentlichen Grund- und Hauptschulen u. Ä.). Die Gründe hierfür sind im Wesentlichen:

- Die Gebietsbezogenheit (Territorialprinzip) der öffentlichen Verwaltung in Bund, Ländern und Gemeinden/Kreisen bzw. die räumliche (örtliche und regionale) Zuständigkeit sonstiger Träger mittelbarer Staatsverwaltung. Dieses Prinzip wird verstärkt durch rechtliche (kommunaler Anschluss- und Benutzungszwang) oder faktische Monopole, die Dienstleistungsangebote paralleler Art weitestgehend ausschließen.

- Die strikte Rechtsbindung oder Determination bestimmter öffentlicher Dienstleistungen (Bindung an Gesetzesvorrang und Gesetzesvorbehalt) mit Folgen für Kompetenz und Verantwortung, für eine bestimmte Qualität und Akzeptanz der öffentlichen Dienstleistung, der objektiv-rechtlichen Verpflichtung zur Dienstleistung (z.B. kommunalrechtlicher Anspruch auf Benutzung von Einrichtungen, Anspruch auf Kindergartenplatz, Anspruch auf Baugenehmigung usw.)

- Die letztlich sozialstaatlich begründete Angewiesenheit auf öffentliche Dienstleistungen in rechtlicher und faktischer Hinsicht (fehlende Alternative, mangelnde Mobilität von Privatpersonen z.B. wegen Wohnungs- und Arbeitsmarktsituation, Knappheit der Bildungschancen, mangelnde Infrastruktur usw.)

- Nicht markt- oder wettbewerbsorientierte Kriterien der Erstellung von Dienstleistungen in quantitativer, qualitativer und finanzieller Hinsicht (z.B. Auswirkungen des Sozialstaatsprinzips und des Gleichheitssatzes bei der Gestaltung der Preise/Gebühren für die Dienstleistungen etwa im Bereich der Ver- und Entsorgung, des ÖPNV, des Gesundheitsdienstes, der Kinderbetreuung usw.; politisch-demokratische Determinanten im Hinblick auf politisch-parlamentarische Vorgaben und Kontrollen; "Vorbildfunktion"

öffentlicher Verwaltungsträger auch und gerade als Grundstückseigentümer
z.B. im Umweltschutz).

Fazit: Die Einbettung der klassischen öffentlichen verwaltung und ihre öffentlich-rechtlich zu erbringenden Dienstleistungen in die Koordination des demokratischen, sozialen und ökologisch verpflichteten Rechtsstaats schließen weitestgehend Wettbewerbsstrukturen in diesem Verwaltungsbereich aus.

4   Zunehmende Wettbewerbselemente

These:

*In der modernisierten, sich ständig wandelnden (= lernfähigen), kosten- und
kundenorientierten, auch dem Globalisierungsdruck unterliegenden öffentlichen
Verwaltung spielt ein echter Wettbewerb eine immer größere Rolle:*

- Das überkommene Territorialprinzip, das für die Struktur der öffentlichen
  Verwaltung in Deutschland beherrschend war, beginnt sich auch unter eu-
  roparechtlichem Einfluss und allgemeinen Globalisierungstrends zu lockern
  (Beispiele: Elektrizitätswirtschaft, Teile der Abfallwirtschaft, Ansätze im öf-
  fentlichen Personen-Nah-, jedenfalls Regionalverkehr, grenzüberschreitende
  Zusammenarbeit, Telekommunikation, moderne Ansätze des sog.
  Lebenslagenkonzepts in Kreisverwaltungen usw.).

- Maßnahmen des Outsourcings, insbesondere der Organisationsprivatisie-
  rung greifen immer weiter um sich und führen zu weiteren Lockerungen
  von Monopolen (z.B. Gesundheitsbereich: Umwandlung von Krankenhäu-
  sern in kommunaler Trägerschaft in Gesellschaften mit beschränkter Haf-
  tung; rechtlicher Auslagerung von Liegenschafts- und Gebäudemanagement,
  Schaffung von Einkaufsgesellschaften u. Ä..)

- Bund, Länder und Gemeinden/Kreise setzen den Rückzug auf Kern- bzw.
  Gewährleistungsfunktionen fort; es entstehen Teilverantwortlichkeiten mit
  der Folge vielfältiger kooperativer Beziehungen zu Akteuren des privaten
  und dritten Sektors (z.B. Betreibermodelle in der Abfallwirtschaft und im
  ÖPNV)

- Zahlreiche freiwillige Aufgaben/Produkte bis hin zur sog. wirtschaftlichen
  Betätigung des Staates und seiner Untergliederungen werden in einer Weise
  erfüllt bzw. erzeugt, wie sie auch von Privaten bzw. Trägern des dritten
  Sektors am Markt angeboten werden (z.B. Bildung und Beratung, Verkehr,

Gesundheitsdienstleistungen, nicht monopolisierte Versorgungsleistungen, Versicherung von klassischen Risiken, Wirtschaftsförderung, Industrieansiedlung, Existenzgründungshilfen usw.)

Fazit: Wettbewerb und Konkurrenz zu Akteuren des privaten und dritten Sektors nehmen ständig zu. Dienstleistungen werden bezüglich quantitativer, qualitativer und finanzieller Aspekte vergleichbar. Mit wachsender Transparenz sehen sich die Abnehmer der Dienstleistungen in der Lage, Parallelangebote des privaten und dritten Sektors zu prüfen und ggfs. den Dienstleistungen der öffentlichen Verwaltung vorzuziehen.

5 Wettbewerb als Steuerungsmittel der Zukunft

These:

Reformierte öffentliche Verwaltungen als Dienstleistungsunternehmen unter ständigem Anpassungsdruck benötigen Elemente des Wettbewerbs bzw. marktähnliche Strukturen als nachhaltigen Antrieb für Innovation, Qualitätssicherung, Kunden- und Kostenorientierung; sie sind langfristig in der Lage, klassische Steuerungsinstrumente partiell abzulösen. Insoweit werden zunehmend künstliche Wettbewerbssituationen im öffentlichen Sektor simuliert, entsteht also ein Scheinwettbewerb oder virtueller Wettbewerb mit dem Ziel, die im Wettbewerb liegenden Innovationschancen zu nutzen, ohne die Risiken eines Verlustes an öffentlichem Auftrag und öffentlicher Bindung einzugehen. Beispielhafte Ansätze sind:

- innerbetriebliche Möglichkeiten durch Ausgestaltung der Budget-, Ziel- und Leistungsvereinbarungen (etwa im Bereich der Verwirklichung sog. Querschnittsziele), der Leistungsanreize und einer stärker leistungsorientierten Vergütung

- interkommunale Leistungsvergleiche (seit Jahren durchgeführt durch die Bertelsmann-Stiftung sowie durch die Hochschule für Verwaltungswissenschaften in Speyer)

- Auditverfahren (z.B. Erstreckung des Öko-Audits auch auf Verwaltungsträger und Verwaltungsbehörden)

- Evaluierungsverfahren und publizierte Rankinglisten (z.B. im Hochschulbereich)

- stärkere Orientierung öffentlicher Verwaltungen auf die Entwicklung von Leitbildern und darauf aufbauend Marketingstrategien (dem liegt das richtige Verständnis zu Grunde, dass die Qualität öffentlicher Dienstleistungen einen wesentlichen Standortfaktor/-vorteil darstellt).

Fazit: Je mehr sich öffentliche Verwaltungen zu modernen Dienstleistungsunternehmen wandeln und die klassischen Steuerungsansätze der rechtlichen Determination, der politischen Vorgaben und der Kameralistik extern durch Kunden-, Ergebnis- und Kostenorientierung sowie intern durch die Instrumente der Neuen Steuerung (Budgetierung, Kontraktmanagement, Berichtswesen, Kosten- und Leistungsrechnung auf der Grundlage von Produkten und Kennzahlen usw.) abgelöst werden[5], können Elemente des Wettbewerbs oder marktähnlicher Strukturen für Innovation und Qualitätssicherung eingesetzt werden. Insofern nimmt die Bedeutung des Wettbewerbsgedankens auch in der öffentlichen Verwaltung ständig zu.

6 Wettbewerb und Datenschutz in der öffentlichen Verwaltung

These:

Echte und virtuelle Wettbewerbselemente in der öffentlichen Verwaltung werden einen modernen, nämlich zukunftsfähigen Datenschutz und eine entsprechende Datensicherheit nur befördern, wenn

- deren Ziele und Maßnahmen als essenzieller Bestandteil der Qualität von öffentlichen Dienstleistungen erkannt, in Organisation, Verfahren und Personalentwicklung verwirklicht und offensiv nach außen vertreten werden

- und wenn vor allem deren Optimierung positive Folgen (Anreize) für Verwaltungsträger, Behörden und Bedienstete nach sich ziehen (Beispiele: Personalentwicklung und -wirtschaft: Beurteilungssystem, Beförderung, Leistungszulagen, Vorschlagswesen; Budget-, Ziel- und Leistungsvereinbarungen: Begünstigung bei der Übertragung von Haushaltsresten; Orientierung von Finanzzuweisungen an entsprechender Qualitätssteigerung; Einbau der Ergebnisse von Leistungsvergleichen in die Struktur des übergemeindlichen Finanzausgleichs).

Fazit: In den sich zu modernen Dienstleistungsunternehmen wandelnden öffentlichen Verwaltungen werden aus der Sicht ihrer Kunden (insbesondere Bürgerinnen und Bürger, Unternehmen) die Realisierung zukunftsfähigen Datenschutzes und die Gewährleistung einer entsprechenden Datensicherheit Qualitätsmerkmal des Dienstleistungsangebots und damit zugleich des Behörden-

---

[5] Vgl. dazu den Beitrag von Adamaschek in diesem Band, S. 91

bzw. Betriebsstandorts. Damit sich die Kunden entsprechend orientieren können, ist die Nachhaltigkeit solcher Qualitätsverbesserung transparent zu machen. Hierfür sind die Instrumente eines „Gütesiegels" und eines entsprechenden „Auditverfahrens" hervorragend geeignet. Bei der Einführung derartiger Instrumente ist nach den Erfahrungen etwa im Umwelt- und Lebensmittelbereich jedoch darauf zu achten, dass nicht neue kostenaufwendige und intransparente Bürokratien geschaffen werden.

Grundlagen- und weiterführende Literatur:

Adamaschek, Bernd: Interkommunaler Leistungsvergleich - Leistung und Innovation durch Wettbewerb, 2. Aufl., Gütersloh 1997

Adamaschek, Bernd/Baitsch, Christof: Interkommunaler Leistungsvergleich - kritische Erfolgsfaktoren, Gütersloh 1999

Adamaschek, Bernd (Hrsg.): Interkommunaler Leistungsvergleich - 100 spürbare Erfolge, Gütersloh 1998

Adamaschek, Bernd/Banner, Gerhard: Bertelsmann-Stiftung: Der interkommunale Leistungsvergleich - eine neue Form des Wettbewerbs zwischen Kommunalverwaltungen, in: Pröhl (Hrsg.), Internationale Strategien und Techniken für die Kommunalverwaltung der Zukunft, Gütersloh 1997, S. 205 ff.

Adamaschek, Bernd/Oeschler, Walter (Hrsg.): Leistungsabhängige Bezahlung im öffentlichen Dienst, Gütersloh 2001

Blume, Heiko Hubertus: Sparkassen im Spannungsfeld zwischen öffentlichem Auftrag und kreditwirtschaftlichem Wettbewerb, Baden-Baden 2000

Damkowski, Wulf/Precht, Claus: Publicmanagement - Neuere Steuerungskonzepte für den öffentlichen Sektor, Stuttgart u.a. 1995 (insbesondere S. 92 ff.)

Damkowski, Wulf/Precht, Claus (Hrsg.): Moderne Verwaltung in Deutschland, S. 140 ff.

Friedrich, Peter: Die Rolle öffentlicher Unternehmen bei der Konkurrenz zwischen Regionen, in: Bräunig/Greiling (Hrsg.), Stand und Perspektiven der Öffentlichen Betriebswirtschaftslehre, Festschrift für Peter Eichhorn, Berlin 1999, S. 254 ff.

Gottschalk, Wolf: Kommunale Unternehmen zwischen öffentlichem Auftrag und Wettbewerb, in: Bräunig/Greiling (Hrsg.), Stand und Perspektiven der Öffentlichen Betriebswirtschaftslehre, Festschrift für Peter Eichhorn, Berlin 1999, S. 167 ff.

Greve, Gustav/Bock, Friedrich: Praxistipps für die KLR-Einführung, insbesondere Output und Wettbewerbsorientierung durch KLR, KLR-Sonderheft der VOP 1998, S. 5 ff., 20 ff.

Häggroth, Sören/Brokenshire, Peter/Thomas, Derek: Die Leistungen der Kommune im Wettbewerb mit privaten Anbietern, in: Banner/Reichard (Hrsg.), Kommunale Managementkonzepte in Europa, S. 75 ff.

Haubner/Hill/Klages: "1. Speyerer Qualitätswettbewerb 1992", Auf der Suche nach Spitzenverwaltungen, VOP 1993, S. 46 ff.

Henneke, Hans-Günter: Mitteilung der EU-Kommission über "Services of General Interest in Europe", Der Landkreis 2000, S. 784 ff.

Jahn, Ralf: Wettbewerb der Wirtschaftsstandorte und zentralörtliches Gliederungsprinzip am Beispiel sog. Factory outlets, Die Gemeinde SH 2000, S.

Knaier, Werner: Kommunales Haushalts- und Dienstrecht im Wandel der Verwaltungsmodernisierung, Baden-Baden 1999

Koch, Hans-Joachim/Raabe, Marius: Kommunale Förderung der Nahwärmeversorgung durch Kraft-Wärme-Koppelung, Die Gemeinde SH 2001, S. 214 ff.

König, Klaus: Markt und Wettbewerb als Staats- und Verwaltungsprinzipien, DVBl. 1997, S. 239 ff.

ders.: Unternehmerisches oder exekutives Management - die Perspektive der klassischen öffentlichen Verwaltung, VerwArch 1996, S. 19 ff.

Maij, N.G., Tilborg Wettbewerb in Kommunalverwaltungen, in: Pröhl (Hrsg.), Internationale Strategien und Techniken für die Kommunalverwaltung der Zukunft, Gütersloh 1997, S. 167 ff.

Mandelartz, Herbert: Modern und bürgernah - Saarländische Kommunen im Wettbewerb, Der Städtetag 1995, S. 705 ff.

von Mutius, Albert (Hrsg.): Verwaltungsreform in Schleswig-Holstein, Heidelberg 1995

von Mutius, Albert: Neue Steuerungsmodelle in der Kommunalverwaltung - Kommunalverfassungsrechtliche und verwaltungswissenschaftliche Determinanten aktueller Ansätze zur grundlegenden Organisationsreform in Gemeinden und Kreisen, in: Burmeister, Joachim (Hrsg.), Verfassungsstaatlichkeit, Festschrift für Klaus Stern, München 1997, S. 684 ff.

Necker, Tyll: Öffentliche Verwaltung und Innovation: Die Sicht eines Unternehmers (zur öffentlichen Verwaltung als Standortfaktor), in: Reinermann (Hrsg.), Neubau der Verwaltung - Informationstechnische Realitäten und Visionen, Heidelberg 1995, S. 24 ff.

Radloff, Ralf: Energiepolitische Probleme der Gemeinden - Das Börnsen Urteil und seine praktischen Konsequenzen aus der Sicht einer umweltorientierten Energiepolitik, Die Gemeinde SH 2001, S. 210 ff.

Recker, Engelbert: ÖPNV im Lichte der europäischen Wettbewerbs- und Liberalisierungspolitik, Der Landkreis 2001, S. 513 ff.

Rehfeld, Dieter/Weibler, Jürgen: Interkommunale Kooperation in der Region: Auf der Suche nach einem neuen Steuerungsmodell, in: Budäus/Conrad/Schreyögg (Hrsg.), New public management, Berlin u.a. 1998, S. 93 ff.

Reichard, Christoph: Verwaltungsmodernisierung in Deutschland in internationaler Perspektive, in: Wallerath (Hrsg.), Verwaltungserneuerung - eine Zwischenbilanz der Modernisierung öffentlicher Verwaltungen, Baden-Baden 2001, S. 13 ff.

Reinermann, H.: Marktwirtschaftliches Verhalten in der öffentlichen Verwaltung aus der Sicht der Verwaltungsinformatik, DÖV 1992, S. 134 ff.

Roßnagel, Alexander/Pfitzmann, Andreas/Garstka, Hansjürgen: Modernisierung des Datenschutzrechts, Gutachten im Auftrag des Bundesministeriums des Inneren, Berlin 2001,

Schliesky, Utz: Öffentliches Wirtschaftsrecht, Heidelberg 2000

Schöneich, Michael: Liberalisierung - Zukunftschance der kommunalen Wirtschaft, Der Landkreis 2000, S. 430 ff.

Städtetag Nordrhein-Westfalen: Rankings in der Wirtschaftsförderung, Eildienst des Städtetages NRW 2001, S. 468 ff.

Summer, Rudolf: Leistungsanreize/Unleistungssanktionen, ZBR 1995, S. 125 ff.

Trute, Hans-Heinrich: Verantwortungsteilung als Schlüsselbegriff eines sich verändernden Verhältnisses von öffentlichem und privatem Sektor, in: Schuppert (Hrsg.), Jenseits von Privatisierung und "schlankem" Staat, Baden-Baden 1999, S. 11 ff.

Wieland, Clemens: Von den Besten lernen - Die Bundesländer im Wettbewerb der Standorte, Kommunalwirtschaft 2001, S. 464 ff.

Wie ist der Erfolg in der Verwaltung zu messen?

Prof. Bernd Adamaschek

1   Rechenschaft über den Erfolg des Verwaltungshandelns

Öffentliche Institutionen haben die Pflicht, *Rechenschaft* über ihre Leistung abzulegen. Sie müssen ihren Auftraggebern (Bürger, deren gewählte Vertreter, Öffentlichkeit) erklären, ob sie die ihnen gesetzten Ziele erreicht und – im weiteren Sinne auch – ob sie die Ressourcen, die sie zur Erfüllung ihrer Aufgaben erhalten, effizient eingesetzt haben. Dies geschieht durch *Rechnungslegung*, die von Rechnungsprüfungsämtern, Rechnungshöfen etc. geprüft und der politischen Führung, in der Regel auch der Öffentlichkeit zugeleitet wird.

Dabei bedient man sich herkömmlicher Weise der Haushaltsrechnung bzw. Jahresrechnung, d.h. der zahlenmäßigen Zusammenfassung der Ergebnisse der Haushaltswirtschaft, die im Wesentlichen auf der Darstellung der Einnahmen und Ausgaben beruht.[1] Neben der Rechenschaftsfunktion hat die Rechnungslegung in diesem Sinne auch Steuerungsfunktion, indem sie der Verwaltungsführung und der Politik als Entscheidungsgrundlage dient. Dass die traditionelle Form der Rechnungslegung nicht mehr den zukünftigen Anforderungen zur Dokumentation und zur Gestaltung von Verwaltungshandeln genügt, ist unstreitig.[2]

Um Ressourcenverbrauch und Effizienz besser abbilden zu können, greift man zu den bewährten Instrumenten des privaten Sektors: Das Geldverbrauchskonzept wird durch ein Ressourcenverbrauchskonzept ersetzt.[3] Kosten- und Leistungsrechnung, die Ablösung der Kameralistik durch das kaufmännische Rech

---

1 Vgl. Peter Eichhorn, Verwaltungslexikon, 2. Auflage, Baden-Baden, S. 689
2 Vgl. Dietrich Budäus, Neues öffentliches Rechnungswesen, in: Umsetzung neuer Rechnungs- und Informationssysteme in innovativen Verwaltungen, hrsg. von Dietrich Budäus, Peter Gronbach, Freiburg, 1999, S. 324 f., vgl. Klaus Lüder, Innovationen im öffentlichen Rechnungswesen in Deutschland und Europa, in: Politik und Verwaltung auf dem Weg in die transindustrielle Gesellschaft, hrsg. von Werner Jann u.a., Baden-Baden, 1998, S. 217 ff.
3 Vgl. KGSt – Bericht Nr.1/1995, Köln, vgl. Hansjürgen Bals, Hans Hack, Die neue Kommunalverwaltung, München, Berlin, 2000, S. 77 ff.

nungswesen (Doppik) und die Rechnungslegung durch Bilanzen werden eingeführt bzw. gefordert.[4] Dies alles bedeutet eine grundlegende Neuorientierung der öffentlichen Rechnungslegung und unzweifelhaft einen großen Fortschritt. Genügt dies aber, um der Rechenschaftspflicht gegenüber dem Bürger und der Öffentlichkeit nachzukommen und die Verwaltungen so zielgenau und zeitnah zu steuern, dass sie ihre Aufgaben erfüllen?

2   Die Konzeption folgt den Zielen

Für das Rechnungswesen gilt: Inhalt und Methode richten sich nach dem Rechnungszweck. Das Gleiche gilt auch für die Rechnungslegung, wie sie hier gefragt ist: Ihre Konzeption ist abhängig von den Zielen, die es jeweils abzubilden gibt. Daraus folgt weiter, dass die öffentliche Rechnungslegung sich in dem Maße verändert, in dem die Ziele und Leitbilder öffentlichen Handelns einem Wandel unterworfen sind. Dies sei am Beispiel des Reformprozesses in der kommunalen Landschaft erläutert, der die augenblickliche Diskussion in starkem Maße beherrscht, der jedoch auch für andere Ebenen der öffentlichen Verwaltung in analoger Anwendung Geltung beanspruchen kann:

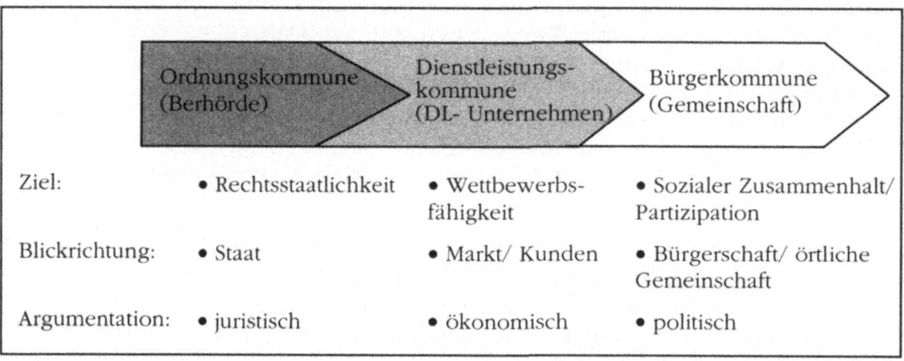

Abb. 1: Gerhard Banner, der Wechsel der Leitbilder in der Kommune[5]

Der Paradigmenwechsel von der Behörde zum Dienstleistungsunternehmen und dann zum aktivierenden Staat, der Bürger und alle gesellschaftlichen Kräfte in

---

[4] Vgl. Budäus, a.a.O., S. 326, vgl. Bals/Hack a.a.O. S. 87 ff., S. 91 f.; Klaus Buchholtz, Anforderungen an eine aussagefähige Kosten- und Leistungsrechnung, in: Umsetzung neuer Rechnungs- und Informationssysteme in innovativen Verwaltungen, hrsg. von Dietrich Budäus, Peter Gronbach, Freiburg 1999, S. 95 ff.
[5] Gerhard Banner, Der Bürger im Staat 4/98, S. 179 ff.

sein Handeln einbezieht, wird auf der kommunalen Ebene in den drei Schritten von der *Ordnungskommune* über die *Dienstleistungskommune* zur *Bürgerkommune* dargestellt. Dem Wandel von Ziel, Blickrichtung und Argumentation folgen notwendigerweise auch Inhalte und Methoden der Rechnungslegung über die Zielerreichung und den Erfolg des Verwaltungshandelns.

3   Von der Hoheits- zur Dienstleistungsverwaltung

Das Rechtmäßigkeitsdenken der Ordnungskommune kam mit der Rechenschaft über die ordnungsgemäße Ausführung eines ordnungsgemäß zu Stande gekommenen Haushaltes aus. Wenn das Rechnungsprüfungsamt das Qualitätssiegel „sachlich und rechnerisch richtig" vergab, war dem Informations- und Steuerungsbedürfnis der Beteiligten genüge getan. Der Leitbildwandel von der Hoheitsverwaltung zum Dienstleistungsaspekt des öffentlichen Sektors[6] begründet den Ansatz des *New Public Managements* und rückt ökonomische Kategorien in den Mittelpunkt des Interesses: Gefragt wird nach Output und den dazu erforderlichen Ressourcen und nach der Optimierung des Verhältnisses beider Größen zueinander.

Konsequenz ist die bereits zitierte Neuorientierung des öffentlichen Rechnungswesens, z.B. der Wandel vom Geld- zum Ressourcenverbrauchskonzept, vor allem aber die flächendeckende Einführung von *Kosten- und Leistungsrechnung*. In analoger Anwendung des Rechnungswesens des privaten Sektors werden die Verwaltungsleistungen zu Produkten bzw. zu Produktgruppen strukturiert, die dann als Kostenträger mit Stückkosten, Kostendeckungsgraden etc. belegt werden. Das Resultat ist in der Regel eine Information über Mengen und Kosten einzelner Verwaltungsdienstleistungen.

Produktgruppe:	Bauaufsicht	
Produkt:	Genehmigung von Wohnbauvorhaben	
Leistung:	Anzahl der Entscheidungen zu Wohn- bauvorhaben	1.486 Stck.
Kosten:	Stückkosten je Entscheidung zu Wohn- bauvorhaben	751,64 DM

Abb. 2: Beispiel für das Ergebnis einer herkömmlichen Kosten- und Leistungsrechnung in Kommunalverwaltungen

---

[6] Vgl. den Beitrag von Driftmann in diesem Band, S.39

Kosten- und Leistungsrechnungen dieser Art bilden die Grundlagen für fast alle Instrumente des New Public Managements (z.B. Budgetierung, Zielvereinbarungen, Controlling etc.) und letztlich auch für die Rechnungslegung gegenüber Politik und Bürgerschaft. Das Problem ist nur, dass die Zahlen zwar Mengen- und Kostengrößen zutreffend abbilden, dass jedoch nicht zu beurteilen ist, ob sie (z.B. 751,64 DM pro Entscheidung) ein gutes oder ein schlechtes Ergebnis darstellen. Dies ändert sich auch nicht durch einen Rückgriff auf den Zeitreihenvergleich: Angenommen in den Vorjahren wäre die Entscheidung jeweils um 50 DM teurer gewesen (letztes Jahr: 801,64 DM; vorletztes Jahr: 851,64 DM), bleibt immer noch die Frage, ob die derzeit erreichten 751,64 DM ein optimales Ergebnis darstellen, oder ob ein noch besserer Wert von z.B. 700,00 DM realisierbar ist.

Insofern liefern die Ergebnisse von Kosten- und Leistungsrechnung weder eine ausreichende Beurteilungsgrundlage hinsichtlich der erbrachten Verwaltungsleistung noch hinsichtlich des Steuerungsbedarfs, der für die Zukunft besteht. Diejenigen, die Rechenschaft und brauchbare *Steuerungsinformationen* verlangen (Verwaltungsführung, Politik, Öffentlichkeit), können damit nicht viel anfangen. Dies ist bei einer privaten Unternehmung prinzipiell anders: Die Tatsache, dass die Erstellung eines Produktes 751,64 DM/Stück kostet, ist zwar für sich gesehen ebenfalls nicht besonders aussagekräftig. Im privaten Sektor gibt es aber eine weitere Informationsquelle, die sehr genaue Beurteilungs- und Steuerungshilfen liefert, nämlich den *Markt*: Wenn der Markt beweist, ob das Unternehmen mit Stückkosten von 751,64 DM wettbewerbsfähig ist oder nicht, erhält die Zahl ihren gewünschten Informationsgehalt. Im öffentlichen Sektor – wo der Markt und damit die von ihm ausgehende Informationswirkung fehlt – bedürfen die Zahlen der Kosten- und Leistungsrechnung einer Ergänzung, die die Wirkung des Marktes oder eine mit dem Markt vergleichbare Wirkung herstellt.[7]

Dies ist dann am Einfachsten, wenn Parallelangebote in der Wirtschaft existieren, die über Ausschreibungen, Benchmarking etc. zu Vergleichen und unter Umständen zur Auftragsvergabe an private Anbieter herangezogen werden. Ein Großteil öffentlicher Dienstleistungen, vor allem im hoheitlichen Bereich, wird jedoch nicht oder wenigstens nicht in absehbarer Zeit mit parallelen Angeboten der privaten Wirtschaft verglichen werden können. Für diese Aufgaben kommt ein *Wettbewerbsersatz*, nämlich der *Leistungsvergleich* zwischen Verwaltungseinheiten gleicher Aufgabenstellung in Betracht[8]:

---

[7] Vgl. Bernd Adamaschek, Konzepte und praktische Erfahrungen mit der Leistungserfassung in kommunalen Managementberichten, in: Leistungserfassung und Leistungsmessung in öffentlichen Verwaltungen, hrsg. von Dietrich Budäus, S. 208–217.
[8] Vgl. von Mutius in diesem Band, S. 81

Die Rechnungslegung auf der Basis einer Kosten- und Leistungsrechnung muss um eine *vergleichende Rechnungslegung* erweitert werden:

Komune	1	B	C	D
Kosten je Entscheidung zu Wohnbauvorhaben	751,64	495,75	857,95	959,38

Abb. 3: Erweiterung der KLR durch vergleichende Rechnungslegung

Die Erweiterung des Blicks um die Daten der Mitbewerber im echten oder *virtuellen Wettbewerb* liefert die Erkenntnis, ob eine bessere Leistung möglich ist und wo die besten Lösungen zu finden sind. Im konkreten Beispiel wäre dies bei der Kommune B der Fall, die mit 495,75 DM die geringsten Kosten pro Produkt aufweist. Rechnungslegung, die den Anspruch erhebt, für die Zielgruppen einen brauchbaren Informationsgehalt zu liefern, kommt ohne vergleichendes Berichtswesen nicht aus. Damit sind die Zweifelsfragen in Bezug auf die herkömmliche Kosten- und Leistungsrechnung in öffentlichen Verwaltungen aber noch keineswegs gelöst. So fragt es sich, ob im oben genannten Beispiel die kostengünstigste Lösung bei B wirklich die beste Leistung darstellt. Günstige Kosten sagen noch nichts über Rechtmäßigkeit, Schnelligkeit, Servicequalität, die Zufriedenheit der Kunden und vor allem über die Wirkung des Verwaltungshandelns aus. Ohne eine ganzheitliche Berichterstattung über diese Aspekte fehlen der Rechnungslegung weitere Kriterien zur Beurteilung und Steuerung der Verwaltungsleistung. Daher wird in zunehmendem Maße eine Ergänzung der Rechnungslegung um Informationen über *Qualitäten* und *Wirkungen* des Verwaltungshandelns gefordert:[9]

---

[9] Vgl. Budäus, a.a.O. S. 19 ff., vgl. Buchholz, a.a.O. S. 83 ff., vgl. Ernst Buschor, Zwanzig Jahre Haushaltsreform: eine verwaltungswissenschaftliche Bilanz, in: Das neue öffentliche Rechnungswesen, hrsg. von Helmut Brede, Ernst Buschor, S. 241 ff.

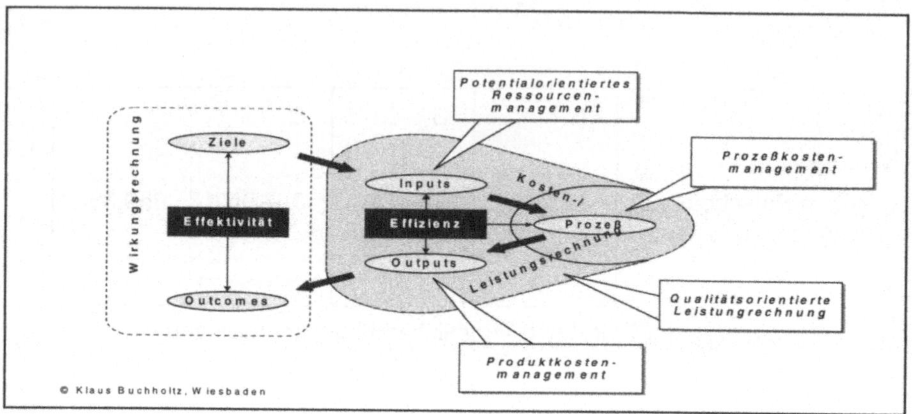

Abb. 4: z.B. Klaus Buchholtz,[10] Unterstützungsbereiche der Kosten- und Leistungsrechnung (qualitätsorientierte Leistungsrechnung und Wirkungsrechnung)

Einen ähnlichen Ansatz verfolgt das 4-Ziele-Konzept der Bertelsmann Stiftung, das die Erfüllung des fachspezifischen Auftrags, Kundenzufriedenheit, Mitarbeiterzufriedenheit und Wirtschaftlichkeit in vergleichender Betrachtungsweise (Leistungsvergleich) abbildet:

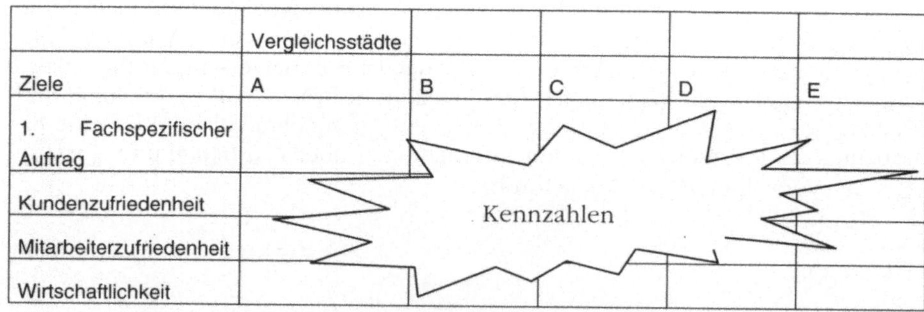

	Vergleichsstädte				
Ziele	A	B	C	D	E
1. Fachspezifischer Auftrag					
Kundenzufriedenheit		Kennzahlen			
Mitarbeiterzufriedenheit					
Wirtschaftlichkeit					

Abb. 5: Vergleichende und ganzheitl. Rechnungslegung (Bertelsmann Stiftung)[11]

---

[10] in Anlehnung an das Drei-Ebenen-Konzept, vgl. Klaus Buchholtz, a.a.O. S. 86, ähnlich Buschor a.a.O., S. 238
[11] Bernd Adamaschek, Interkommunaler Leistungsvergleich, a.a.O., S. 48

In den vier Zielfeldern wird mit fachspezifischen Kennzahlen gemessen, ob mit dem speziellen Produkt oder der Produktgruppe ein Beitrag zu der beabsichtigten Wirkung des Verwaltungshandelns geleistet worden ist, ob die Produkte die geforderten Qualitäten (z.B. Rechtmäßigkeit, Fehlerfreiheit, zeitnahe Abwicklung etc.) aufweisen, ob also der *fachspezifische Auftrag* insgesamt gut erfüllt worden ist, ob die Zielgruppe des Verwaltungshandelns („Kunden") zufrieden sind und ob diese Ergebnisse mit einem wirtschaftlichen Einsatz der Ressourcen erzielt wurden (*Wirtschaftlichkeit*). Da diese Ergebnisse langfristig nur optimiert werden können, wenn darüber hinaus das Ziel der *Mitarbeiterzufriedenheit* nicht aus den Augen verloren wird, bildet man die Mitarbeiterzufriedenheit zusätzlich als weiteres Ziel ab. Die vergleichende wird also um eine ganzheitliche Perspektive der Rechnungslegung erweitert.

Als Zwischenergebnis ist festzuhalten: In dem Paradigmenwechsel von der Ordnungsverwaltung zur Dienstleistungsverwaltung ergibt sich eine grundsätzliche Neuorientierung der Rechnungslegung, indem die bisher im New Public Management praktizierte Kosten- und Leistungsrechnung, die sich vor allem auf Mengen- und Kostengrößen beschränkte, durch eine vergleichende und ganzheitliche Rechnungslegung ergänzt wird. Sie stützt sich auf quantitative, aber nicht notwendigerweise monetäre Größen, indem sie Indikatoren heranzieht, die Aussagen qualitativer Art treffen.

Dabei sei es dahingestellt, ob diese ergänzenden Teile als integrativer Bestandteil des Rechnungswesen selbst oder als eigenständiges Modul neben dem herkömmlichen Rechnungswesen aufgefasst werden. In jedem Fall ist die vergleichende und ganzheitliche Rechnungslegung unabdingbar zur Abbildung der Wirkungen, Qualitäten und damit der Effektivität und Effizienz des Verwaltungshandelns. Nur so wird ein ernst zu nehmendes System der Rechenschaft gegenüber Politik, Bürgern und Öffentlichkeit und ein wirkungsvolles Controllinginstrument zur Steuerung der Verwaltungsdienstleistungen geschaffen.

4 Von der Dienstleistungs- zur Gewährleistungsverwaltung

Kaum dass der Wandel von der Ordnungsverwaltung zur Dienstleistungsverwaltung angelaufen, geschweige denn in seiner Implementation abgeschlossen ist, zeichnet sich ein weiterer Paradigmenwechsel ab: Neben der Optimierung des Produktionsprozesses öffentlicher Dienstleistungen rückt die partizipative Komponente des demokratisch verfassten Gemeinwesens immer mehr in den Mittelpunkt der Betrachtung.[12]

---

[12] Vgl. Banner a.a.O., S. 179, vgl. Gerhard Banner, Die drei Demokratien der Bürgerkommune, in: Adäquate Institutionen: Voraussetzungen für „gute" und bürgernahe Politik?, hrsg. von Hans Herbert von Arnim, Berlin 1999, S.134 ff., insbesondere S. 152 f.

Wenn die Gemeinde, das Land, die Bundesrepublik die Gesamtheit aller Bürger und gesellschaftlichen Kräfte vertreten, die über diese Institutionen und die gewählten Vertreter ihre örtlichen bzw. überörtlichen Angelegenheiten regeln, so kommt es im Zusammenspiel aller dieser Kräfte nicht nur darauf an, die Leistungen der einzelnen Institution und somit deren Betrieb zu optimieren. In den Augen der Bürger zählt ausschließlich die Frage, ob ihre zentralen Lebensbereiche optimal geordnet sind. Daran sind jedoch keineswegs allein kommunale bzw. andere staatliche Organisationen, sondern eine Vielzahl von Individuen und Organisationen nicht staatlicher Provenienz beteiligt. Am Beispiel der Kommune heißt dies, dass *Politikfelder*, wie Bildung, Ausbildung, Wirtschaft und Arbeit, Kultur, soziale Sicherung, Umwelt, Wohnen etc. von vielen Organisationen und gesellschaftlichen Kräften mitgestaltet werden.

So ist z.B. das Politikfeld „Wirtschaft und Arbeit" nur zu einem geringen Prozentsatz durch Aktivitäten und Produkte der Kommune selbst determiniert: Andere Institutionen wie Industrie- und Handelskammer, Handwerkskammer, Banken, Berufsverbände, Arbeitsamt etc. und eine unübersehbare Vielzahl von Unternehmen und Einzelpersonen wirken an dem Ergebnis mit. Dennoch wird die Kommune zurecht von ihren Bürgern für die Zustände auf diesem Felde verantwortlich gemacht. Sie trägt insofern weniger eine *Vollzugsverantwortung* als vielmehr eine *Gewährleistungsverantwortung* für das Ergebnis. Neben Ansiedlung von Unternehmen (Gewerbeflächen, Erschließung, Gründungs- oder Förderberatung etc.) muss sie das Problem lösen, dass, eine Vielzahl von Akteuren, mit unterschiedlichen Zielsetzungen, mit unterschiedlichen Methoden, mit nicht abgestimmten Aktionen das Ergebnis der lokalen Wirtschaftsstruktur beeinflussen. Die Handlungsverantwortung, die ihr bei der Optimierung der Ordnungskommune oder der Dienstleistungskommune zukommt und bei der sie weitgehend autonom handeln kann, wandelt sich zu einer Gewährleistungsverantwortung, bei der sie auf das Zusammenwirken aller Bürger bzw. gesellschaftlichen Kräfte angewiesen ist und wobei sie für deren Zusammenwirken auf gemeinsame Ziele hin verantwortlich gemacht wird.

Die Leistung, über die Rechenschaft abzulegen ist, besteht in diesen strategischen Politikfeldern demnach nicht primär in der Erstellung eigener Produkte, sondern darin, ein funktionierendes *Netzwerk* aller lokalen Kräfte zu knüpfen und diese Kräfte zu mobilisieren, damit sie in der ihnen zukommenden eigenen Verantwortung Beiträge zur optimalen Gestaltung des strategischen Politikfeldes leisten. Zu der eigenen Rolle als Dienstleister kommt die Rolle eines *Moderators* dieses Prozesses zwischen allen gesellschaftlichen Kräften. Ob die Kommune dieser Aufgabe gerecht wird, zeigt sich in dem (guten oder weniger guten) Zustand des betreffenden Politikfeldes. Auch für die Leistung als Moderator und Gewährleister optimaler Zustände vor Ort, schuldet die Kommune Rechenschaft.

Inzwischen sind weltweit vielfältige Ansätze zu beobachten, diese Leistung zu evaluieren. Man bedient sich dabei so genannter *Lebensqualitätsindikatoren*, mit denen der Zustand bestimmter Politikfelder gemessen und beurteilt werden kann. So begann z.B. die Stadt Christchurch, Neuseeland, bereits Mitte der Neunzigerjahre damit, ihren „annual plan" neben Finanz- und Programmdaten mit Wirkungszielen und deren Messung in verschiedenen Politikfeldern (z.B. Wirtschaft und Beschäftigung, Umwelt, etc.) anzureichern.[13]

Eine Recherche der Bertelsmann Stiftung im Jahre 2001[14] ergab 35 Programme für Lebensqualitätsindikatoren (23 auf lokaler Ebene, 9 auf nationaler Ebene, 3 auf internationaler Ebene), von denen 12 Programme auf vergleichender Basis (Benchmarking) durchgeführt werden. Zum Beispiel vergleicht die Federation of Canadian Communities (FCM) 18 kanadische Kommunen mithilfe von insgesamt 45 Lebensqualitätsindikatoren in 8 Politikbereichen (von Beschäftigung über Gesundheit, Sicherheit bis hin zur Teilnahme am öffentlichen Leben). In Deutschland widmen sich KGSt und Bertelsmann Stiftung der Entwicklung solcher (vergleichender) Berichtssysteme auf strategisch-politischen Feldern (z.B. Bertelsmann Stiftung: Kompass-Projekt mit den Feldern Soziales, Wirtschaftsförderung, Kultur, Bildung, Umwelt) [15].

So wird etwa im Politikfeld Bildung danach gefragt, wie viele Schüler das Schulsystem ohne Abschluss verlassen und wie viele davon Ausländerkinder sind (Ziel: Bildungschancen) oder wie hoch die Zufriedenheitswerte bei Eltern und Schülern mit der Ausbildungs- und Berufsberatung (Ziel: Übergang ins Berufsleben) in den am Vergleich teilnehmenden Städten sind.[16] Die Zahlen zeigen, dass es - auch bei gleich strukturierten Städten – große Unterschiede gibt, wodurch deutlich wird, ob die Verhältnisse in Ordnung sind oder ob Steuerungsbedarf existiert. Neben der Rechenschaft über die Gewährleistungsfunktion werden auch vielfältige Chancen für den *Best-Practice-Transfer* zur Optimierung des betreffenden Politikfeldes gegeben.
Dieses Prinzip ist nicht auf die kommunale Ebene beschränkt: Auch Länder und die internationale Ebene können in gleicher Weise ihre Leistung nach diesen oder ähnlichen Kriterien evaluieren. Erst die Rechenschaft in den wirklich interessierenden Lebensfeldern - in Ergänzung des derzeit praktizierten öffentlichen Rechnungswesens um Indikatoren der Lebensqualität, der Wirkung und der

---

[13] Christchurch City Council, 1996/97, annual plan
[14] Australien, Kanada, Dänemark, Finland, Deutschland, Niederlande, Neuseeland, Schweden, England, USA. Bisher ausschließlich veröffentlicht im Internet: www.cities-of-tomorrow.net
[15] Vgl. Kerstin Schmidt, Rainer-Christian Beutel, Ganzheitliche Steuerung in den Kommunen, Lebensqualität im kommunalen Umfeld sicherstellen, in: Strategisches Management, Sonderheft Verwaltung, Organisation, Personal, 1/2001 S.16 ff.
[16] Vgl. Sigrid Meinhold-Henschel, Hans-Josef Vogel, kommunale Schullandschaft strategisch entwickeln, in: Strategisches Management, Sonderheft Verwaltung, Organisation, Personal, 1/2001, S. 22 ff.

Qualitäten staatlichen Handelns - erfüllt die Forderung nach einer zielgenauen und informativen Rechnungslegung der öffentlichen Hand.

5   Eine strategische Neuorientierung der öffentlichen Rechnungslegung

Wenn das Attribut strategisch sich auf konzeptionelle, d.h. grundlegende übergreifende und weit reichende Tatbestände bezieht, so ist mit dem Paradigmenwechsel von der Behörde zum Dienstleistungsunternehmen und dann zum Gewährleister eine strategische Neuorientierung der öffentlichen Rechnungslegung verbunden: Die Dienstleistungsfunktion rückt die ökonomischen Aspekte in den Vordergrund und stellt die traditionelle Berichterstattung über Einnahmen und Ausgaben auf eine leistungsorientierte Darstellung von Effizienz, Effektivität und *Wettbewerbsfähigkeit* um, die ihren Informationswert für die Steuerungsorgane und die Öffentlichkeit durch eine ganzheitliche und vergleichende Betrachtungsweise erhält.

Die Erweiterung des Fokus auf die Aktivierung aller gesellschaftlichen Kräfte (z.B. in der „Bürgerkommune") und die damit verbundene Gewährleistungsfunktion in den betreffenden Politikfeldern bedeutet gleichermaßen eine strategische Veränderung der öffentlichen Rechnungslegung:

Nicht nur die Wirkungen eigener Dienstleistung, sondern die Wirkung vieler Beteiligter wird zum Gegenstand von Rechenschaft und Steuerung durch öffentliche Verwaltung. Strategisch ist dieser Wandel nicht nur wegen der grundlegenden Veränderung von Blickrichtung und Argumentation im Hinblick auf die Verantwortung und Leistung öffentlicher Verwaltungen, sondern auch wegen der strategischen Inhalte der Politikfelder, die nunmehr in den Mittelpunkt des Interesses rücken.

Dabei mag es theoretisch interessant sein, ob die neuen Module der öffentlichen Rechnungslegung als eigenständiges Zahlenwerk oder als integrativer Bestandteil eines neuen öffentlichen Rechnungswesens zu begreifen sind. Diese Frage ist jedoch zunächst zweitrangig. Sicher ist, dass die Adressaten von Rechenschaft und Steuerungsinformation ohne eine vergleichende, ganzheitliche und an strategischen Politikfeldern orientierte Berichterstattung über die Leistung der öffentlichen Verwaltung nicht auskommen. Dies gilt sowohl für die Kommunen als „zentrale örtliche Problemlösungsinstanz"[17] als auch für die überörtliche nationale als auch internationale Ebene. Die Beispiele im In- und Ausland zeigen, dass bereits an der Evaluation auf diesen Ebenen erfolgreich gearbeitet wird.

---

[17] Vgl. Gerhard Banner, a.a.O., S. 179

Behördliche Datenschutzbeauftragte erschließen betriebswirtschaftliche Nutzenpotenziale

Uwe Jürgens

1   Die Situation vor dem In-Kraft-Treten der EU-Datenschutzrichtlinie

Bereits das Bundesdatenschutzgesetz vom 27.01.1977 verpflichtete alle nichtöffentlichen Daten verarbeitenden Stellen, einen „betrieblichen" Datenschutzbeauftragten zu bestellen (nur kleine Unternehmen und Organisationen waren hiervon ausgenommen). Seit dem In-Kraft-Treten des Sozialgesetzbuches Teil X im Jahr 1980 haben grundsätzlich auch die öffentlichen Sozialleistungsträger Datenschutzbeauftragte zu ernennen. Zudem schreiben einige Landesdatenschutzgesetze die Ernennung behördlicher Datenschutzbeauftragter vor (z. B. das Landesdatenschutzgesetz Niedersachsen seit 1993).

Im Sinne einer qualifizierten Selbstkontrolle sind den betrieblichen bzw. behördlichen Datenschutzbeauftragten seit über 20 Jahren im Wesentlichen folgende Aufgaben und Befugnisse übertragen:

- Hinwirkung auf die Einhaltung der datenschutzrechtlichen Vorschriften,
- Überwachung der ordnungsgemäßen Anwendung der Datenverarbeitungsverfahren,
- Schulung der Mitarbeiter auf dem Gebiet des Datenschutzes und der Datensicherheit,

Wesentlich für ihre Effizienz sind daher folgende Arbeitsbedingungen:

- unmittelbares „Vortragsrecht" bei der Leitung der Daten verarbeitenden Stelle,
- Weisungsfreiheit,
- Benachteiligungsverbot,
- Anspruch auf erforderliche Personal- und Sachausstattung,
- Befugnis zur Rückkopplung mit den staatlichen Datenschutzaufsichtsorganen,
- Recht auf Unterrichtung über die Vorhaben zur automatisierten Verarbeitung personenbezogener Daten,

- Anspruch auf die Bereitstellung von Verfahrens- und Zugriffsübersichten sowie sonstiger Dokumentationsunterlagen.

Das Bundesdatenschutzgesetz und das Sozialgesetzbuch Teil X sind zwar mehrfach modifiziert worden, Überlegungen, die Regelungen über die Datenschutzbeauftragten grundlegend zu ändern oder gar abzuschaffen, hat es jedoch bislang nicht gegeben. Dies weist darauf hin, dass auch die Daten verarbeitende Stelle mit ihnen zufrieden sind.

2   Die Auswirkungen der EU-Richtlinie

Die EU-Datenschutzrichtlinie vom 24.10.1995 kennt grundsätzlich keine Differenzierung zwischen dem Datenschutz im öffentlichen und im nichtöffentlichen Bereich und hebt die Position unabhängiger Kontrollstellen in beiden Bereichen besonders hervor.

Art. 28 Abs. 1 der EU-Datenschutzrichtlinie bestimmt z. B.: „Die Mitgliedstaaten sehen vor, dass eine oder mehrere Stellen beauftragt werden, die Anwendung der von den Mitgliedsstaaten zur Umsetzung dieser Richtlinie erlassenen einzelstaatlichen Vorschriften in ihrem Hoheitsgebiet zu überwachen. Diese Stellen nehmen ihre Aufgabe in völliger Unabhängigkeit wahr."

Auf Grund der Art. 18 – 20 der Richtlinie haben die Datenschutzgesetze der Mitgliedstaaten außerdem zu regeln,

- dass automatisierte Verfahren den Kontrollstellen zu melden sind,

- dass bei der Verarbeitung besonders „sensibler" Daten Vorabkontrollen vorzunehmen sind und

- dass öffentliche Register über die gemeldeten Verfahren geführt werden.

Welche Bedeutung die Europäische Gemeinschaft den positiven Erfahrungen mit den behördlichen/betrieblichen Datenschutzbeauftragten zumisst, ist daran abzulesen, dass auf die Melde- und Veröffentlichungspflicht sowie die Vorabkontrolle an bzw. durch die staatlichen Kontrollstellen verzichtet werden kann, wenn den Datenschutzbeauftragten „vor Ort" folgende Rechte/Pflichten übertragen worden sind:

- Die unabhängige Überwachung der Anwendung der zur Umsetzung der Richtlinie erlassenen einzelstaatlichen Bestimmungen und

- die Führung eines von Jedermann einsehbaren Verzeichnisses der eingesetzten automatisierten Verfahren, aus dem hervorgeht,

    - wer für die Verarbeitung der Daten verantwortlich ist,

    - die Zweckbestimmung der Verarbeitung,

    - die betroffenen Personen,

    - die Datenkategorien (das Datenprofil),

    - die Empfänger von Daten,

    - die Art der übermittelten Daten,

    - geplante Datenübermittlungen in Drittländer und

    - dass die Maßnahmen zur Gewährung der Sicherheit der

    - Verarbeitung angemessen sind.

Im Ergebnis hebt also die Richtlinie die behördlichen/betrieblichen Datenschutzbeauftragten nahezu auf eine Stufe mit den staatlichen Kontrollstellen (Bundesbeauftragter für den Datenschutz, Landesbeauftragte für den Datenschutz, Datenschutzaufsichtsbehörden für den nichtöffentlichen Bereich).

Diese Anforderungen werden in Kürze in allen Datenschutzgesetzen des Bundes und der Länder umgesetzt sein (vgl. z. B. § 4f Bundesdatenschutzgesetz, § 19a Berliner Datenschutzgesetz, § 8a Landesdatenschutzgesetz Niedersachsen, § 10 Landesdatenschutzgesetz Schleswig-Holstein).

3   Die Vorbehalte

Viele öffentliche Stellen haben unmittelbar nach dem In-Kraft-Treten des jeweiligen Datenschutzgesetzes behördliche Datenschutzbeauftragte bestellt. Große Organisationseinheiten haben deren gesetzliche Aufgaben um „artverwandte" Zuständigkeiten ergänzt (z. B. Sachbearbeitung datenschutzrechtlicher Einzelfragen, zentrale Bearbeitung von Auskunftsersuchen, Behördenselbstschutz, allgemeine Sicherheitsfragen), sodass sich Fulltimejobs ergeben haben. In der Regel handelt es sich jedoch um eine Tätigkeit neben einer Hauptaufgabe. Größere Probleme bezüglich der praktischen Arbeit der behördlichen Datenschutzbeauftragten sind bisher nicht bekannt.

Erstaunlicherweise hat aber eine signifikante Anzahl von Behörden bisher auf eine förmliche Bestellung von Datenschutzbeauftragten verzichtet. Zwei Gründe sind erkennbar:

- Die entsprechenden Regelungen sind nicht bekannt.

- Die Regelungen sind zwar bekannt, die Bestellung eines behördlichen Datenschutzbeauftragten wird aber als so „kostenträchtig" betrachtet, dass man die Konsequenzen einer Nichtbestellung in Kauf nimmt bzw. davon ausgeht, sich um diese „herummogeln" zu können.

Die Gruppe, auf die die erstgenannten Gründe zutreffen, wird in den nächsten Monaten sicher kleiner werden. Die Öffentlichkeitsarbeit der Datenschutzbeauftragten wird insoweit hoffentlich erfolgreich sein.

Die zweite Gruppe unterliegt einem grundlegenden Missverständnis, weil sie glaubt, dass ein behördlicher Datenschutzbeauftragter Kosten und Probleme produziert, die man bei einem Verzicht auf seine Bestellung nicht hätte. Man übersieht dabei, dass die rechtlichen und sicherheitstechnischen Fragestellungen in einer Daten verarbeitenden Stelle die gleichen bleiben, egal, ob man einen Datenschutzbeauftragten hat oder nicht.

Selbst wer die Absicht hat, die bestehenden Probleme oder Defizite unter den Tisch zu kehren, handelt inkonsequent. Denn die staatlichen Kontrollstellen werden geradezu mit der Nase darauf gestoßen, dass etwas nicht in Ordnung ist. Entweder bei der Prüfung von Verfahrensverzeichnissen und Dokumentationsunterlagen im Rahmen von Vorabkontrollen oder durch die Feststellung, dass weder ein Datenschutzbeauftragter bestellt noch die vorgenannten Unterlagen eingereicht wurden (bereits mittelgroße Organisationseinheiten ohne Datenschutzbeauftragten müssen in der Regel monatlich Änderungen zum Verfahrensverzeichnis und Unterlagen zur Vorabkontrolle bereitstellen, wenn man die Dynamik der Informationstechnik in der Vergangenheit berücksichtigt).

4   Das „Nutzenpotenzial" behördlicher Datenschutzbeauftragter

Das Datenschutzrecht ist in jeder Hinsicht eine Querschnittsmaterie:

- In allen Verwaltungsbereichen, in denen personenbezogene Daten verarbeitet werden, spielt es eine Rolle.

- Es gibt andererseits wenige Bereiche, in denen die datenschutzrechtlichen Fragestellungen absolut identisch sind.

- Neben den gesetzlichen Regelungen, über denen ausdrücklich „Datenschutz" steht, gibt es eine Vielzahl bereichsspezifischer Bestimmungen, bei denen erst nach genauerer Analyse deutlich wird, dass sie eine datenschutzrechtliche Relevanz besitzen.

- In dem Maße, wie die personenbezogene Datenverarbeitung mithilfe von IT-Systemen abgewickelt wird, durchdringen sicherheitstechnische Fragestellungen auch den letzten Winkel einer Behörde.

- In den meisten Behörden – im kommunalen Bereich ist dies der Regelfall – werden von Abteilung zu Abteilung (manchmal sogar von Büro zu Büro) höchst unterschiedlich „sensible" Daten verarbeitet (hier: Personal-, Sozial- und Steuerdaten, dort: Anmeldungen zur nächsten Pilzexkursion der Volkshochschule und Listen von freiwilligen Helfern für die Weihnachtsfeier der Senioren).

Nur das staatliche Haushaltsrecht hat einen ähnlichen Durchdringungsgrad wie das Datenschutzrecht. Folglich müssten sich praktisch alle Entscheidungsträger mit datenschutzrechtlichen und sicherheitstechnischen Fragestellungen vertraut machen und mit der Entwicklung adäquater Lösungen befassen. Liegt es da nicht nahe, dass sich eine Mitarbeiterin oder ein Mitarbeiter auf dieses Gebiet spezialisiert und damit die „Bearbeitungsdauer" reduziert? Es dürfte unstrittig sein, dass jemand, der sich ständig, zumindest aber regelmäßig mit einer so breit angelegten Materie befasst, schneller und in der Regel zu besseren Ergebnissen kommt, als jemand, der nur sporadisch Entscheidungen auf diesem Gebiet zu treffen hat.

An dieser Stelle ist ein Vergleich mit den Lotsen in der Schifffahrt angebracht. So wie der Kapitän bleibt der Leiter des Fachamtes verantwortlich für seinen Zuständigkeitsbereich. So wie der Lotse berät ihn jedoch der behördliche Datenschutzbeauftragte und sorgt dafür, dass das Datenschutz-Schiff nicht in eine „sicherheitstechnische Gefahr" oder in die „Rechtssphäre eines anderen Fahrzeuges" fährt.

Wie groß die Synergieeffekte bei aller Unterschiedlichkeit der zu Grunde liegenden Verwaltungsverfahren sein können, zeigt sich daran, dass ca. 70 % der mündlichen und schriftlichen Anfragen der Behörden bei den staatlichen Kontrollstellen „Wiederholerfragen" sind oder in Analogie zu anderen bereits gelösten Problemen beantwortet werden können.

5 Vorabkontrolle

Bei der Entwicklung und Einführung neuer automatisierter Verfahren, insbesondere solchen, die der Vorabkontrolle unterliegen, kommt ein weiterer Aspekt hinzu. Eine Vorabkontrolle durch die staatlichen Kontrollstellen kann erst erfolgen, wenn die Entwicklungsarbeiten abgeschlossen sind. Werden zu diesem späten Zeitpunkt datenschutzrechtliche oder sicherheitstechnische „Lücken" festgestellt, kann deren Behebung unter Zeitdruck durchaus kostenträchtig sein.

Wesentlich ökonomischer ist es daher, den behördlichen Datenschutzbeauftragten von Anfang an in die Entwicklung einzubeziehen mit der Maßgabe, tatsächliche oder vermeintliche Datenschutzprobleme zum frühest möglichen Zeitpunkt zur Sprache zu bringen. Seine Überwachungsaktivitäten werden auf diese Weise für beide Zeiten weniger zeitaufwendig. Seine Unterstützungs- und Beratungsaktivitäten sind allerdings keine „Bringschuld". Ein Fachbereich, der keine Fragen stellt, und den behördlichen Datenschutzbeauftragten nicht in seine Planungen einbezieht, darf sich nicht wundern, dass er keine konstruktiven Ratschläge bekommt. Es ist ein Zeichen für einen effektiven und wirksamen Datenschutz, wenn die Fachbereiche die Zusammenarbeit mit den behördlichen Datenschutzbeauftragten suchen und ihn nicht „abwimmeln".

6 Die organisatorische Einordnung des behördlichen/betrieblichen Datenschutzbeauftragten

Befürchtungen, dass durch die gesetzlich vorgeschriebene Anbindung des behördlichen Datenschutzbeauftragten unmittelbar an die Behördenleitung, durch die Weisungsfreiheit und das Benachteiligungsverbot eine „Behörde in der Behörde" aufgebaut wird, sind unbegründet. Falsch ist auch die Annahme, die Überwachung der Einhaltung datenschutzrechtlicher Vorschriften, die Unterrichtung der Beschäftigten über das Datenschutzrecht und die Beratung der Behörde bei der Gestaltung automatisierter Verfahren würden zu mehr behördeninterner Bürokratie führen.

Im Übrigen ist es unschädlich, wenn dem behördlichen Datenschutzbeauftragten neben seiner eigentlichen Aufgabe auch andere Zuständigkeiten übertragen werden. Sehr effektiv lassen sich Organisations-, Revisions- und Controllingfunktionen sowie die Auskunftserteilung, insbesondere die nach dem Informationsfreiheitsgesetz, und die Öffentlichkeitsarbeit mit dieser Aufgabenstellung kombinieren. Manche Behördenchefs, die sich verzweifelt fragen, wie sie denn ihre Leitungsfunktion im Bereich der automatisierten Datenverarbeitung nachkommen sollten, können mit der Bestellung eines kompetenten behördlichen Datenschutzbeauftragten die Lösung ihrer Probleme finden.

Sicherlich muss einem behördlichen Datenschutzbeauftragten für seine Aufgabe und die Vorbereitung darauf ein angemessenes Zeitkontingent zur Verfügung stehen. Dies ist aber kein zusätzlicher Aufwand, sondern in der Regel weniger als an anderen Stellen eingespart wird. Per Saldo ergibt sich also ein Zeit- und Qualitätsgewinn. Wo dies nicht der Fall ist, wurden möglicherweise die Datenschutzaufgaben bislang vernachlässigt.

Das Datenschutzaudit in Schleswig-Holstein

Dr. Claudia Golembiewski

1   Einleitung

Eine Regelung über das Datenschutzaudit wurde im Rahmen der Novellierung des Landesdatenschutzgesetzes[1] im Jahre 2000 neu in das Gesetz aufgenommen. Gemäß § 43 Abs. 2 Landesdatenschutzgesetz (LDSG-SH) können öffentliche Stellen ihr Datenschutzkonzept durch das Unabhängige Landeszentrum für Datenschutz (ULD) prüfen und beurteilen lassen. Es handelt sich bei diesem Datenschutz-Behördenaudit um ein neues Instrument auf dem Gebiet des Datenschutzes, das dem Umweltaudit nachgebildet ist[2]. Es tritt neben die klassischen Tätigkeitsfelder der datenschutzrechtlichen Kontrolle und Beratung, die vom ULD in seiner Funktion als Kontrollorgan sowie beratende Stelle in Datenschutzfragen wahrgenommen werden. Mit dem Behördenaudit wird das Ziel verfolgt, ein Gesamtkonzept zur dauerhaften Gewährleistung eines hohen Datenschutzniveaus in der jeweiligen öffentlichen Stelle einzurichten.

Regelungen zu einem Datenschutzaudit existieren bereits in verschiedenen Gesetzen. Die zeitlich erste gesetzliche Regelung enthält der Mediendienstestaatsvertrag (MDStV)[3]. Des Weiteren finden sich Regelungen zum Datenschutzaudit in einigen Landesdatenschutzgesetzen, die in Umsetzung der EG-Datenschutzrichtlinie bereits novelliert wurden[4]. Auch das gerade novellierte Bundesdatenschutzgesetz (BDSG)[5] enthält eine Regelung zum Datenschutzaudit.

---

[1] Schleswig-Holsteinisches Gesetz zum Schutz personenbezogener Informationen (Landesdatenschutzgesetz –LDSG-) vom 9. Februar 2000 (GVOBl. Schl.-H. S. 169); vgl. auch den Beitrag von Simonis in diesem Band, S. 225

[2] Vgl. den Beitrag von Ewer in diesem Band, S. 180

[3] § 17 Staatsvertrag über Mediendienste (Mediendienste-Staatsvertrag) vom 20. Januar/ 12. Februar 1997 (GVOBl. Schl.-H. S. 318)..

[4] Zu nennen sind § 10a Gesetz zum Schutz personenbezogener Daten (Datenschutzgesetz Nordrhein-Westfalen -DSG NRW-) in der Fassung der Bekanntmachung vom 9. Juni 2000 (GVBl. NRW S. 542) und § 11c Gesetz zum Schutz personenbezogener Daten im Land Brandenburg (Brandenburgisches Datenschutzgesetz – BbgDSG) in der Fassung der Bekanntmachung vom 9. März 1999 (GVBl. I S. 66).

[5] § 9a BDSG in der Fassung des Änderungsgesetzes vom 18. Mai 2001 (BGBl. I S. 904); Vgl. dazu auch den Beitrag von Bizer in diesem Band, S. 125

Allen diesen Regelungen ist gemeinsam, dass sie die Möglichkeit eines Audit-Verfahrens zwar vorsehen, die Umsetzung und nähere Ausgestaltung jedoch einem gesondert zu erlassenden Ausführungsgesetz überlassen. Zum gegenwärtigen Zeitpunkt fehlt es jedoch noch an entsprechenden Gesetzen und auch Gesetzesentwürfe liegen noch nicht vor. Im Unterschied zu den bestehenden Vorschriften über ein Datenschutzaudit kündigt das Schleswig-Holsteinische Landesdatenschutzgesetz das Audit nicht lediglich an, sondern führt dieses unmittelbar ein. Die Durchführung eines Audit-Verfahrens bedarf keiner gesonderten gesetzlichen Regelung.

Auf Grund der sehr knappen Formulierung im Gesetz war es allerdings erforderlich, ausführende Bestimmungen zum konkreten Verfahrensablauf des Audits zu schaffen. Detaillierte Regelungen lassen sich den vom Unabhängigen Landeszentrums für Datenschutz geschaffenen und im März 2001 amtlich verkündeten Hinweisen entnehmen[6]. Diese Ausführungsbestimmungen geben verbindlich den Verfahrensablauf des Datenschutz-Behördenaudits vor.

2   Gegenstand und Ziele des Datenschutzaudits

Mit dem Datenschutzaudit wird in erster Linie das Ziel verfolgt, ein geeignetes Instrument zu schaffen, um die Selbstverantwortung des Datenverarbeiters für den Datenschutz zu fördern[7]. Das Datenschutzaudit dient der Verbesserung der Datenschutzsituation innerhalb einer Behörde. Die jeweilige zu auditierende Stelle optimiert ihre Datenverarbeitung, um so eine dauerhafte Übereinstimmung mit den gesetzlichen Datenschutzvorschriften zu Gewähr leisten. Nach erfolgreichem Abschluss wird der öffentlichen Stelle die Ordnungsmäßigkeit ihres Datenschutzkonzeptes förmlich bescheinigt.

Charakteristisch für das Audit ist seine Freiwilligkeit. Gerade durch ihre freiwillige Teilnahme stärkt die Behörde ihre Selbstverantwortung im Bereich von Datenschutz und Datensicherheit. Statt auf etwaige Kontrollen oder gar Beanstandungen zu warten, bietet das Audit die Chance, sich von vornherein positiv mit den Datenschutzfragen zu befassen[8].

Gegenstand des Datenschutz-Behördenaudits können unterschiedliche Verfahren sein. So kommt ein Audit-Verfahren für einzelne Datenverarbeitungsverfahren, abgrenzbare Teilbereiche innerhalb einer Behörde, d.h. Behördenteile (z.B. ein einzelnes Amt bzw. eine Abteilung) oder die gesamte Verarbeitung perso-

---

[6] Hinweise des Unabhängigen Landeszentrums für Datenschutz zur Durchführung eines Datenschutz-Behördenaudits nach § 43 Abs. 2 LDSG vom 22. März 2001, Amtsblatt für Schleswig-Holstein, S. 196-200.

[7] Vgl. Roßnagel, DuD 1997, 505 (507).

[8] Pressemitteilung des Unabhängigen Landeszentrums für Datenschutz vom 14.06.2001; vgl. dazu auch den Beitrag von Bäumler in diesem Band, S. 1

nenbezogener Daten innerhalb einer Daten verarbeitenden Stelle in Betracht. Hierbei ist es unerheblich, ob das Verfahren sich bereits im Einsatz oder aber noch in der Planungs- oder Entwicklungsphase befindet[9].

3 Unterschiede zwischen dem Datenschutz-Behördenaudit und dem Produktaudit in Schleswig-Holstein

Regelungen zum Datenschutzaudit finden sich im Schleswig-Holsteinischen Landesdatenschutzgesetz an zwei verschiedenen Stellen. Zum einen ist die oben bereits erwähnte Vorschrift des § 43 Abs. 2 LDSG-SH, die das Datenschutz-Behördenaudit regelt, zu nennen. Zum anderen ist auf § 4 Abs. 2 LDSG-SH hinzuweisen. Nach dieser Vorschrift sollen vorrangig Produkte eingesetzt werden, deren Vereinbarkeit mit den Vorschriften über den Datenschutz und die Datensicherheit in einem förmlichen Verfahren festgestellt wurde. Mit diesem förmlichen Verfahren ist im Gegensatz zum Behördenaudit ein Produktaudit gemeint, das nach erfolgreichem Abschluss zur Verleihung eines Gütesiegels führt[10].

Der Unterschied zwischen dem Datenschutz-Behördenaudit und dem Gütesiegel besteht darin, dass das Behördenaudit die Datenschutzorganisation innerhalb einer öffentlichen Stelle betrifft, während das Gütesiegel für IT-Produkte verliehen wird, die von der privaten Wirtschaft angeboten werden[11]. Voraussetzung ist jedoch, dass die Produkte für den Einsatz durch öffentliche Stellen geeignet sind[12].

Ein weiterer Unterschied zwischen den beiden Instrumenten besteht darin, dass die Prüfung und Begutachtung im Rahmen des Produktaudits von externen Gutachtern durchgeführt wird. Diese müssen beim ULD akkreditiert sein. Beim Datenschutz-Behördenaudit wird die Begutachtung dagegen von Mitarbeitern des ULD durchgeführt.

4 Verfahrensschritte des Datenschutz-Behördenaudits

Die Verfahrensschritte für die Durchführung des Datenschutz-Behördenaudits sind in den Ausführungsbestimmungen detailliert geregelt. Hierbei ist zu betonen, dass das Verfahren zur Durchführung des Audits bewusst so ausgestaltet ist, dass möglichst wenig an zusätzlichem bürokratischen Aufwand verursacht

---

[9] Ziff. B 2.1 der Ausführungsbestimmungen.

[10] Vgl. dazu den Beitrag von Diek in diesem Band, S. 157

[11] Vgl. § 1 Abs. 1 Landesverordnung über ein Datenschutzaudit vom 3. April 2001 (Datenschutzauditverordnung – DSAVO); GVOBl. Schl.-H., S. 51.

[12] § 1 Abs. 2 DSAVO.

wird[13]. Vielmehr wurde bei Schaffung dieser Bestimmungen ein besonderes Augenmerk darauf gerichtet, an Verfahren und Unterlagen anknüpfen zu können, die nach dem LDSG-SH bzw. der Datenschutzverordnung (DSVO)[14] ohnedies schon zu erstellen sind[15].

Grundlage eines Audit-Verfahrens ist zunächst eine schriftliche Vereinbarung zwischen der jeweiligen Behörde und dem ULD. In dieser Vereinbarung sind insbesondere Art und Umfang des zu auditierenden Verfahrens festzulegen. Das Datenschutz-Behördenaudit gehört zu den Serviceaufgaben des ULD, sodass hierfür eine angemessene Gebühr erhoben wird. Der voraussichtlich durch die Mitwirkung des ULD im Rahmen des Audit-Verfahrens entstehende Personalaufwand sowie die sich daraus nach der ULD Benutzungs- und Entgeltsatzung[16] ergebende Gebührenhöhe werden daher ebenfalls in die Vereinbarung aufgenommen.

Das Audit-Verfahren vollzieht sich in fünf Schritten, von denen die ersten drei Verfahrensschritte von der Daten verarbeitenden Stelle durchzuführen sind und die letzten beiden Schritte dem ULD vorbehalten bleiben. Das ULD leistet jedoch auch bei der Durchführung der internen Vorarbeiten durch die zu auditierende Stelle Hilfestellung, soweit dies auf Grund entstehender Schwierigkeiten erforderlich ist[17]. Gegenstand der folgenden Ausführungen ist die Darlegung der einzelnen Schritte des Audit-Verfahrens. Namentlich handelt es sich hierbei um die Schritte der Bestandsaufnahme (a), der Festlegung der Datenschutzziele (b), der Einrichtung eines Datenschutzmanagementsystems (c), der Begutachtung durch das ULD (d) und schließlich der Verleihung des Datenschutzauditzeichens (e):

4.1   Bestandsaufnahme

Zu Beginn des Audit-Verfahrens ist von der Daten verarbeitenden Stelle eine Bestandsaufnahme vorzunehmen. Sie dient dem Zweck, den Gegenstand des Audits näher zu präzisieren[18]. Die öffentliche Stelle hat im Rahmen der Bestandsaufnahme u.a. die Zwecke des Verfahrens und die einzuhaltenden

---

[13] Vgl. Bäumler, RDV 2001, 167 (168).

[14] Landesverordnung über die Sicherheit und Ordnungsmäßigkeit automatisierter Verarbeitung personenbezogener Daten vom 2. April 2001 (Datenschutzverordnung – DSVO –), GVOBl. Schl.-H. 2001, S. 49-50.

[15] Vgl. Bäumler, RDV 2001, 167 (168).

[16] Satzung des Unabhängigen Landeszentrums für Datenschutz über die Leistungen der Anstalt und die Erhebung von Entgelten vom 22. März 2001, Amtsbl. Schl.-H./AAz. 2001, S. 99.

[17] Vgl. Ziff. A 1.4 der Ausführungsbestimmungen.

[18] Vgl. Bäumler, RDV 2001, 167 (168).

Rechtsvorschriften sowie die nach dem LDSG-SH und der DSVO gebotenen Datensicherheitsmaßnahmen darzulegen. Es ist bei automatisierten Verfahren der Nachweis von Test und Freigabe nach der DSVO zu erbringen. Das nach der DSVO[19] ohnehin zu erstellende Sicherheitskonzept, das die getroffenen technischen und organisatorischen Maßnahmen enthält, ist ebenfalls zu dokumentieren. Bei Zusammenstellung dieser Unterlagen kann auf das nach § 7 LDSG-SH zu erstellende Verfahrensverzeichnis als Grundlage zurückgegriffen werden.

Im Rahmen einer sog. Analyse der Restrisiken[20] hat die Behörde mögliche Schadenspotenziale im Hinblick auf Datenschutz und Datensicherheit darzustellen.

4.2   Festlegung der Datenschutzziele

Nach Abschluss der Bestandsaufnahme legt die Behörde schriftlich die Datenschutzziele für das Verfahren fest. Hierbei sollen der Daten verarbeitenden Stelle allerdings keine über die gesetzlichen Vorgaben hinausgehenden Pflichten auferlegt werden[21]. Vielmehr sollte es angestrebt werden, die oftmals bestehenden Spielräume bei der Auslegung der gesetzlichen Vorschriften datenschutzfreundlich auszunutzen. Beispielhaft zu nennen ist hier der bei der Wahl der erforderlichen und angemessenen technischen und organisatorischen Maßnahmen im Sinne des § 5 Abs. 2 LDSG-SH[22] bestehende Spielraum. Da es sich gerade bei den Vorgaben zur Datensicherheit nicht um ein starres System handelt, ist eine datenschutzfreundliche Auslegung sicherlich erstrebenswert.

In organisatorischer Hinsicht könnte ein denkbares Datenschutzziel in der Verbesserung der Aufklärung und Schulung der Mitarbeiter in Datenschutzfragen zu sehen sein[23].

---

[19] § 6 DSVO.

[20] Ziff. B 5.2 der Ausführungsbestimmungen.

[21] Vgl. Bäumler, RDV 2001, 167 (169).

[22] § 5 Abs. 2 LDSG-SH lautet: „Es sind die technischen und organisatorischen Maßnahmen zu treffen, die nach dem Stand der Technik und der Schutzbedürftigkeit der Daten erforderlich und angemessen sind. Automatisierte Verfahren sind vor ihrem erstmaligen Einsatz und nach Änderungen durch die Leiterin oder den Leiter der Daten verarbeitenden Stelle oder eine befugte Person freizugeben."

[23] Vgl. Bäumler, RDV 2001, 167 (169).

4.3   Einrichtung eines Datenschutzmanagementsystems

Das Datenschutzmanagementsystem stellt den Kernbestandteil des Behördenaudits dar. Es handelt sich hierbei um ein internes Managementsystem für Datenschutz und Datensicherheit. Durch die Einrichtung eines Datenschutzmanagementsystems soll ein kontinuierlich hohes Datenschutzniveau innerhalb der öffentlichen Stelle sichergestellt werden[24]. Hierbei dürfen allerdings keine überzogenen Anforderungen an die jeweilige Stelle gestellt werden. Vielmehr kommt es darauf an, dass das Datenschutzmanagementsystem ein effektives und geeignetes Mittel zur Umsetzung der zuvor festgelegten Datenschutzziele darstellt. Wichtig ist insbesondere, dass die einschlägigen Vorschriften über Datenschutz und Datensicherheit eingehalten werden. Hierzu gehört auch die Beobachtung von Rechtsänderungen und deren Umsetzung. Der Stand der Umsetzung der Datenschutzziele ist zu dokumentieren[25]. Außerdem sind Verfahrensweisen zu entwickeln, wie die Datenschutzziele an die Mitarbeiter der Daten verarbeitenden Stelle bekannt gegeben werden[26].

Zu einer wesentlichen Voraussetzung eines guten Datenschutzmanagementsystems gehört sicherlich die Bestellung eines behördlichen Datenschutzbeauftragten. Das LDSG SH enthält im Gegensatz zu zahlreichen anderen Landesdatenschutzgesetzen keine Verpflichtung zur förmlichen Bestellung eines Datenschutzbeauftragten. Es sollte nämlich verhindert werden, dass dieser nach seiner Bestellung lediglich eine Alibifunktion bekleidet. Im Rahmen eines Audit-Verfahrens kommt dem behördlichen Datenschutzbeauftragten allerdings eine besonders wichtige Rolle zu. Obwohl eine Verpflichtung zur förmlichen Bestellung auch im Rahmen des Audit-Verfahrens nicht besteht, bedarf es insbesondere einer näheren Begründung, wie ohne die Bestellung eines behördlichen Datenschutzbeauftragten organisatorisch eine wirksame Verwirklichung des Datenschutzes sichergestellt werden kann[27]. Insbesondere ist die Benennung von Mitarbeitern, die für die Durchführung der einzelnen Maßnahmen verantwortlich sind, unerlässlich[28].

Das Datenschutzaudit muss im Rahmen der Entwicklung eines Datenschutzmanagementsystems als Lernprozess verstanden werden, um das Ziel einer kontinuierlichen Verbesserung des Datenschutzes erreichen zu können[29]. So bedarf

---

[24] Vgl. Bäumler, RDV 2001, 167 (168).

[25] Ziff. B 7.3 Nr. 1 der Ausführungsbestimmungen.

[26] Ziff. B 7.3 Nr. 2 der Ausführungsbestimmungen.

[27] Vgl. Bäumler, RDV 2001, 167 (169).

[28] Ziff. A 1.5 der Ausführungsbestimmungen.

[29] Vgl. Roßnagel, Datenschutz-Audit – ein wirksames Instrument des Datenschutzes, in: Bäumler, Der neue Datenschutz, 1998, 65 (69).

es einer ständigen Fortentwicklung und Verbesserung des Datenschutzmanagementsystems, um auf Veränderungen im rechtlichen und technischen Bereich schnell und angemessen reagieren zu können.

Die gerade beschriebenen Verfahrensschritte der Bestandsaufnahme, der Festlegung der Datenschutzziele sowie der Einrichtung des Datenschutzmanagementsystems sind von der zu auditierenden Stelle vorzunehmen. Diese Schritte sind unter dem Begriff der Datenschutzerklärung zusammen zu fassen.

4.4 Begutachtung durch das ULD

Nach Abschluss dieser Verfahrensschritte wird die Datenschutzerklärung dem ULD zur Begutachtung vorgelegt[30]. Das ULD prüft, ob die vorgelegten Unterlagen nachvollziehbar und schlüssig sind. Gegebenenfalls werden Ergänzungen und Nachbesserungen durch die Daten verarbeitende Stelle erforderlich. Hierbei wirkt das ULD bei der Vervollständigung und Überarbeitung mit[31].

Schließlich fasst das ULD das Ergebnis seiner Mitwirkung in einem Kurzgutachten zusammen. Dieses Kurzgutachten enthält eine Bewertung der von der Behörde im Rahmen der Datenschutzerklärung getroffenen Aussagen[32].

4.5 Verleihung des Datenschutzauditzeichens

Nach erfolgreichem Abschluss des Audit-Verfahrens verleiht das ULD der Daten verarbeitenden Stelle für das auditierte Verfahren ein Datenschutzauditzeichen.

Der jeweiligen öffentlichen Stelle wird auf diese Weise bescheinigt, dass sie für eine unter Datenschutzgesichtspunkten einwandfreie Datenverarbeitung gesorgt hat[33].

Das Datenschutzauditzeichen ermöglicht der auditierten Stelle, mit dem Auditzeichen zu werben[34]. So kann die Stelle das Zeichen auf ihrem Briefkopf verwenden oder in anderer Weise veröffentlichen. Hierbei kann sie auch auf ihre Datenschutzerklärung und auf das Gutachten des ULD hinweisen oder diese sogar selbst veröffentlichen. Im Übrigen führt das ULD ein Register aller Stellen, denen ein Datenschutzauditzeichen verliehen wurde. Dieses Register ist für jedermann einsehbar.

---

[30] Ziff. B 8.2 der Ausführungsbestimmungen
[31] Ziff. B 8.2 der Ausführungsbestimmungen
[32] Ziff. B 8.5 der Ausführungsbestimmungen
[33] Vgl. Pressemitteilung des Unabhängigen Landeszentrums für Datenschutz vom 14.06.2001.
[34] Vgl. den Beitrag von von Mutius in diesem Band, S. 81

Abschließend ist darauf hinzuweisen, dass das Datenschutzauditzeichen befristet ist. Es wird der auditierten Stelle lediglich für einen Zeitraum von höchstens drei Jahren verliehen. Auf diese Weise kann die Qualität dieses Zeichens gewährleistet werden. Eine erneute Verleihung kann nach Ablauf dieser Frist bei Vorliegen der Voraussetzungen auch in einem abgekürzten Verfahren erfolgen. Schließlich kann das ULD die Verleihung des Datenschutzauditzeichens widerrufen, wenn die von der auditierten Stelle abgegebene Datenschutzerklärung in wesentlichen Punkten nicht mehr zutreffen sollte.

5   Praktische Umsetzung

Das Unabhängige Landeszentrum für Datenschutz hat im Juni 2001 ganz konkret mit der praktischen Umsetzung des Datenschutz-Behördenaudits begonnen. Zurzeit werden Audit-Verfahren im Rahmen von Pilotprojekten bei vier verschiedenen öffentlichen Stellen in Schleswig-Holstein durchgeführt. Hierbei handelt es sich um Verfahren sowohl auf kommunaler Ebene als auch auf Landesebene, die ganz unterschiedliche Gegenstände betreffen und allen Seiten die Möglichkeit bieten, praktische Erfahrungen mit einem ganz neuen Instrument auf dem Gebiet des Datenschutzes zu sammeln.

6   Ausblick

Obwohl, wie bereits erwähnt, in verschiedenen Gesetzen bereits Regelungen zum Audit zu finden sind, ist Schleswig-Holstein das erste Land, das das Datenschutzaudit auch tatsächlich in die Praxis umsetzt. Sicherlich werden sich nach erfolgreichem Abschluss der vier Pilotprojekte weitere öffentliche Stellen des Landes Schleswig-Holstein dem Audit-Verfahren unterziehen. Auf diese Weise kann in effektiver Weise zu einer Verbesserung des Datenschutzes bei öffentlichen Stellen in Schleswig-Holstein beigetragen werden.

Marktwirtschaftlicher Datenschutz im Datenschutzrecht der Zukunft

Prof. Dr. Alexander Roßnagel

1 Modernisierung des Datenschutzrechts

Das Datenschutzrecht bedarf einer umfassenden Modernisierung. Trotz der Anpassungen des Bundes- und der Landesdatenschutzgesetze an die europäische Datenschutzrichtlinie ist das Datenschutzrecht noch immer an überkommenen Formen der Datenverarbeitung orientiert, stärker auf den öffentlichen als den privaten Bereich gerichtet, überreguliert, uneinheitlich und schwer verständlich. Daher verfolgt die Bundesregierung das Ziel, das Datenschutzrecht inhaltlich umfassend zu modernisieren. Die Umsetzung dieses Ziels wurde inzwischen durch ein Gutachten vorbereitet, das ein Gutachterausschuss bestehend aus dem Berliner Datenschutzbeauftragten Hansjürgen Garstka, dem Informatiker Andreas Pfitzmann und dem Autor als Rechtswissenschaftler im Auftrag der Bundesregierung erstellt und im November 2001 übergeben hat[1]. Die folgenden Überlegungen referieren Erkenntnisse aus diesem Gutachten.

Ein Datenschutzrecht der Zukunft muss einfacher und verständlicher sein, risiko- und nicht bereichsorientiert für den öffentlichen und privaten Bereich grundsätzlich gleiche Anforderungen stellen, Datenschutz durch Technik zu erreichen suchen, Systemdatenschutz realisieren und Selbstdatenschutz fördern sowie vor allem darauf zielen, durch Technikgestaltung und die Möglichkeit anonymen und pseudonymen Handelns den Personenbezug der zu verarbeitenden Daten zu vermeiden.

Diese neuen Ziele lassen sich aber kaum durch administrativen Datenschutz, durch Ge- und Verbote, erreichen. Staatlicher Zwang mobilisiert Widerstand und die Suche nach Umgehungsmöglichkeiten. Moderner Datenschutz ist aber letztlich nur umzusetzen, wenn die verantwortlichen Stellen ein eigenes Interesse daran haben. Ihr Wissen und ihr Engagement ist hierfür unverzichtbar. Daher

---

[1] Roßnagel/Pfitzmann/Garstka, Modernisierung des Datenschutzrechts, Berlin 2001, auch als pdf-Datei abrufbar unter www.bmi.bund.de

muss ein Datenschutzrecht der Zukunft Rahmenbedingungen schaffen, die Anreize bieten und Eigeninteresse mobilisieren, die neuen Datenschutzziele zu realisieren. Ergänzend zu bestehenden Datenschutzregelungen muss es versuchen, Verbesserungen des Datenschutzes und der Datensicherheit ohne Zwang durch die Kräfte des Wettbewerbs zu erzielen. Es gilt, legitimen Eigennutz zur Verwirklichung von Gemeinwohlzielen zu nutzen.

Dabei kann es angesichts einer akzelerierend fortentwickelten Technik, immer neuen Geschäftsmodellen in der Verwertung personenbezogener Daten, kaum vorhersagbaren Anwendungsfeldern der netzgestützten und der ubiquitären Datenverarbeitung nicht darum gehen, isolierte Antworten auf einzelne Sachprobleme zu finden. Benötigt werden vielmehr Strukturlösungen. Erforderlich ist, in den verantwortlichen Stellen lernfähige Systeme zu etablieren, die auf ständig sich ändernde Herausforderungen immer wieder neue Antworten zu geben vermögen. Das Datenschutzrecht muss für die verantwortlichen Stelle Anreize bieten, Problembewusstsein auszubilden, Risiko- und Lösungswissen zu generieren und immer wieder Lernprozesse zur Verbesserung von Datenschutz und Datensicherheit zu initiieren. Um dies zu erreichen, können die folgenden Rahmenregelungen nützlich sein.

2 Marktwirtschaft ernst nehmen – Einwilligung als Grundprinzip

Die Grundvoraussetzung, um marktwirtschaftlichen Wettbewerb im Datenschutz zu realisieren, ist es, dessen Grundprinzip, die Privatautonomie, auch im Datenschutzrecht konsequent umzusetzen. In diesem Sinn muss die informationelle Selbstbestimmung nicht nur im Verfassungsrecht, sondern auch im einfachen Datenschutzrecht als die Befugnis des Einzelnen, grundsätzlich selbst über die Preisgabe und Verwendung seiner personenbezogenen Daten zu bestimmen[2], zur Grundregel werden: Die Entscheidungsprärogative der betroffenen Person wird am besten gewahrt, wenn die Einwilligung zum vorrangigen Legitimationsgrund der Datenverarbeitung wird[3].

Im nichtöffentlichen Bereich[4] müssen daher die Erlaubnistatbestände zur zwangsweisen Datenverarbeitung durch das „Opt-in-Prinzip"[5] ersetzt werden[6].

---

[2] BVerfGE 65, 1.

[3] S. Roßnagel/Pfitzmann/Garstka (Fn. 1), 72 ff.

[4] Für den öffentlichen Bereich kann dieses Prinzip wegen der Gesetzesbindung der Verwaltung nicht in gleichem Maß zum Tragen kommen – s. näher Roßnagel/ Pfitzmann/ Garstka (Fn. 1), 73 ff.

[5] Eine Ausnahme besteht für die Datenverarbeitung, durch die wegen der Offenkundigkeit oder der Art der Verarbeitung schutzwürdige Interessen der betroffenen Person offensichtlich nicht beeinträchtigt werden —s. Roßnagel/Pfitzmann/Garstka (Fn. 1), 62.

[6] Als Ausnahmen sollte die Datenverarbeitung zur „privaten Gefahrenabwehr" auf

Grundsätzlich kann nur der freie Wille der betroffenen Person die Grundlage für die Verarbeitung personenbezogener Daten sein: Die Datenverarbeitung setzt entweder eine vorherige Einwilligung oder als Surrogat einen Vertrag oder ein vertragsähnliches Vertrauensverhältnis voraus. Dies gilt auch für die Änderung des Verarbeitungszwecks oder die Übermittlung von Daten und damit insbesondere für die Zwecke der Markt- und Meinungsforschung, der Werbung und des Marketing[7], den Handel mit Adressen oder das Veröffentlichen von Verzeichnissen. In einer Marktwirtschaft vermag allein das unternehmerische Interesse einer Partei nicht zu rechtfertigen, die Entscheidungsprärogative der anderen Partei zu übergehen oder gar zu missachten.

Die Anerkennung der Entscheidungsbefugnis des betroffenen Vertragspartners führt auf das Grundmodell des Vertragsrechts zurück: Die Rechte einer Partei gegenüber der anderen können nicht über das hinausgehen, was diese ihr konkret zugestanden hat[8]. Es bleibt den verantwortlichen Stellen – ganz im Sinn der Marktwirtschaft – überlassen, für ihr Anliegen – unter Darlegung ihrer Datenschutzmaßnahmen – zu werben und die betroffene Person zu gewinnen, ihnen die Verarbeitung ihrer Daten zu erlauben oder gar mit ihnen vertraglich zu vereinbaren. In der Wirtschaft gelten in vielen Bereichen Opt-in-Lösungen bereits als „professionell". So heißt es zum Beispiel für die Gewinnung von Daten jenseits von vertraglich erforderlichen Daten etwa für Werbung und Marketing: „Kunden- und wettbewerbsorientiert handelnde Datenschutzverantwortliche werden generell auf die Anwendung transparenter Opt-in-Prozeduren hinwirken"[9].

Die durch das „Opt-in-Prinzip" geforderte Datenschutzkommunikation zwischen verantwortlichen Stellen und betroffenen Personen ist eine Chance der Vertrauenswerbung. Datenschutz wird zu einem immer wichtigeren Qualitätsmerkmal für Vertrauensbeziehungen in Wirtschaft und Verwaltung, das zunehmend als Wettbewerbsvorteil verstanden wird[10]. Nicht nur, aber vorrangig für alle Formen

---

gesetzlicher Grundlage zulässig bleiben. Für die Bereiche der Warndienste, Detekteien und Auskunfteien, der Medien und der Forschung sollten ihren Arbeitsbedingungen angepasste Erlaubnistatbestände und Verarbeitungsregeln ermöglicht werden, wenn diese Bereiche sich selbst Verhaltensregeln erarbeiten, die von den zuständigen Kontrollstellen anerkannt werden können – s. Roßnagel/Pfitzmann/Garstka (Fn. 1), 77 ff.

[7] S. z. B. bereits § 89 Abs. 7 Satz 1 TKG; § 14 Abs. 2 MDStV.

[8] S. Weichert, Datenschutz als Verbraucherschutz, DuD 2001, 264 ff. sowie in diesem Band, S. 27; Bizer, Ziele und Elemente der Modernisierung des Datenschutzrechts, DuD 2001, 276 f.

[9] Kranz, Datenschutz im Reise- und Tourismusgewerbe, in: Roßnagel (Hrsg.), Handbuch des Datenschutzrecht, Kap. 7.4 Rn. 10, i.E..

[10] S. hierzu z.B. Büllesbach, Informationssicherheit, Datenschutz und Qualitätsmanagement, RDV 1995, 4; ders., Datenschutz und Datensicherheit als Qualitäts- und Wettbewerbsfaktor, RDV 1997, 239; ders., Datenschutz in einem globalen Unternehmen, RDV

des elektronischen Handels und der elektronischen Verwaltung ist Datenschutz ein entscheidender Akzeptanzfaktor. Er kann das notwendige Vertrauen in die elektronische Kommunikation schaffen und verbreiteten Befürchtungen vor Missbrauch von personenbezogenen Daten entgegenwirken. Erst ein wirksamer – und kommunizierter – Datenschutz ermöglicht es, die hoffnungsvollen Prognosen des E-commerce zu erreichen und eine Verwaltungsmodernisierung unter Mitwirkung der Bürger durchzuführen.

Wird die Zulässigkeit der Datenverarbeitung grundsätzlich an die Einwilligung der betroffenen Person geknüpft, ist auch eine Entlastung des Datenschutzrechts und eine Einschränkung seiner Normenflut und Überdifferenzierung möglich. Der Gesetzgeber muss dann nicht mehr für alle Fälle die Konfliktlösung selbst festlegen, sondern kann sie vielfach der autonomen Konfliktlösung der Parteien überlassen. Da aber zwischen den Parteien in der Regel ein erhebliches Machtgefälle besteht, muss das Datenschutzrecht die Selbstbestimmung stärken, die Freiwilligkeit der Einwilligung sichern, vor Übereilung schützen und eine prüffähige Rechtsgrundlage Gewähr leisten[11].

3   Marktnachfrage braucht Information – Transparenz der Datenverarbeitung

Sowohl informationelle Selbstbestimmung als auch Wettbewerb erfordern Transparenz. Eine informierte Einwilligung setzt eine ausreichende Unterrichtung über die Bedingungen der Datenverarbeitung voraus. Damit die betroffene Person wissen kann, „wer was wann und bei welcher Gelegenheit über sie weiß"[12], sollten personenbezogene Daten grundsätzlich bei ihr erhoben werden. Ist dies nicht möglich, muss sie sobald wie möglich unterrichtet werden[13].

Ein besonders wirksames Mittel des Wettbewerbs sind allgemein zugängliche Datenschutzerklärungen der verantwortlichen Stellen. Sie sind als „Privacy Statements" zumindest für den Online-Bereich internationaler Standard. In diesen können die verantwortlichen Stellen ihre Datenverarbeitungs- und Datenschutzpraxis darstellen[14] und vor allem über die Struktur und Zwecksetzung

---

2000, 1.

[11] S. zu den hierfür notwendigen Maßnahmen Roßnagel/Pfitzmann/Garstka (Fn. 1), 92 ff.

[12] BVerfGE 65, 1 (43).

[13] S. hierzu näher Roßnagel/Pfitzmann/Garstka (Fn. 1), 82 ff.

[14] Die Verhaltensregeln für den Datenschutz können Ergebnis der Selbstregulierung von Unternehmen und Verbänden sein, die durch die Anerkennung einer Datenschutzkontrollstelle Rechtsverbindlichkeit erlangen können – s. hierzu Roßnagel/Pfitzmann/Garstka (Fn. 1), 153 ff.

ihrer Datenverarbeitung unterrichten. In individuellen Unterrichtungen können sie auf diese verweisen. Interessierte Kunden können mit ihrer Hilfe die Bedingungen der Datenverarbeitung vergleichen. Wird die Datenschutzerklärung auf der Website veröffentlicht, kann für die Datenschutzkommunikation zwischen Daten verarbeitender Stelle und betroffener Person der weltweite Datenschutzstandard „Plattform for Privacy Preferences (P3P)" genutzt werden.

Rechtliche Transparenzanforderungen sind nicht in der Weise zu verstehen, dass der betroffenen Person künftig viele Prüfpflichten auferlegt werden, um ihre Rechte geltend zu machen. Auch für eine nachlässige und uninteressierte Person muss ein Mindestmaß an Datenschutz – vor allem durch Systemdatenschutz – gewährleistet sein. Auch muss sie sich auf eine gewisse Kontrolle durch Aufsichtsbehörden oder Verbände verlassen können. Allerdings setzen Mitwirkung und Selbstdatenschutz ein gewisses Mindestmaß an Kenntnis und Interesse hinsichtlich der Datenverarbeitung voraus. Die Transparenzanforderungen sollen diese ermöglichen. Dabei ist zu beachten, dass die Transparenzmaßnahmen Anknüpfungspunkte für technische Verfahren (P3P) oder Dienstleistungen (Infomediaries) sind, die – im Wettbewerb – für die betroffene Person Kontrollen durchführen und ihre Interessen durchsetzen.

4   Leistung soll sich lohnen - Datenschutzaudit

Der Markt benötigt verlässliche Informationen. Die Aussagen zu Datenschutzanstrengungen in Datenschutzerklärungen können in ihrer Werbewirkung verstärkt werden, wenn sie in nachprüfbarer Weise ausgezeichnet werden. Dies soll mit einem Datenschutzaudit ermöglicht werden. Es belohnt verantwortliche Stellen, die ihren Datenschutz verbessern, mit der abgesicherten Möglichkeit, im Wettbewerb um das Vertrauen Dritter ein Auditzeichen zu führen, das die von einem zugelassenen Datenschutzgutachter überprüften Datenschutzanstrengungen bestätigt.[15]

Diese Auszeichnung soll sowohl die „Anspruchsgruppen" – wie Kunden, Vertragspartner, Mitarbeiter, Banken, Versicherungen, Anteilseigner, Behörden, Presse, Parteien und die interessierte Öffentlichkeit – als auch die Konkurrenten beeindrucken. Sie soll als Diskriminierungsmerkmal am Markt dienen. Durch die Prämierung werden marktgerechte Anreize geschaffen, nachprüfbare Ergebnisse zur Verbesserung von Datenschutz und Datensicherheit zu präsentieren. Nehmen wichtige Akteure einer Branche am Datenschutzaudit teil, entsteht ein Wettbewerbsdruck für alle Konkurrenten, dies ebenfalls zu tun und ihren Datenschutz nachprüfbar zu verbessern.

---

[15] S. hierzu und zum Folgenden Roßnagel, Datenschutzaudit Konzeption, Durchführung, gesetzliche Regelung, Braunschweig 2000; Roßnagel/Pfitzmann/Garstka (Fn. 1), 132 ff.; zum Behördenaudit s. Golembiewski in diesem Band, S. 107

Zielsetzung des Datenschutzaudits ist die freiwillige Überprüfung des Datenschutzmanagementsystems[16] hinsichtlich seiner Eignung, flexibel auf die rasanten Veränderungen der Informations- und Kommunikationstechniken zu reagieren und die sich dadurch immer wieder neu stellenden Herausforderungen für den Datenschutz zu meistern. Daher zielt das Datenschutzaudit nicht auf eine einmalige Evaluierung, sondern auf die Fähigkeit, immer wieder neue Lösungen zu generieren, und daher auf die kontinuierliche Verbesserung des Datenschutzmanagementsystems.

Die Prüfung verwendet zwei Maßstäbe: einen objektiven, für alle gleichen Maßstab, nämlich die Erfüllung der Anforderungen des Datenschutzrechts, und einen subjektiven, nämlich eine Verbesserung der Anstrengungen zum Datenschutz, die über den objektiven Maßstab hinausgeht und die sich nach den individuellen Möglichkeiten der verantwortlichen Stelle bestimmt. Von der selbstverständlichen Verpflichtung zur Einhaltung der geltenden Rechtsvorschriften abgesehen, bestimmen die verantwortlichen Stellen die inhaltlichen Anforderungen des Datenschutzaudits in Form von Selbstverpflichtungen selbst. Gefordert werden sollte nur, dass diese Anstrengungen auf eine kontinuierliche Verbesserung des Datenschutzes und der Datensicherheit gerichtet sein und den wirtschaftlich vertretbaren Einsatz der besten verfügbaren Technik vorsehen müssen. Mit diesen beiden subjektiven Kriterien soll die Zielgerechtigkeit der Selbstverpflichtungen gewährleistet und die Vergleichbarkeit der zusätzlichen Anstrengungen aller Teilnehmer ermöglicht werden. Welche Anforderungen sich daraus für die verantwortliche Stelle ergeben, bestimmt diese in eigener Verantwortung[17]. Es bietet sich an, Empfehlungen für Selbstverpflichtungen im Rahmen branchenbezogener Selbstregulierung zu erarbeiten[18].

Das Datenschutzaudit sollte für die verantwortlichen Stellen mit möglichst wenig zusätzlichem Verwaltungsaufwand verbunden sein. Zugleich muss aber auch die erforderliche Zielgerechtigkeit des Verfahrens und der Kriterien, die notwendige Transparenz und Vergleichbarkeit der Prüfergebnisse sowie die Rechtssicherheit für die Werberegeln gewährleistet sein. Für die Wahl des geeigneten Verfahrens kommt es vor allem darauf an, welche verantwortlichen Stellen als Zielgruppe angesehen werden. Von ihnen muss erwartet werden, dass sie das Angebot eines Datenschutzaudits annehmen und mit ihrem Vorbild andere Stellen nachziehen. Wie auch beim Umweltschutzaudit ist diese Zielgruppe eher in den etablierten und größeren Unternehmen zu sehen als in Internet-Start-Up-Unternehmen. Sie haben sowohl das Interesse als auch die Kapazität, ein Audit durchzuführen. Außerdem haben sie die erforderliche wirtschaftliche Bedeutung, um für andere verantwortliche Stellen als Vorbild zu wirken. Da diese verantwortlichen Stellen in der Regel bereits an Qualitäts- und Umweltschutzaudits

---

[16] S. zu diesem Roßnagel/Pfitzmann/Garstka (Fn. 1), 130 f
[17] Zu den Maßstäben des Datenschutzaudits näher Roßnagel (Fn. 15), 84 ff.
[18] S. das Beispiel des Arbeitskreises Datenschutzaudit Multimedia, DuD 1999, 285.

nach internationalen Normen[19] teilnehmen, wird die Einführung des Datenschutzaudits erleichtert und sein Verwaltungsaufwand reduziert, wenn es an die in den Unternehmen bereits bestehenden Managementsysteme angepasst wird[20].

Nimmt die verantwortliche Stelle erfolgreich am Datenschutzaudit teil, ist sie berechtigt, ein Datenschutzzeichen für Werbezwecke zu nutzen. Dieses Logo kann sie für die Kommunikation mit der Öffentlichkeit, insbesondere für Vertrauenswerbung nutzen. Ein gesetzlich geschütztes Zeichen für die überprüfte Selbstverpflichtung zur Einhaltung aller rechtlichen Datenschutzanforderungen und zu weitergehenden Anstrengungen zur kontinuierlichen Verbesserung des Datenschutzes und der Datensicherheit bietet tatsächlich eine Grundlage, dem Unternehmen Vertrauen entgegenzubringen.

Um die Verbreitung des Datenschutzaudits zu unterstützen, sollten verantwortliche Stellen, die an diesem teilnehmen, bevorzugt berücksichtigt werden, wenn es um Aufträge zur Verarbeitung personenbezogener Daten geht. Zumindest für öffentliche Stellen sollte diese Berücksichtigung zur Pflicht erhoben werden[21]. Als Erleichterungen für die Teilnehmer am Datenschutzaudit sollte vorgesehen werden, dass sie ihr Prüfergebnis an Stelle des Organisationsplans und des Datenschutz- und Datensicherheitskonzepts im Rahmen eines verbindlichen Datenschutzmanagements[22] verwenden können.

5 Technik soll Datenschutz fördern – Gütesiegel als Werbemöglichkeit

Datenschutz muss künftig durch, nicht gegen Technik erreicht werden. Datenschutzrecht muss versuchen, die Entwicklung von Verfahren und die Gestaltung von Hard- und Software am Ziel des Datenschutzes auszurichten und die Diffusion und Nutzung datenschutzgerechter oder -fördernder Technik zu fördern. Datenschutz sollte so weit wie möglich in Produkte, Dienste und Verfahren integriert sein[23].

---

[19] Z.B. ISO 9.001 zum Qualitätsmanagement und ISO 14.001 zum Umweltschutzmanagement; EG-Verordnung Nr. 761/2001 „über freiwillige Beteiligung von Organisationen an einem Gemeinschaftssystem für das Umweltmanagement und die Umweltbetriebsprüfung (EMAS) vom 19.3.2001, EG ABl. L 114 vom 24.4.2001, 1.

[20] S. hierzu den konkreten Verfahrens- und Regelungsvorschlag in Roßnagel/Pfitzmann/Garstka (Fn. 1), 135, 140 ff.

[21] Eine ähnliche Regelung wurde im Entwurf für ein Umweltgesetzbuch in § 51 vorgeschlagen – s. Entwurf der Unabhängigen Sachverständigenkommission zum Umweltgesetzbuch, Berlin 1998, 547.

[22] S. zu diesem Roßnagel/Pfitzmann/Garstka (Fn. 1), 130f.

[23] Zur notwendigen Allianz von Recht und Technik s. Roßnagel, A. (Hrsg.), Allianz von Medienrecht und Informationstechnik?, Baden-Baden 2001.

Datenschutz durch Technik ist oft die einzig mögliche Antwort auf Probleme der Globalisierung der Datenflüsse, der dynamischen Technikentwicklung und der Zunahme der Datenverarbeitung bis hin zu ihrer Allgegenwärtigkeit. Je mehr der Datenschutz dem Einflussbereich des nationalen Gesetzgebers entschwindet, desto mehr muss Datenschutz weltweit wirksam werden. Dies ist mangels einer wirksamen Weltrechtsordnung nur dann möglich, wenn er in die Technik eingelassen ist. Dieser Weg bietet zwei Vorteile: Datenschutztechniken sind – im Gegensatz zu Datenschutzrecht – weltweit wirksam und Technikunternehmen sind – im Gegensatz zu Gesetzgebern – sehr schnell lernende Systeme. Beide Vorteile lassen sich nutzen, wenn es gelingt, für Datenschutztechnik einen Markt zu entwickeln. Wenn sich Datenschutztechnik verkauft, wird sie sich ebenso dynamisch entwickeln wie neue technische Herausforderungen für den Datenschutz[24].

Für den Markt muss aber bekannt sein, welche Produkte datenschutzgerecht oder datenschutzförderlich sind. Damit deren spezifische Datenschutz und Datensicherheitseigenschaften zu einem Wettbewerbsvorteil werden, sollte das Datenschutzrecht der Zukunft eine Produkzertifizierung anbieten. Deren „Gütesiegel" muss ein verlässliches Unterscheidungsmerkmal für die Marktnachfrage bieten.

Während das Datenschutzaudit das Datenschutzmanagement einer verantwortlichen Stelle in einem Systemaudit evaluiert, bezieht sich die Zertifizierung von Hard- und Software sowie von automatisierten Verfahren ausschließlich auf ein Produkt. Die Produktzerifizierung zielt daher nicht auf die wiederholte Überprüfung und Bewertung von Anstrengungen zur Verbesserung des Datenschutzes, sondern um die einmalige Bewertung der Datenschutz- und Datensicherheitseigenschaften einer bestimmten Version eines Produkts[25].

Datenschutzaudit und Produktzertifizierung sollten auch deshalb klar unterschieden werden, weil sie unterschiedliche Interessenten betreffen. Die Produktzertifizierung erfolgt auf Antrag des Herstellers oder Anbieters. Es macht wenig Sinn, wenn die vielen tausend Anwender eines Datenverarbeitungssystems oder -programms dieses viel tausendfach zertifizieren lassen[26]. Vielmehr sollte allein der jeweilige Hersteller oder Anbieter für das System oder Programm eine einzige Zertifizierung erhalten, auf die sich dann alle Anwender

---

[24] S. Roßnagel, Datenschutz in globalen Netzen, DuD 1999, 253 ff.

[25] Eine solche Produktzertifizierung ist in Schleswig-Holstein nach § 4 Abs. 2 LDSG vorgesehen und in einer Verordnung umgesetzt, die allerdings den falschen Titel führt: Landesverordnung über ein Datenschutzaudit vom 3.4.2001, GVBl. I, 51, www.datenschutzzentrum.de/guetesiegel/ – s. näher Bäumler, DuD 2001, 252; ders., RDV 2001, 169 ff. sowie der Beitrag von Diek in diesem Band S. 157.

[26] In der Regel verfügen die Anwender auch nicht über die für eine Zertifizierung des Produkts notwendige Detailinformation, wie über Quelltexte und verwendete Hilfsmittel, Entwurfsdokumentation und Ähnliches.

verlassen können. Die verantwortlichen Stellen sollten – soweit vorhanden – zertifizierte Datenverarbeitungssysteme und -programme in ihrer Datenverarbeitung einsetzen. Verwenden sie zertifizierte Produkte, sollte eine Vermutung bestehen, dass mit ihrer richtigen Verwendung die jeweils relevanten Anforderungen des Datenschutzes erfüllt sind.

Anforderungen an die Produkte sollten sich vor allem aus den Kriterien ergeben, die von den Herstellern bei der Prüfung für die Entwicklung und Herstellung zu beachten sein sollten[27]. Diese sollten anwendungsspezifisch vom Hersteller zusammen mit dem Prüfer etwa in Form von „Protection Profiles" entsprechend den „Common Criteria" präzisiert werden. Soweit dies möglich ist, sollten Vertreter der Anwender und Nutzer an der Erstellung der „Profiles" beteiligt werden. Zumindest sollte ihnen Gelegenheit hierzu gegeben werden. Wird das Zertifikat zur Werbung für das Produkt verwendet, ist auf das „Profile" hinzuweisen. Es ist der Öffentlichkeit zugänglich zu machen, insbesondere dadurch, dass ein einfacher Zugriff im Rahmen elektronischer Medien ermöglicht wird.

Die Prüfung der Produkte sollte – wie beim Datenschutzaudit – von privaten Gutachtern durchgeführt werden, deren Zuverlässigkeit, Unabhängigkeit und Fachkunde durch Zulassung und Kontrolle gewährleistet sein muss. Die Zulassung der Gutachter könnte zum Beispiel nach § 36 GewO erfolgen oder wie in Schleswig-Holstein dem Landesdatenschutzbeauftragten übertragen werden.

Das Siegel sollte nicht vom Gutachter, sondern von einer dritten Stelle vergeben werden, die die Korrektheit des Gutachtens und der Arbeit des Gutachters überprüft. Hierfür kämen – wie dies in Schleswig-Holstein praktiziert wird – der Landesdatenschutzbeauftragte oder eine andere Stelle wie etwa die Industrie- und Handelskammern infrage. Im zweiten Fall wäre dem Datenschutzbeauftragten Gelegenheit zu Einwendungen zu geben.

Anzustreben ist eine Produktzertifizierung, die nicht erst nach dem Markteintritt eines Produkts beginnt, sondern bereits entwicklungsbegleitend erfolgt. Schon die Entwicklungsabteilungen der Hersteller wären so gehalten, datenschutzfördernde Techniken in die Produktgestaltung aufzunehmen. Verbesserungen der Produkte, die erst nachträglich versuchen, Datenschutz zu integrieren, wären nicht mehr notwendig. Darüber hinaus könnten Hersteller von Beginn an mit dem Zertifikat werben.

Da das Datenschutzrecht auf die Verbreitung datenschutzgerechter Produkte angewiesen ist, muss es auch deren Absatz fördern. Daher sollte für verantwortliche Stellen des öffentlichen Bereichs die Verpflichtung vorgesehen werden, bei der Gestaltung von Prozessen zur Verarbeitung personenbezogener Daten vorrangig datenschutzfördernde Produkte zu verwenden[28]. Hierdurch

---

27 S. hierzu Roßnagel/Pfitzmann/Garstka (Fn. 1), 143 ff.
28 Zur Zulässigkeit einer solchen Regelung s. Petri, Vorrangiger Einsatz auditierter Pro-

würde die Vorbildfunktion des Staats ist in der Weise angesprochen, dass er mit
gutem Beispiel vorangehen sollte, wenn es darum geht, Belange des Datenschutzes bei der Beschaffung zu berücksichtigen. Die Verwendung
datenschutzgerechter oder datenschutzfördernder Produkte durch staatliche
Stellen kann bei Bürgern und Unternehmen einen Nachahmungseffekt bewirken, wenn sie sehen, dass es möglich und umsetzbar ist, datenschutzgerechte
Produkte zu verwenden. Die gezielte Nachfrage durch die öffentliche Hand
kann darüber hinaus den Bekanntheitsgrad und den Marktanteil
datenschutzgerechter Produkte fördern und damit ihre Markteinführung und
Diffusion ermöglichen oder beschleunigen.

6   Datenschutz durch Wettbewerb und Wettbewerb durch Datenschutz

Datenschutz und Wettbewerb könnten sich gegenseitig unterstützen. Datenschutz könnte durch das Mittel des Wettbewerbs leichter durchgesetzt werden,
indem statt die Angst vor staatlichem Zwang das Eigeninteresse der
verantwortliche Stelle Datenschutzmaßnahmen motiviert. Die Aussicht, in der
Konkurrenz um das Vertrauen der „Anspruchsgruppen", nicht nur der Kunden,
Vorteile zu erringen, mobilisiert die Eigeninitiative des Wettbewerber, ihren Datenschutz – möglichst nachprüfbar – zu verbessern. Umgekehrt bietet Datenschutz für den Wettbewerb eine Möglichkeit, sich vom Konkurrenten zu unterscheiden. Datenschutz ist ein Thema, über das mit den Anspruchsgruppen positiv kommuniziert werden kann und das ermöglicht, ein Image der
Vertrauenswürdigkeit aufzubauen. Datenschutz verliert durch seine Verbindung
mit dem Wettbewerbsgedanken sein Bild als bürokratisches Hindernis und gewinnt neue Konturen als Wettbewerbsvorteil, als Beratungsgegenstand, als
Dienstleistung, als Produktidee und als Aspekt der Selbstbestimmung.

Datenschutzrechtliche Informationspflichten
- Ein Beitrag für marktwirtschaftlichen Datenschutz

Dr. Johann Bizer

Transparenz als marktwirtschaftliches Regelungsinstrument

Nach dem europäischen und deutschen Regulierungsmodell ist das von einer datenverarbeitenden Stelle zu gewährleistende Datenschutzniveau keine Frage von Angebot und Nachfrage, sondern richtet sich nach den Vorgaben des materiellen Datenschutzrechts. Nach dem Willen des Gesetzgebers ist seine Aufgabe, „den einzelnen davor zu schützen, dass er durch den Umgang mit seinen personenbezogenen Daten in seinem Persönlichkeitsrecht beeinträchtigt wird" (§ 1 Abs. 1 BDSG). Ob und in welcher Weise dieses Ziel auch wirklich erreicht wird, ist das Produkt der in den einzelnen Datenschutzregelungen formulierten Anforderungen und ihrer praktischen Umsetzung, die wiederum durch eine staatliche Aufsicht und Kontrolle sichergestellt werden kann. Trotz dieser primär an dem Modell staatlichen Ordnungsrechts ausgerichteten Konstruktion des Datenschutzes bestehen im geltenden Datenschutz mehr oder weniger „subkutaner" Mechanismen, die Durchsetzung des geltenden Datenschutzrechts mit Hilfe der *Nachfrage nach Datenschutz* bewirken helfen.

Zu diesen Regelungsmechanismen gehört die Gruppe der datenschutzrechtlichen Informationspflichten. Sie verpflichten den für die Datenverarbeitung Verantwortlichen, den Betroffenen über die Verarbeitung seiner Daten zu informieren (Transparenz). Derartige Informationen können für den Betroffenen unmittelbar von Bedeutung sein, wenn er die Möglichkeit hat zwischen mehreren Anbietern bzw. datenverarbeitenden Stellen auszuwählen und auf diese Weise seine Datenschutz-Motivation in ein Entscheidungskriterium für die Auswahl nach Anbietern zur Befriedigung seiner Nachfrage nach bestimmten Waren und Dienstleistungen umzusetzen. Transparenz über die Bedingungen der Verarbeitung personenbezogener Daten ist unter diesen Voraussetzngen ein *positiver Wettbewerbsfaktor*, dessen Vernachlässigung für das Unternehmen zu strategischen Nachteilen am Markt führen kann.

Aber auch ohne eine unmittelbare Wettbewerbssituation können Informationspflichten die Wirksamkeit von Datenschutzregelungen steigern. Letztlich erzeugen Informationen eines Unternehmens an den Verbraucher zwischen diesen eine Art kommunikativer Verbindlichkeit, auf deren Enttäuschung Verbraucher und Öffentlichkeit sensibel reagieren. Verstöße gegen eigene Zusagen können für das Unternehmen bzw. Branchen zu einem Verlust an Ansehen führen, der als Imageschaden mittel- oder langfristig den Ruf des Unternehmens, unter Umständen einer Branche, auf jeden Fall aber den Wert einer Marke beeinträchtigen kann. Letztlich stellen Art, Umfang und Gestaltung der Unterrichtung einen *„datenschutzrechtlichen Lackmustest"* dar, welche Wertschätzung der Anbieter der informationellen Selbstbestimmung des „Königs Kunde" in Wirklichkeit genießt.

1   Datenschutz als Akzeptanzfaktor

Die These von der Bedeutung des Datenschutzes als Akzeptanz- und damit auch Wettbewerbsfaktor ist durch eine Reihe von Umfragen zur Rolle des Datenschutzes belegt. Repräsentative Umfragen zeigen, der Datenschutz genießt in Deutschland *einen sehr hohen Stellenwert*. Nach einer 2001 in Deutschland durchgeführten Umfrage wünschen 53 % der Befragten, dass dem Datenschutz künftig mehr Bedeutung zukommen soll.[1] Hintergrund dieser Erwartungshaltung scheinen zumindest zum Teil eigene Erfahrungen zu sein. Immerhin 29 % der Befragten nahmen an, dass ihre Daten mehrmals (20 %) oder einmal (9 %) missbraucht wurden. Bemerkenswert ist, dass diese Haltung alles andere als eine deutsche Besonderheit darstellt. Nach einer Umfrage unter US-Bürgern vom August 2000 zeigten sich in den USA bspw. 84 % der Einwohner besorgt, wenn Geschäftsleute oder Unbekannte Informationen über sie oder ihre Familie bekommen.[2]

2   Vertrauen in Institutionen

Das Vertrauen der Betroffenen in die Gewährleistung des Datenschutzes lässt sich nach Institutionen differenzieren. Gegenüber einzelnen Branchen der Privatwirtschaft lassen die Verbraucher dezidiert ein erhebliches Misstrauen erkennen. Am untersten Ende des Rankings liegt der Adresshandel, den nur 8 % für zuverlässig halten, der Versandhandel (10 %) sowie Internetanbieter (10 %). Versicherungen werden immerhin von 31 % der Befragten und Banken von 52 % für zuverlässig gehalten.[3] Aber auch für diese letzten beiden gilt, dass dieselben Werte negativ formuliert, von diesen kaum als zufriedenstellend angesehen werden können.

---

[1] Opaschowski, Der gläserne Konsument, B.A.T Forschungsinstitut 2001; ders. DuD 2001, 678 sowie in diesem Band S. 13

[2] 59 % very bzw. 25 % somewhat concerned. The Pew Internet & American Life Project, Trust and privacy online. Why americans want to rewrite the rules, August 2000, pg 25 Question 3.

[3] Opaschowski 2001 (Fn. 1) = DuD 2001, 673 ff.

Wie eine internationale Studie über einen Vergleich zwischen den USA, Großbritannien und Deutschland aus dem Jahr 1999 erkennen lässt, spiegeln die deutschen Umfragewerte einen *internationalen Trend* wieder.[4] Während die Vertrauenswürdigkeit der Banken in Sachen Datenschutz in den USA (77 %) und Deutschland (70 %) überwiegend positiv bewertet wird, schneidet der Versandhandel in der Bewertung des Datenschutzes deutlich schlechter ab: Nur 45 % der in den USA Befragten sowie 42 % in Großbritannien und Deutschland kommen zu einer positiven Bewertung dieser Anbieter. Geradezu vernichtend lautet das Urteil der Nutzer und Verbraucher über die kommerziellen Internetanbieter: Nur 21 % USA, 13 % Großbritannien und 10 % Deutschland brachten nach dieser Untersuchung den kommerziellen Internetanbieter in Sachen Datenschutz Vertrauen entgegen.

3 Erfahrungen mit Cookies

Dass dieses Misstrauen gegenüber dem Internethandel auf einer *realistischen Einschätzung* des Verhaltens der Anbieter beruht, lässt sich einer Untersuchung der US-amerikanischen Federal Trade Commission aus dem Jahr 2000 entnehmen, in der die Verwendung von Cookies durch Internetdienstanbieter untersucht wurde.[5] Es handelt sich hierbei um eine besonders raffinierte Erhebungstechnik im Internet, die dazu verwendet werden kann, dem Anbieter einer Internetseite Informationen über das Nutzerverhalten zur Verfügung zu stellen. Darüber hinaus ist den Anbietern eine technische Gestaltung von Cookies möglich, mit deren Hilfe *Dritten*, deren Webseite der Nutzer gar nicht aufgerufen hat und mit denen er also willentlich gar nicht in Kontakt treten will, Informationen über das Nutzerverhalten im Internet zugänglich sind.[6] Untersucht wurde in der federal trade Studie das Verhalten von Web-Anbietern mit über 39.000 Besuchern im Monat (visitors each month) unterteilt nach einer Gruppe der 100 populärsten Seiten und einer nach dem Zufallsprinzip zusammengestellten Vergleichsgruppe. Das Ergebnis: 57 % der zufällig ausgesuchten Anbieter ließen Cookies Dritter zu, aber nur 78 % dieser Anbieter haben ihre Nutzer darüber auch unterrichteten. Unter den Top Anbietern ließen sogar 78 % Cookies Dritter zu, wovon die Hälfte (49 %) ihre Nutzer – gleichwie in welcher Form und an welchem Ort – *nicht* in Kenntnis setzte.

---

[4] IBM Multi-National Consumer Privacy Survey, October 1999. pg 24.

[5] Ftc, Privacy Online: Fair Information Practices in the Electronic Marketplace. A Report to Congress, May 2000.

[6] Bizer, Web-Cookies – datenschutzrechtlich, DuD 1998, 277-281.

4   Datenschutz und Kaufverhalten

Die Zustimmung zum und die Erwartung an den Datenschutz sind vor allem deswegen von Bedeutung, weil ein deutlicher *Zusammenhang zwischen* der Einschätzung des *Datenschutzes* einerseits und dem *Kaufverhalten* andererseits nachgewiesen werden kann. Datenschutz ist ein Akzeptanzfaktor für die Entwicklung von Märkten. Bereits die IBM–Studie aus dem Jahr 1999 belegt einen Zusammenhang zwischen dem Vertrauen der Kunden in den Datenschutz eines Anbieters und seinem Kaufverhalten.

In der *Offline-Welt* zeigte sich, dass 54 % in den USA, 32 % in Großbritannien und 35 % in Deutschland wegen fehlender Sicherheit über die Verwendung ihrer Daten auf die Nutzung oder den Kauf eines Angebots verzichteten. Bei den kommerziellen *Internetanbietern* zeigte sich eine noch stärkere Angleichung im internationalen Vergleich, nämlich 57 % in USA, 41 % in Großbritannien und 56% in Deutschland.[7] Dass dieses Ergebnis keine „Eintagsfliege" ist, beweist eine Umfrage vom Oktober 2000 der Mannheimer Forschungsgruppe Wahlen im Auftrag des Bundesverbandes der Banken. Danach erklärten 62 % der Internetnutzer in Deutschland, sie hätten im Internet noch nicht online bestellt oder gekauft, weil ihrer Meinung nach der Datenschutz unzureichend gewährleistet sei. Zu vergleichbaren Ergebnissen kommt die Opaschowski-Studie[8] im Jahr 2001 für den Internethandel: Nur 23 % gehen davon aus, dass ihre Daten bei der Nutzung im Internet hinreichend geschützt sind und halten eine Nutzung für unbedenklich. Hingegen gaben 46 % an, wegen Mängeln bei Datenschutz und Datensicherheit das Internet nicht zu nutzen. Noch 26 % sahen sich nicht in der Lage, zu dieser Frage Stellung zu beziehen („weiß nicht"). 5 % war diese Frage „egal". Unter diesem Gesichtspunkt muss die Vernachlässigung des Datenschutzes geradezu als eine Behinderung der Entwicklung der Informations- und Wissensgesellschaft bewertet werden.

Auf deutliche Vollzugsdefizite im Datenschutz weist der Umstand hin, dass sich nach der Opaschowski-Studie die Einschätzungen aus dem Jahr 2001 kaum von den Antworten aus dem Jahr 1998 unterscheiden.[9] Auch die Antworten auf die Frage nach den Hauptursachen für den vermuteten Datenmissbrauch lassen ein sehr *geringes Vertrauen in die Garantiefunktion des Datenschutzrechts* erkennen: So führen bspw. 47 % den Datenmissbrauch auf zu geringe Strafen, 47 % auf eine bewusste Missachtung von Datenschutzgesetzen und –vorschriften und noch 31 % auf eine mangelnde Datenschutzkontrolle gegenüber der Wirtschaft (31 %) zurück.

---

[7] IBM 1999 (Fn. 4), pg. 23, 27.
[8] Opaschowski 2001 (Fn. 1) = DuD 11/2001,
[9] Opaschowski, DuD 1998, 57.

5   Datenschutzrechtliche Informationspflichten

Datenschutzrechtliche Informationspflichten knüpfen an den für das deutsche Datenschutzrecht zentralen „datenschutzrechtliche Erlaubnisvorbehalt" des § 4 Abs. 1 BDSG an, wonach eine Datenverarbeitung entweder unter den gesetzlich näher bestimmten Voraussetzungen oder auf der Grundlage einer sogenannten „informierten Einwilligung" zulässig ist. In beiden Fällen ist die Transparenz der Datenverarbeitung eine gesetzlich bestimmte Voraussetzung der Datenverarbeitung.

Art und Inhalt der gebotenen Informationen liefern dem Betroffenen zumindest eine erste Einschätzung der von der verantwortlichen Stelle beabsichtigten Datenverarbeitung. Gleichzeitig lässt sich aus den gebotenen Informationen schließen, ob und inwieweit die verantwortliche Stelle sich lediglich auf die gesetzliche Tatbestände einer zulässigen Datenverarbeitung stützt oder die unmittelbare *Kooperation* mit dem Betroffenen sucht, indem sie von diesem eine Einwilligung für spezifische Verarbeitungszwecke erbittet. Soweit sich die verantwortliche Stelle auf einer der zahlreichen gesetzlichen Verarbeitungstatbestände der §§ 28 ff. BDSG stützen will, vermitteln die Informationen über den Zweck der Verarbeitung dem Betroffenen zumindest Anhaltspunkte über die Rechtsgrundlage der Verarbeitung.

Informationen über die Art, Umfang und Zweck einer beabsichtigten Datenverarbeitung bieten dem Betroffenen *Vergleichsmöglichkeiten* mit anderen für die Datenverarbeitung verantwortlichen Stellen derselben Branche. So kann der Betroffene beispielsweise den Informationen nach § 4 Abs. 3 BDSG entnehmen, zu welchen Zwecken die Verarbeitung erfolgen soll und/oder ob eine Übermittlung an Dritte beabsichtigt ist.

6   Unterrichtung vor Einwilligung

Soll sich die Datenverarbeitung auf eine Einwilligung des Betroffenen stützen, dann ist diese „auf den vorhergesehenen Zweck der Erhebung, Verarbeitung oder Nutzung" hinzuweisen (§ 4 a Abs. 1 Satz 2 BDSG). Die Entscheidung zur Einwilligung ist mit anderen Worten abhängig von einer ausreichenden Information des Betroffenen über den Zweck der Verarbeitung. Eine unzureichende Information wirkt sich unmittelbar auf das Erklärungsbewusstsein des Betroffenen mit der Konsequenz aus, dass seine Einwilligung keine ausreichende Rechtsgrundlage für die Datenverarbeitung bietet.

7   Unterrichtung und Benachrichtigung

Spezielle Informationspflichten gelten aber auch, wenn sich die erhebende Stelle auf eine der gesetzlichen Rechtmäßigkeitsvoraussetzungen der § 28 ff. BDSG stützt. Das Datenschutzrecht unterscheidet zwischen

- der *Unterrichtung* im Fall einer Datenerhebung *mit Kenntnis des Betroffenen* (§ 4 Abs. 3 BDSG) und

- der *Benachrichtigung*, wenn die Daten *ohne Kenntnis* des Betroffenen gespeichert werden (§ 33 Abs. 1 BDSG).

Die Unterrichtungspflicht umfasst

1.   die Identität der verantwortlichen Stelle und

2.   die Zweckbestimmung der Erhebung, Verarbeitung oder Nutzung und

3.   die Kategorien von Empfängern, soweit der Betroffene mit einer Übermittlung an diese nicht rechnen muss (§ 4 Abs. 3 BDSG).

Insbesondere die Zweckbestimmung nach Nr. 2 korrespondiert mit der Verpflichtung der datenverarbeitenden Stelle, bereits „bei der Erhebung" personenbezogener Daten, die Zwecke der Verarbeitung und Nutzung „konkret festzulegen" (§ 28 Abs. 1 Satz 2 BDSG). Die Angabe der Identität der verantwortlichen Stelle hat eine Parallele in der Verpflichtung zur Anbieterkennzeichnung nach § 6 TDG/MD-StV und findet sich im übrigen auch in den Informationspflichten zum Fernabsatz nach § 312 c BGB[10] (neu).

Die Verpflichtung zur *Benachrichtigung* erstreckt sich im Fall der erstmaligen Speicherung *für eigene Zwecke* auf die Tatsache der Speicherung, die Art der Daten, der Zweckbestimmung der Erhebung, Verarbeitung oder Nutzung und die Identität der verantwortlichen Stelle (§ 33 Abs. 1 Satz 1 BDSG). Werden die Daten zum Zweck der *geschäftsmäßigen Übermittlung* ohne Kenntnis des Betroffenen gespeichert, ist der Betroffene „von der erstmaligen Übermittlung und der Art der übermittelten Daten" zu benachrichtigen (§ 33 Abs. 1 Satz 2 BDSG). In beiden Fällen ist der Betroffene auch über die Kategorien von Empfängern zu unterrichten, soweit er nach den Umständen des Einzelfalles nicht mit der Übermittlung an diese rechnen muss (§ 33 Abs. 1 Satz 3 BDSG). Insbesondere die Benachrichtigung über die Art der Daten ist für die Wahrnehmung des Auskunftsanspruchs nach § 34 Abs. 1 BDSG von Bedeutung, denn nach Satz 2 dieser Regelung soll der Betroffene die Art der Daten, über die Auskunft erteilt werden soll, „näher bezeichnen".

---

[10] Gesetz zur Modernisierung des Schuldrechts vom 26. November 2001, BGBl. I S. 3138.

Vergleichbare Unterrichtungspflichten gelten nach den Regelungen des TK- und Teledienst-Datenschutzrechts. Nach § 3 Abs. 5 TDSV haben die Dienstanbieter ihre Kunden „bei Vertragsschluss über Art, Umfang, Ort und Zweck der Erhebung, Verarbeitung und Nutzung" personenbezogener Daten zu unterrichten". § 4 Abs. 1 TDDSG in der Neufassung des Elektronischen Geschäftsverkehrsgesetzes vom 14. Dezember 2001 (BGBl. I. S. 3721) verpflichtet den Dienstanbieter zu einer Unterrichtung des Nutzers zu Beginn des Nutzungsvorganges „über Art, Umfang und Zwecke der Erhebung, Verarbeitung und Nutzung personenbezogener Daten". Darüber hinaus ist der Nutzer nach derselben Regelung auch über die Verarbeitung seiner Daten in Staaten außerhalb des Anwendungsbereiches der EG-Datenschutzrichtlinie (sog. „Drittstaaten") zu unterrichten.

8 Technikspezifische Unterrichtungspflichten

Besondere Informationspflichten hat der Gesetzgeber schließlich festgelegt, wenn durch die Datenerhebung spezifische Gefährdungen für das informationelle Selbstbestimmungsrecht zu befürchten sind. Häufig handelt es sich um technisch unterstützte *heimliche Erhebungstechniken*, von denen der Betroffene ohne eine Unterrichtung gar keine Kenntnis hätte. In diesen Fällen gewährleistet die Unterrichtungspflicht gegenüber den Betroffenen eine Art informationelles Gleichgewicht, indem er zumindest über die Tatsache einer heimlichen Erhebung informiert wird.

Das prominenteste Beispiel einer technischen Unterrichtungspflicht betrifft das Setzen von *Cookies* in Online-Kommunikationen. Nach § 4 Abs. 1 Satz 2 TDDSG[11] ist der Nutzer zu Beginn automatisierter Verfahren, die eine spätere Identifizierung des Nutzers ermöglichen und eine Erhebung, Verarbeitung oder Nutzung personenbezogener Daten vorbereiten, über diese zu unterrichten.

Aus der Offline-Welt ist die Unterrichtung über den Umstand einer *Videobeobachtung*, die durch „geeignete Maßnahmen erkennbar zu machen ist" nach § 6 b Abs. 2 BDSG zu nennen. Ein weiteres Beispiel ist bei der Verwendung „mobiler personenbezogener Speicher- und Verarbeitungsmedien" (*Chipkarten*) die Unterrichtung des Betroffenen über Art und Umfang der Datenverarbeitung nach § 6 c Abs. 1 BDSG.

---

[11] Nun in der Neufassung des Elektronischen Geschäftsverkehrsgesetzes vom 14. Dezember 2001 (BGBl. I. S. 3721).

9 Unterrichtung über Widerspruchsrechte

Eine andere Variante der Unterrichtung hat ihren Bezugspunkt in der Unterrichtung des Betroffenen über spezifische Widerspruchsrechte gegen einen bestimmten Verwendungszweck seiner Daten, die ohne seine Reaktion kraft Gesetzes zulässig wäre („opt out"). So ist nach § 28 Abs. 4 Satz 1 BDSG eine Nutzung oder Verarbeitung bereits erhobener Daten für Zwecke der Werbung oder der Markt- oder Meinungsforschung nur zulässig, wenn der Betroffene dieser nicht widersprochen hat. Über dieses Widerspruchsrecht ist der Betroffene „bei der Ansprache" über die verantwortliche Stelle und sein Widerspruchsrecht zu unterrichten. Der Betroffene muss ferner Kenntnis über die Herkunft der Daten erhalten, wenn der Ansprechende sie aus anderen Quellen erhalten hat.

Eine vergleichbare Konstruktion der Unterrichtung über ein Widerspruchsrecht kennt auch § 6 Abs. 3 TDDSG. Danach darf der Dienstanbieter eines Teledienstes Nutzungsprofile unter Verwendung von Pseudonymen für Zwecke der Werbung, Marktforschung oder zur bedarfsgerechten Gestaltung der Teledienste verwenden, sofern der Nutzer nicht widersprochen hat.

10 Gestaltung der Informationspflichten

Während das Datenschutzrecht trotz heterogener Begrifflichkeiten über Art und Umfang der Informationen relativ klare Vorstellungen vermittelt, enthält es über die Art und Weise der Gestaltung der Informationen entweder keine oder nur unpräzise Vorgaben.

11 Rechtsgrundlage Einwilligung

Während bspw. § 4 a Abs. 1 Satz 3 BDSG für die Einwilligung regelmäßig die Schriftform vorschreibt, fehlt eine entsprechende ausdrückliche Bestimmung für die Gestaltung des Hinweises nach Satz 1 über den „vorgesehenen Zweck der Erhebung, Verarbeitung oder Nutzung" derselben Regelung. Deutlicher ist bspw. das Recht der Allgemeinen Geschäftsbedingungen, das in Konstellationen vorformulierter Datenschutzklauseln regelmäßig zu beachten ist.[12] Danach setzt die Geltung Allgemeiner Geschäftsbedingungen das Einverständnis der „anderen Vertragspartei" voraus (§ 305 Abs. 2 BGB[13]), welches – nicht anders als im Datenschutzrecht – Kenntnis ihres Inhaltes voraussetzt, weil es anders an dem für das Einverständnis konstitutiven Erklärungswillen fehlen würde. Das AGB-

---

[12] Vgl. bspw. zuletzt LG München vom 1.2.2001, DuD 2001, 292, 294 – Payback.
[13] Gesetz zur Modernisierung des Schuldrechts vom 26. November 2001, BGBl. I S. 3138.

Recht verlangt folglich „einen ausdrücklichen Hinweis" auf die AGB, zumindest aber einen „deutlich sichtbaren Aushang am Ort des Vertragsschlusses" sowie die Möglichkeit „in zumutbarer Weise (...) von ihrem Inhalt Kenntnis zu nehmen". Die Anforderungen an eine zumutbare Weise der Kenntnisnahme muss neuerdings sogar eine *körperliche Behinderung* der anderen Vertragspartei berücksichtigen, d.h. die Anforderungen richten sich prinzipiell nach dem Empfängerhorizont einer in ihrer Wahrnehmung eingeschränkten Personengruppe. Die Orientierung an einem – wenngleich typisierenden - subjektiven Wahrnehmungshorizont des Empfängers hat seinen tieferen Grund in dem Umstand, dass ohne eine ausreichende Unterrichtung die datenschutzrechtliche Einwilligung keine Rechtsgrundlage für die Datenverarbeitung sein kann.

12 Rechtsgrundlage Datenschutzgesetz

Vermutlich weil sich eine defizitäre Unterrichtung ohnehin nicht auf die Rechtmäßigkeit der Datenverarbeitung auswirkt, wenn sie auf der Grundlage einer gesetzlichen Rechtsgrundlage erfolgt, finden Gestaltungsanforderung an Informationspflichten in den Fällen einer auf §§ 28 ff BDSG gestützten Datenverarbeitung im Datenschutzgesetz keine besondere Berücksichtigung. Dieser Konstruktionsfehler wird nur in neueren Regelungen vermieden, indem zumindest eine Zielvorgabe an die Qualität der Unterrichtung formuliert werden. So sind die Betroffenen über eine Videoüberwachung nach § 6 b Abs. 2 BDSG *„in geeigneter Weise"* zu unterrichten. Ferner sind die Betroffenen ist über die Datenverarbeitung mit Hilfe von Chipkarten nach § 6 c BDSG Abs. 1 Nr. 2 BDSG *„in allgemein verständlicher Form"* über die Funktionsweise des Mediums einschließlich der Art der zu verarbeitenden personenbezogenen Daten zu unterrichten. Das Telekommunikationsrecht erwartet in § 3 Abs. 5 Satz 1 TDSV sogar eine erfolgsorientierte Form der Unterrichtung, denn nach dieser Regelung sind die Kunden *„in allgemein verständlicher Form"* so zu unterrichten, dass sie „Kenntnis von den grundlegenden Verarbeitungstatbeständen der Daten erhalten". Darüber hinaus sind die Nutzer der TK-Dienste nach derselben Regelung „durch *allgemein zugängliche* Informationen" über die Erhebung, Verarbeitung und Nutzung personenbezogener Daten zu unterrichten.

13 E-commerce und Fernabsatz

Aussagekräftiger sind die Gestaltungsanforderungen an die Verbraucherinformationen nach dem Recht des Fernabsatzes und des E-commerces.[14] Nach § 312 c Abs. 1 BGB in der Fassung des Gesetzes zur Modernisierung des Schuldrechts hat der Unternehmer den Verbraucher beispielsweise *„klar und verständlich"*

---

14 Mit dem Gesetz zur Modernisierung des Schuldrechts vom 26. November 2001 (BGBl. I S. 3138) sind diese Regelungen in das BGB integriert worden.

rechtzeitig vor Abschluss eines Fernabsatzvertrages in einer dem eingesetzten Fernkommunikationsmittel entsprechenden Weise über Einzelheiten des Vertrages zu informieren. Eine vergleichbare Regelung enthält § 312 e Abs. 1 Nr. 2 BGB für Verträge im elektronischen Geschäftsverkehr. In einer Rechtsverordnung sind näher bestimmte Informationen dem Verbraucher im übrigen spätestens bei Lieferung in Textform mitzuteilen (§ 312 c Abs. 2 BGB). Die auf der Rechtsgrundlage des Art. 240 f. des EG BGB erlassene BGB-Informationspflichten-Verordnung vom 2. Januar 2002[15] präzisiert diese Anforderungen allerdings nicht weiter und verweist in § 1 Abs. 2 auch nur auf die Textform nach § 126b BGB. Die Chance einer Verknüpfung der Informationspflichten nach dem Recht des Fernabsatzes und des E-commerce mit denen nach dem Datenschutzrecht hat der Gesetzgeber bislang leider nicht genutzt.[16]

14   Durchsetzung

Die Verletzung datenschutzrechtlicher Informationspflichten ist im geltenden Datenschutzrecht nur eingeschränkt sanktioniert. Zwar „kontrolliert" die *Aufsichtsbehörde* die Ausführung der Datenschutzbestimmungen nach BDSG (§ 38 Abs. 1 Satz 1 BDSG), jedoch sind ihre Befugnisse bei Feststellung eines Verstoßes gegen Datenschutzbestimmungen sehr beschränkt. Sie kann den Verstoß der zur Verfolgung oder Ahndung zuständigen Stelle anzeigen sowie – bei schwerwiegenden Verstößen – die Gewerbsaufsicht zur Durchführung gewerberechtlicher Maßnahmen unterrichten (§ 38 Abs. 1 Satz 5 BDSG). Im übrigen hat die Aufsichtsbehörde besondere Eingriffsmöglichkeiten nach § 38 Abs. 5 BDSG nur, wenn die Anforderungen des technischen Datenschutzes unzureichend umgesetzt sind. Zu diesen Anforderungen zählen die Informationspflichten allerdings nicht.

15   Verfolgung und Ahndung

Mit einem *Bußgeld* sanktioniert das BDSG in § 43 Abs. 1 Nr. 8 BDSG lediglich die nicht richtige oder nicht vollständige Benachrichtigung des Betroffenen nach § 33 Abs. 1 BDSG. Ferner wird in § 43 Abs. 1 Nr. 3 BSDG der unterbliebene oder unrichtigen Hinweis auf das Widerspruchsrecht nach § 28 Abs. 4 Satz 2 BDSG mit einem Bußgeld belegt. Nicht sanktioniert ist jedoch die Verletzung sonstiger Informationspflichten wie bspw. im Fall einer Erhebung beim Betroffenen nach § 4 Abs. 3 BDSG oder der Verstoß gegen Hinweispflichten bei einer Videoüberwachung oder im Zusammenhang mit dem Einsatz von Chipkarten.

---

[15] BGBl. I S. 342.
[16] Vgl. Bizer, Ziele und Modernisierung des Datenschutzrechts, DuD 2001, 274, 275.

Der Auffangtatbestand des § 43 Abs. 2 Nr. 1 BDSG hat für die Verletzung der Informationspflichten praktisch keine Bedeutung, weil dieser nur das unbefugte Erheben oder Verarbeiten personenbezogener Daten erfasst und damit für die Verletzung von Informationspflichten nicht in Betracht kommt. Einschlägig kann dieser Tatbestand jedoch werden, wenn der Betroffene vor seiner Einwilligung nach § 4 a Abs. 1 BDSG über den Zweck der Erhebung, Verarbeitung oder Nutzung unzureichend unterrichtet worden ist. In diesem Fall ist die Einwilligung unwirksam und eine Erhebung oder Verarbeitung erfolgt nach § 43 Abs. 2 Nr. 1 BDSG „unbefugt". Eine Strafandrohung setzt nach § 43 Abs. 1 BDSG allerdings eine vorsätzliche Handlung mit Bereicherungs- bzw. Schädigungsabsicht voraus. Weitere Straftatbestände, die durch die Verletzung von Informationspflichten verletzt sein könnten, sind nicht ersichtlich.

16 Einschaltung der Gewerbeaufsicht

Beschränkt sind die Möglichkeiten der Aufsichtsbehörde, mit Hilfe der Gewerbeaufsicht den Verstoß gegen Informationspflichten zu sanktionieren. Zunächst verlangt § 38 Abs. 1 Satz 5 BDSG bereits für eine Unterrichtung der Gewerbeaufsicht durch die datenschutzrechtliche Aufsichtsbehörde einen *„schwerwiegenden Verstoß"*, d.h. mindestens die Androhung einer Sanktion in Form einer Ordnungswidrigkeit, wenn nicht sogar die Verwirklichung eines Straftatbestandes. Selbst wenn diese Voraussetzungen zu bejahen sind, hat die datenschutzrechtliche Aufsichtsbehörde keinen Einfluss auf die Ermessensausübung der Gewerbeaufsicht bei der Prüfung und Anordnung gewerberechtlicher Anordnungen. Das Fehlen jeder Rechtsprechung in diesem Bereich belegt die geringe praktische Bedeutung der gewerberechtlichen Einwirkungsmöglichkeit.

Gewerberechtliche Anordnungen wie bspw. die Untersagung eines stehenden Gewerbes setzen ferner nach § 35 Abs. 1 Satz 1 GewO, Tatsachen voraus, welche die *Unzuverlässigkeit* des Gewerbetreibenden oder einer mit der Leitung des Betriebes beauftragten Person darzulegen geeignet sind. Die Entscheidung über die gewerberechtliche Unzuverlässigkeit ist eine Prognoseentscheidung, die sich auf die Tatsache eines als Ordnungswidrigkeit oder Straftat sanktionierten Verhaltens stützen kann – zumindest aber an ein Verhalten, dass die Annahme einer fehlenden Eignung zur Durchführung des Gewerbes auch in der Zukunft rechtfertigt.

17 Benachrichtigung des Betroffenen

Als „schärfstes Schwert" verbleibt der Aufsichtsbehörde damit ein Instrument, das auf den ersten Blick stumpf und unscheinbar wirkt. § 38 Abs. 1 Satz 5 BDSG ermächtigt die Aufsichtsbehörde, „die Betroffenen" über den Verstoß gegen datenschutzrechtliche Bestimmungen zu unterrichten. Die *Betroffenenunterrich-*

tung kann in der Praxis die ohnehin bestehende Schieflage im informationellen Gleichgewicht zwischen verantwortlicher Stelle und Betroffenen korrigieren helfen.

Im Fall einer Einwilligung hat der Betroffene der verantwortlichen Stelle einen Vorschuss an Vertrauen in die Rechtmäßigkeit ihrer Datenverarbeitung eingeräumt. Dieser Vertrauen wird durch den Datenschutzverstoß enttäuscht, die der Betroffene „verarbeiten" können muss. Erst die Unterrichtung durch die Aufsichtsbehörde versetzt den Betroffenen in die Lage, den Normverstoß der verantwortlichen Stelle in seinem zukünftigen Verhalten gegenüber der verantwortlichen Stelle zu berücksichtigen und entsprechende Konsequenzen zu ziehen. So könnte der Betroffene bspw. sein Verhalten in Zukunft ändern und der betreffenden Stelle, Konzerntöchtern oder anderen Branchen zugehörigen Firmen grundsätzlich keine datenschutzrechtliche Einwilligung mehr erteilen. Vor dem Hintergrund der oben skizzierten Umfragen liegt der Schluss nahe, dass die Skepsis gegenüber der Vertrauenswürdigkeit datenverarbeitender Stellen aufgrund eigener Erfahrungen oder Erfahrungen vom Hörensagen in eine grundsätzliche Unwilligkeit, datenschutzrechtliche Einwilligungen zu erteilen, umschlagen kann, an der wiederum die datenverarbeitenden Stellen der Privatwirtschaft kein Interesse haben können.

Erfolgt die Datenverarbeitung nicht auf der Grundlage einer Einwilligung des Betroffenen, sondern auf einer gesetzlicher Grundlage, ist der Betroffene gleichwohl nicht ohne eigene Reaktionsmöglichkeiten auf den Normverstoß. Wird die Datenverarbeitung bspw. durch Zweckbestimmung eines Vertragsverhältnisses zwischen Betroffenen und verantwortlicher Stelle nach § 28 Abs. 1 Satz 1 Nr. 1 BDSG legitimiert, dann wird sich die Verhaltensänderung des Betroffenen auf zukünftige Vertragsabschlüsse mit der für die Datenverarbeitung verantwortlichen Stelle auswirken können. Auch in den anderen Fällen einer zunächst zulässigen Datenverarbeitung wird der Betroffene durch die Unterrichtung der Aufsichtsbehörde in die Lage versetzt, seine Praxis der *Wahl von Vertragspartnern* zu überdenken.

Während die Information der Öffentlichkeit durch die Aufsichtsbehörde nur in Betracht kommen kann, wenn bei schwerwiegenden Verstößen die hiervon Betroffenen anders nicht erreicht werden können, bestehen derartige Einschränkungen für die Betroffenen nicht. Angesichts der Sorge von Unternehmen vor einem Imageschaden aufgrund in der Öffentlichkeit bekannt gewordener Datenschutzverstöße kann der Möglichkeit des Betroffenen, die *Öffentlichkeit* über den Normverstoß des Unternehmens zu informieren, eine durchaus abschreckende Wirkung zukommen. Denkbar ist auch die Unterrichtung relevanter gesellschaftlicher Gruppen der Selbstorganisation der für den Verstoß verantwortlichen Stelle wie Berufsverbände oder Kammern, die ihrerseits ein Interesse daran haben, Schaden von ihrer Branche abzuwenden und Datenschutzverstöße „schwarzer Schafe" im Rahmen der verbandlichen Selbstre gulierung zu vermeiden. Der Betroffene kann sich schließlich an Organisationen des Verbraucherschutzes und des Datenschutzes wenden, die über wirksamere Möglichkeiten der Öffentlichkeitsarbeit als er selbst verfügen.

18 AGB-Kontrolle

Ob und inwieweit die Unterlassung einer datenschutzrechtlich gebotenen Unterrichtung oder Benachrichtigung Gegenstand einer Verbraucherschutzklage nach § 1 des Gesetzes über Unterlassungsklagen bei Verbraucherrechts- und anderen Verstößen (Unterlassungsklagegesetz – UKlaG)[17] sein kann, ist davon abhängig, ob und in welchem Umfang der Verwender die Erfüllung der datenschutzrechtlichen Informationspflichten vorformuliert „als Vertragsbedingungen" nach § 305 Abs. 1 Satz 1 BGB n.F. anzusehen sind. Gegen eine Bewertung als AGB spricht der Charakter der datenschutzrechtlichen Informationspflichten als selbständige vom Vertrag zwischen Verwender und Kunden unabhängige Verpflichtung des Verwenders in seiner Eigenschaft als datenschutzrechtlich Verantwortlicher.

Das Unterlassungsklagegesetz bietet aber in § 2 Abs. 1 auch die Möglichkeit eines allgemeinen Unterlassungsanspruches gegen verbraucherschutzwidrige Praktiken gegen denjenigen, der in anderer Weise als durch Verwendung oder Empfehlung von Allgemeinen Geschäftsbedingungen Vorschriften zuwiderhandelt, die dem Schutz der Verbraucher dienen. Um welche als „Verbraucherschutzgesetze" legaldefinierte Vorschriften es sich dabei handelt, ist einem – nicht abschließenden („insbesondere") – Katalog zu entnehmen, der jedoch weder einen Hinweis auf die datenschutzrechtlichen Vorschriften allgemein noch auf die datenschutzrechtlichen Informationspflichten im besonderen enthält.

Ob mit Rücksicht auf die in diesem Katalog nicht abschließende Aufzählung der Verbraucherschutzgesetze datenschutzrechtliche Bestimmungen in einem weiteren Sinne auch zu den Verbraucherschutzgesetzen zu zählen sein werden, muss offen bleiben. Für eine solche Einordnung der datenschutzrechtlichen Informationspflichten spricht, dass sie den Betroffenen wie andere Informationspflichten auch in seiner Eigenschaft als Verbraucher über Kommunikationsbedingungen des Verwenders unterrichten. Ohnehin ist aus der Perspektive der datenverarbeitenden Stelle die Erhebung und Verarbeitung personenbezogener Kundendaten nur ein Baustein eines umfassenden Marketingkonzeptes, mit dem der Verbraucher als Kunde gewonnen und gehalten werden soll, so dass jedenfalls eine Trennung von datenschutzrechtlichen und verbraucherrechtlichen Informationspflichten künstlich anmutet. Die Einbeziehung der datenschutzrechtlichen Informationspflichten in den Begriff der Verbraucherschutzgesetze im Sinne von § 2 Abs. 2 Unterlassungsklagegesetz ist daher gerechtfertigt.

---

[17] Art. 3 des Gesetzes über die Modernisierung des Schuldrechts.

Aktivlegitimiert sind nach § 3 f. Unterlassungsklagegesetz qualifizierte Verbraucherschutzvereine, rechtsfähige Vereine zur Förderung gewerblicher Interessen und Industrie- und Handelskammern. Datenschutzorganisationen führt das Gesetz zwar nicht ausdrücklich auf, ihre Anerkennung nach § 4 Unterlassungsklagegesetz als Verbraucherschutzverband ist aber auch nicht ausgeschlossen.

19 Wettbewerbsrecht

Denkbar ist schließlich auch eine Sanktionierung von Verstößen gegen datenschutzrechtliche Informationspflichten als Verletzung der „guten Sitten" im Wettbewerb nach § 1 UWG, der allerdings nicht vom Betroffenen geahndet werden kann.

Voraussetzung eines derartigen wettbewerbsrechtlichen Anspruches ist, dass die Unterlassung von datenschutzrechtlich gebotenen Informationspflichten „eine irgendwie geartete Auswirkungen" auf den Wettbewerb hat.[18] Ein Wettbewerb zwischen datenverarbeitenden Stellen als Anbietern von Waren oder Dienstleistung vorausgesetzt wird dies regelmäßig angenommen werden können, weil die dem potentiell Betroffenen gebotenen Informationen über die Verarbeitung seiner Daten bspw. über die Kategorien möglicher Empfänger diesen in seiner Entscheidung für oder gegen eine wirtschaftlich relevante Kommunikation mit der datenverarbeitenden Stellen beeinflussen können. Es ist der eigentliche Sinn und Zweck der datenschutzrechtlichen Informationspflichten, den Betroffenen nicht nur einen Ausgleich für die von ihm nach § 28 f. BDSG hinzunehmende Datenverarbeitung zu verschaffen, sondern ihm auch Entscheidungsfähigkeit in der Auswahl seiner Kommunikationspartner zu verschaffen, denen er seine Daten zu überlassen bereit ist.

Wissensdefizite über die Verarbeitung seiner Daten sind angesichts der Bedeutung des Datenschutzes als Akzeptanzfaktor auch wettbewerbsbezogen[19], weil die Kenntnis der konkreten Verarbeitungsbedingungen seiner Daten das Verhalten des (potentiell) Betroffenen in der Entscheidung zur Kommunikation sowie der Auswahl eines Unternehmens als Anbieter einer Ware oder Dienstleis-

---

[18] Auf die unterschiedlichen Begründungsansätze, wonach datenschutzrechtliche Bestimmungen einen Wettbewerbsverstoß begründen können, kann hier nicht eingegangen werden. Vgl. zum folgenden Hoeren/Lütkemeier, Unlauterer Wettbewerb durch Datenschutzverstöße, in: Sokol (Hrsg.), Neue Instrumente im Datenschutz, Düsseldorf 1999, S. 115.

[19] In der Rechtsprechung werden datenschutzrechtliche Bestimmungen als wertbezogene Normen im Sinne von § 1 UWG angesehen: LG Stuttgart, DuD 1999, 295; LG Mannheim, DuD 1996, 363; OLG Karlsruhe DuD 1997, 352)

tung beeinflussen kann. Die Verletzung von datenschutzrechtlichen Informationspflichten führt unter dieser Voraussetzungen regelmäßig zu einem *Vorsprung durch Rechtsbruch.*

20 Förderung von Informationspflichten

Neben den repressiven Regelungsmechanismen, mit deren Hilfe den datenschutzrechtlichen Informationspflichten zur Wirksamkeit verholfen werden kann, können auch präventive Mechanismen einer proaktiven Förderung in Zukunft an Bedeutung gewinnen.

21 Selbstregulierung

Eine Durchsetzung datenschutzrechtlicher Informationspflichten kann in diesem Sinne durch eine verbandlichen Selbstregulierung nach § 38 a Abs. 1 BDSG unterstützt werden. Danach können Berufsverbände und andere Vereinigungen, die bestimmte Gruppen von verantwortlichen Stellen vertreten, „Entwürfe für Verhaltensregelungen zur Förderung der Durchführung von datenschutzrechtlichen Regelungen" der zuständigen Aufsichtsbehörde unterbreiten, die diese Entwürfe auf ihre Vereinbarkeit mit dem geltenden Datenschutzrecht überprüft. Verhaltsregelungen nach § 38 a BDSG können allerdings das geltende Datenschutzrecht nicht unterschreiten, ihm aber durch flankierende Hilfestellungen und innerverbandlichen Sanktionen zu seiner wirksameren Durchsetzung verhelfen. Beispiele für Verhaltensregelungen über datenschutzrechtliche Informationspflichten nach § 38 a BDSG sind nicht bekannt.

Spielräume für eine unterstützende Wirkung durch Selbstregulierung bestehen aber auch außerhalb einer förmlichen Anerkennung nach § 38 a BDSG. Ein Beispiel für einen derartigen Selbstregulierungsmechanismus sind die „Qualitätskriterien für Internet-Angebote" der Initiative D21 (Unterarbeitsgruppe 1 Deregulierung) vom 28. Juli 2000, zu deren Umsetzung sich Unternehmen im Rahmen einer „Anbietererklärung" selbstbindend bereit erklären können. Neben der Anbieterkennzeichnung verpflichten sich die Anbieter zu einer gesonderten Unterrichtung des Kunden

Der Kunde muss vor Erhebung der Daten über Art, Umfang, Ort und Zweck der Erhebung, Verarbeitung und Nutzung seiner personenbezogenen Daten in dem Angebot informiert werden. In jedes Internetangebot, in dem personenbezogene Daten verarbeitet werden, muss eine abrufbare Unterrichtung des Nutzers aufgenommen werden.

Für die Gestaltung wird auf den privacy protector der OECD verwiesen. Eine systematische Untersuchung über die Wirksamkeit dieser und vergleichbarer Regelungen fehlt bislang noch.

22   Datenschutz-Audit

Eine Umsetzung datenschutzrechtlicher Informationspflichten könnte schließlich auch über das Datenschutzaudit gefördert werden. Nach § 9a BDSG können datenverarbeitende Stellen ihr Datenschutzkonzept durch unabhängige und zugelassene Gutachter prüfen und bewerten lassen und das Ergebnis dieser Prüfung veröffentlichen. Bestandteil eines solchen Datenschutzkonzeptes wäre insbesondere die Einhaltung und Umsetzung der für die Stelle einschlägigen Datenschutzvorschriften und damit auch der datenschutzrechtlich gebotenen Informationspflichten. Allerdings fehlt noch immer das für das Datenschutzaudit erforderliche Ausführungsgesetz.

In eine vergleichbare Richtung zielt das Datenschutzaudit nach § 4 Abs. 2 Satz 1 LDSG Schleswig-Holstein, das eingebettet in eine Verpflichtung der Landesbehörden, sich vorrangig für förmlich geprüfte „Produkte" zu entscheiden, ein Datenschutz-Audit vorsieht.[20] Maßstab der Prüfung ist auch hier die Vereinbarkeit mit den „Vorschriften über den Datenschutz und die Datensicherheit". Auch nach dieser Regelung müssen die datenschutzrechtlichen Informationspflichten integraler Bestandteil des Datenschutz-Audits sein. Im Unterschied zur Bundesregelung besteht bereits eine Ausführungsverordnung, so dass noch in diesem Jahr mit der Einleitung der ersten Auditierungsverfahren zu rechnen ist.[21]

23   Fazit

Den datenschutzrechtlichen Informationspflichten kommt für einen marktwirtschaftlichen Datenschutz eine *zentrale Bedeutung* zu. Transparenz über die Verarbeitungsbedingungen personenbezogener Daten ist die maßgebliche Voraussetzung einer Verbindung zwischen informationeller Selbstbestimmung und Entscheidungsfreiheit des (potentiell) von einer Datenverarbeitung Betroffenen zwischen Anbietern von Waren und Dienstleistungen.

Allerdings weist das Recht der datenschutzrechtlichen Informationspflichten *strukturelle Schwächen* auf. Das Recht der Informationspflichten findet sich in verschiedenen Regelungsorten im BDSG und ist zersplittert. Auf der materiellen Ebene fehlt trotz eindeutiger Parallelen eine Verzahnung mit dem Recht des Verbraucherschutzes (AGB-Recht, Fernabsatz, E-commerce). Nicht ausreichend sind die Anforderungen an die *Gestaltung* datenschutzrechtlicher Informationspflichten, die entweder fehlen oder auf andere vergleichbare Regelungen nicht abgestimmt sind.

---

[20] Bäumler, Darenschutzaudit und IT-Gütesiegel im Praxistest, RDV 2001, 167 ff.
[21] Landesverordnung über ein Datenschutzaudit vom 3. April 2001, GVBl. S. 51.

Defizitär ist vor allem die *Durchsetzung* datenschutzrechtlicher Informationspflichten: Während die Verletzung von Informationspflichten im Zusammenhang mit einer datenschutzrechtlichen Einwilligung ihre Unwirksamkeit nach sich zieht, fehlen adäquate Mechanismen, wenn sich die Datenverarbeitung auf eine gesetzliche Grundlage stützt. Weder ist die Verletzung datenschutzrechtlicher Informationspflichten einheitlich als Ordnungswidrigkeit sanktioniert noch verfügen die Aufsichtsbehörden über ausreichende Befugnisse.

Ein wirksamer, aber in der Praxis kaum genutzter Mechanismus besteht mit der Möglichkeit der Aufsichtsbehörde, den *Betroffenen* über den Tatbestand der Verletzung von Informationspflichten zu informieren. Praktisch bewähren müssen sich die Möglichkeiten, die Verletzung datenschutzrechtlicher Informationspflichten mit Hilfe von Unterlassungsklagen gegen Allgemeine Geschäftsbedingungen oder im Wege wettbewerbsrechtlicher Unterlassungsklagen zu ahnden. Ob und inwieweit im Wege der *Selbstregulierung* oder mit Hilfe eines *Datenschutzaudits* die Umsetzung datenschutzrechtlicher Informationspflichten verbessert werden kann, wird sich ebenfalls noch erweisen müssen.

Zielvereinbarungen im Datenschutzrecht

Dr. Thomas Bernhard Petri

1   Ausgangslage: Komplexe und abstrakte Datenschutzgesetze

„Einschränkungen dieses Rechts auf informationelle Selbstbestimmung sind nur im Allgemeininteresse zulässig. Sie bedürfen einer verfassungsgemäßen gesetzlichen Grundlage, die dem rechtsstaatlichen Gebot der Normenklarheit entsprechen muss."[1]

Bestimmte und klare Gesetze[2] - so hat das Bundesverfassungsgericht bereits vor knapp zwanzig Jahren die Anforderungen beschrieben, unter denen eine Datenverarbeitung zulässig sein soll. Angesichts dieser eindeutigen Worte sollte man meinen, dass der Gesetzgeber auch und gerade im Bundesdatenschutzgesetz (im Folgenden: BDSG) diese verfassungsrechtlichen Vorgaben umsetzen würde.

Leider stellt sich eine solche Vermutung als Trugschluss heraus. Die Regelungen des jüngst im Mai 2001 novellierten BDSG wie auch zahlreicher anderer Datenschutzgesetze sind abstrakt und komplex. Die Abstraktheit gesetzlicher Regelungen ist zu rechtfertigen, wenn und weil sie notwendig ist, um eine Vielzahl von Datenverarbeitungsvorgängen einheitlich zu erfassen. Die Komplexität hingegen ist nicht entschuldbar, weil sie einen schwer wiegenden Mangel an Rechtsstaatlichkeit darstellt. Wenn Normenklarheit tatsächlich bedeutet, dass sich aus den Ermächtigungsgrundlagen die Voraussetzungen und der Umfang der Beschränkungen klar und für den Bürger erkennbar ergeben müssen, wenn Normenklarheit ferner heißt, dass die von einer Regelung Betroffenen die Rechtslage erkennen und ihr Verhalten danach bestimmen können,[3] ja, wenn man all diese Vorgaben ernst nähme, würden zahlreiche Bestimmungen des novellierten BDSG die Hürde der Verfassungsmäßigkeit nicht nehmen.

Nein, man muss schon in dem Lesen von Gesetzen geschult sein und die Vorschriften sorgfältig betrachten, um beispielsweise zu verstehen, wann ein betrieblicher Datenschutzbeauftragter zu bestellen sei und in welchem Zusam

---

[1] *BVerfGE* 65, 1 (LS. 2).

[2] Dazu vgl. beispielsweise *Denninger / Petri*, in *Helmut Bäumler* (Hrg.), Polizei und Datenschutz, Neuwied 1999, 13 ff.

[3] So bereits *BVerfGE* 17, 306, 314 – Mitfahrerzentrale.

menhang die Meldepflicht mit der Bestellung des Datenschutzbeauftragten stehen mag[4] oder unter welchen Voraussetzungen personenbezogene Daten in das Ausland transferiert werden dürfen.[5]

2　　Zielvereinbarungen als Übersetzungshilfe

Für den Alltag wird der gesetzestreue Unternehmer also danach suchen müssen, die bereits als abstrakt und kompliziert charakterisierte Gesetzessprache allgemein verständlich zu übersetzen. Zu wählen ist dann eine Sprache, die von der Belegschaft verstanden wird, ohne dass ein Verlust an datenschutzrechtlicher Substanz eintritt.

Zielvereinbarungen können eine solche Dolmetscherfunktion erfüllen. Gesetzliche Vorgaben werden durch sie konkretisiert und in das Datenschutzmanagement integriert.

Datenschutzrechtliche Zielvereinbarungen können dabei in unterschiedlicher Ausgestaltung und mit verschiedenen Akteuren auftreten. So sieht die Europäische Datenschutzrichtlinie vor, dass Berufsverbände oder andere Interessenvertretungen Verhaltensregeln oder Vorschläge zur Änderung oder Verlängerung bestehender einzelstaatlicher Verhaltensregeln ausarbeiten und der zuständigen Aufsichtsbehörde zur Genehmigung vorlegen können.[6] Der deutsche Gesetzgeber hat diese Regelung mit § 38a BDSG in das innerstaatliche Recht umgesetzt (1).

Unternehmensrichtlinien dienen neben dem Zweck der Vereinheitlichung von Datenschutzstandards auch zur Festlegung von Verantwortlichkeiten innerhalb eines Unternehmens oder Unternehmensverbundes (2.). Eine Erwähnung finden sie in § 4c Abs. 2 BDSG, der den Transfer personenbezogener Daten in Drittstaaten ohne angemessenes Datenschutzniveau zum Gegenstand hat.

Nicht ausdrücklich im BDSG geregelt sind Zielvereinbarungen, die das Unabhängige Landeszentrum für Datenschutz Schleswig-Holstein mit Unternehmen schließt, um für diese Stellen eine Optimierung des materiellen Datenschutzes und eine höhere Transparenz für die Verbraucher zu erzielen (3.). Zugleich greift diese Gestaltung von Datenverarbeitungsvorgängen die Idee eines marktwirtschaftlich orientierten Datenschutzes nach dem Motto „Tue Gutes und rede mit möglichst vielen darüber" auf[7].

---

[4] Vgl. §§ 1 Abs. 5, 4d, e BDSG.
[5] Vgl. §§ 4b, c BDSG, aber auch § 3 BDSG.
[6] Art. 27 Abs. 2 EU-DSRL; vgl. hierzu insbesondere die Kommentierung von *Brühann* in *Grabitz/Hilf*, Das Recht der Europäischen Union, Band III, Kommentierung zu Art. 27 EU-DSRL (Loseblatt, Stand 1999).
[7] Vgl. dazu den Beitrag von Bäumler in diesem Band, S. 1

3   Branchenspezifische Verhaltensregeln

Der Gesetzgeber wird niemals eine bestimmte Regelungstiefe überschreiten können, ohne dass das gesetzliche Vorschriftensystem komplex und undurchsichtig wird. Die Vorzüge einer branchenspezifischen Selbstregulierung liegen daher auf der Hand: Verbände oder berufsständige Interessenvertretungen können Datenschutzregelungen treffen, welche die branchenspezifischen Besonderheiten zutreffend und interessengerecht erfassen. Zugleich sollen diese Verhaltensregeln durch ihren selbstregulativen Charakter eine erhöhte Akzeptanz seitens der verbandsangehörigen verantwortlichen Stellen bewirken. Und schließlich können die Verbandsangehörigen damit rechnen, dass die Verhaltensregeln die abstrakten gesetzlichen Regelungen zuverlässig übersetzen; sie gewinnen also Rechtssicherheit für ihre Datenverarbeitung.

Um die verfassungsgerichtlich verlangte[8] demokratische Legitimation zu Gewähr leisten, bedarf es jedoch der Rückkoppelung zu einem staatlichen Organ. Dies gewährleistet § 38a BDSG, indem er die Entwürfe von Verhaltensregeln der Genehmigung durch die Aufsichtsbehörden unterwirft.

Die Genehmigungsfähigkeit ist dabei an bestimmte Voraussetzungen geknüpft. Zunächst muss der vorgelegte Entwurf begrifflich eine Verhaltensregel darstellen, die der Förderung der Durchführung von datenschutzrechtlichen Regelungen dient. Auch hier hat das BDSG eine unklare Formulierung getroffen. Als Auslegungshilfe kann man jedoch auf die Europäische Datenschutzrichtlinie zurückgreifen, die für das BDSG verbindliche Regelungsziele formuliert hat.[9] Danach wird man eine „Förderung der Durchführung" im richtlinienkonform ausgelegten[10] Sinne annehmen können, wenn die Verhaltensregel gesetzliche datenschutzrechtliche Regelungen konkretisiert, klarstellt oder eine besondere berufsspezifische Verlängerung der einzelstaatlichen Regelungen darstellt.[11]

Die Aufsichtsbehörde hat ferner zu überprüfen, ob die ihr unterbreiteten Entwürfe mit dem geltenden Datenschutzrecht vereinbar sind; sie nimmt also eine Rechtmäßigkeitskontrolle vor. Dem vorlegenden Verband obliegt es dabei, dass er seinen Entwurf in rechtlicher, technischer und organisatorischer Hinsicht begründet.[12]

---

[8] Ständige Rechtsprechung des Bundesverfassungsgerichts, vgl. z.B. *BVerfGE* 76, 196 ff.

[9] Zur Wirkung einer EG-Richtlinie vgl. Art. 249 Abs. 3 EG-Vertrag.

[10] Dazu vgl. *Ruffert* in *Calliess/Ruffert*, Kommentar zum EUV und EGV, 1999, Art. 249 Rn. 106 ff.

[11] Vgl. Kommissionsbegründung zum Entwurf des Art. 28 EU-DSRL, der dem späteren Art. 27 EU-DSRL entspricht (abgedruckt bei *Ehmann/Helfrich*, EG-Datenschutzrichtlinie, 1999, zu Art. 27).

[12] Dazu Begründung zu § 38a BDSG, BT-Drs. 14/4329, S. 46.

Noch ungeklärt sind die rechtlichen Wirkungen von Verhaltensregeln. Das BDSG schweigt hierzu, anders als etwa im Tarifvertragsrecht[13] finden sich insbesondere keine Ausführungen zum Normcharakter. Aus verfassungsrechtlichen Erwägungen wird man daher für die verantwortlichen Stellen nur begrenzt grundrechtsrelevante Einschränkungen ihrer Handlungsfreiheit annehmen dürfen. Besondere, gesetzlich nicht vorgesehene Sanktionen für datenschutzrechtliche Fehlgriffe könnten beispielsweise verantwortlichen Stellen nur auferlegt werden, wenn sie selbst den Verhaltensregeln zugestimmt haben.

Ausgehend von dieser Prämisse nimmt die Aufsichtsbehörde mit der Genehmigung in erster Linie eine verwaltungsrechtlich begründete Selbstbindung vor, indem sie in Gestalt eines Verwaltungsaktes die Rechtmäßigkeit einer Verhaltensregel verbindlich feststellt.[14] Diese Rechtswirkung kann grundsätzlich nur durch eine Aufhebung nach den allgemeinen verwaltungsrechtlichen Regeln beseitigt werden.[15]

Soweit sich eine verbandsangehörige verantwortliche Stelle an eine bestandskräftig genehmigte Verhaltensregel hält, kann die Genehmigungsbehörde infolge dessen keine aufsichtsbehördlichen Sanktionen verhängen. Allerdings stellt das Einverständnis mit einer partiell wirkenden Verhaltensregel keine umfassende aufsichtsbehördliche Absegnung unternehmerischer Datenverarbeitungskonzepte dar.

4   Zielvereinbarungen und Datenverarbeitungsrichtlinien im Konzern

Datenverarbeitungsrichtlinien gehören mittlerweile zum Standardregelwerk in größeren Konzernen[16]. Sie Gewähr leisten ein einheitliches Verständnis über datenschutzrechtlich relevante Verarbeitungsvorgänge im Unternehmensverbund und legen die Verantwortlichkeiten für die Kontrolle der Datenverarbeitung fest.

Eine positivrechtliche Ausgestaltung haben solche konzernbezogenen Codes of Conduct durch § 4c Abs. 2 BDSG erfahren. Danach sind Datentransfers in Staaten außerhalb der Europäischen Union (Drittstaaten) unter anderem zulässig, wenn diese Unternehmensrichtlinien einen angemessenen Datenschutzstandard Gewähr leisten.

Ziel dieser Regelung ist es, dass einerseits der EU-übliche Datenschutzstandard bei dem Datenempfänger im Wesentlichen erhalten bleibt, andererseits die Er-

---

[13] Vgl. dort § 4 TVG.

[14] Zu den Rechtswirkungen des feststellenden Verwaltungsaktes vgl. u.a. *Wolff/Bachof/Stober*, Verwaltungsrecht, Band 2, 6. Aufl. 1999, § 46 Rn.7 ff., § 48 Rn 8.

[15] Vgl. §§ 48 ff. VwVfG der jeweiligen Landesverwaltungsgesetze; für das Land Schleswig-Holstein vgl. §§ 116, 117 LVwG.

[16] Vgl. den Beitrag von Büllesbach in diesem Band, S. 45

fordernisse des globalen Wirtschaftsverkehrs nicht unangemessen durch Restriktionen beeinträchtigt werden.[17]

Der im BDSG getroffene Kompromiss zwischen beiden Interessenlagen sieht vor, dass Unternehmensrichtlinien zum Datentransfer in Drittstaaten den zuständigen Datenschutz-Aufsichtsbehörden zur Genehmigung vorzulegen sind. Erste Entwürfe liegen bereits vor und werden derzeit auf ihre Rechtmäßigkeit überprüft.

Konzernpolitisch problematisch ist das Instrument der Unternehmensrichtlinie bisweilen, wenn die Konzernmuttergesellschaft ihren Sitz in einem Drittstaat hat, der kein angemessenes Datenschutzniveau[18] aufweist. In einem solchen Fall bewirkt das BDSG eine Art Umkehrung der hierarchischen Strukturen des Konzerns: Das Tochterunternehmen ist dann datenschutzrechtlich gehalten, der Muttergesellschaft gewisse Datenschutz-Mindeststandards vorzugeben. Dies mag seitens der Muttergesellschaft teils als Affront, teils als vorgeschobene Argumentation für Eigenständigkeitsbestrebungen der Konzerntochter aufgefasst werden. Dieses Spannungsverhältnis ist jedoch hinzunehmen; schließlich sind auch weltweit operierende Konzerne stets verpflichtet, unterschiedliche gesetzliche Regelungen der Staaten zu beachten.

Innerhalb der Bundesrepublik Deutschland gilt dies insbesondere bei der Erhebung, Verarbeitung und Nutzung von personenbezogenen Arbeitnehmerdaten. Konzern- bzw. unternehmensinterne Zielvereinbarungen nehmen hier ihren Ausgangspunkt häufig in einem betriebsverfassungsrechtlich geprägten Datenschutz, der in erster Linie auf das Mitbestimmungsrecht des Betriebsrates zurückzuführen ist.[19] Die Betriebspartner regeln danach Datenschutzstandards bei der Verhaltens- und Leistungskontrolle der Arbeitnehmer im Zusammenhang mit der Nutzung der betriebsinternen Telekommunikationsanlagen und des Internets.

In der Arbeitsrechtsdogmatik ist dabei die Befugnis der Betriebspartner anerkannt, gewisse gesetzliche Schutzstandards mittels Betriebsvereinbarungen zu unterschreiten[20]. Umgekehrt und für Datenschutz-Zielvereinbarungen eher rele-

---

[17] Vgl. *Gerhold/Heil*, Das neue Bundesdatenschutzgesetz, DuD 2001, 377, 378.

[18] Außerhalb der EU-Staaten und der Staaten des Europäischen Wirtschaftsraumes weisen nur die Schweiz und Ungarn ein angemessenes Datenschutzniveau auf; für Kanada und Australien werden entsprechende Verhandlungen geführt. Für die USA gilt die Sonderregelung des „Safe Harbor Privacy Principles"- Abkommens.

[19] Vgl. § 87 Abs. 1 Nr. 6 BetrVG und *Ehmann*, Prinzipien des deutschen Datenschutzrechts, RDV 1998, 242.

[20] Vgl. *Fitting/Kaiser/Heither/Engels*, Betriebsverfassungsgesetz, 20. Aufl. 2000, § 87 Rn. 227 ff.

vant dürfen Betriebsvereinbarungen selbstverständlich aber auch Datenschutz-standards erhöhen.[21]

5   Zielvereinbarungen als Instrumente der positiven Selbstdarstellung

Ausgehend von der These, dass ein ökonomisch ausgerichteter Datenschutz nicht als Belastung, sondern als möglicher Wettbewerbsvorteil zu verstehen ist, setzt das Unabhängige Landeszentrum für Datenschutz auf eine neue Variante der Datenschutz-Zielvereinbarung. Danach sollte eine datenschutzfreundliche Konzeption oder Zielsetzung zu einem messbaren Vorteil der verantwortlichen Stelle im Wettbewerb führen[22].

Aus der Perspektive der werbenden Wirtschaft setzt Datenschutz als Wettbe-werbsvorteil allerdings voraus, dass ein Bedarf der Konsumenten an Daten-schutz besteht oder zumindest zu wecken ist. Daneben muss die realistische Chance vorhanden sein, dass Konsumenten einen besonderen Datenschutzser-vice künftig mit einem bestimmten Unternehmen identifizieren. Nur dann fällt möglicherweise eine Kaufentscheidung für das im Vergleich datenschutzfreund-lichere Produkt oder Unternehmen.

Für bestimmte Branchen liegt ein Bedarf der Konsumenten an Datenschutz un-mittelbar nahe und wird durch jüngste Umfragen bestätigt.[23] Zumindest in be-stimmten Marktsegmenten sind relevante Gruppen von Konsumenten bereit, datenschutzrechtliche Produkte zu bevorzugen. Gleichzeitig ist aber das Wissen der Betroffenen über ihre Datenschutzrechte nur begrenzt vorhanden.

Wie wird der Bedarf nach Datenschutz also werbestrategisch umgesetzt, sodass die Konsumenten Datenschutz mit der verantwortlichen Stelle identifizieren ? Das Unabhängige Landeszentrum Schleswig-Holstein bietet hierfür mehrere In-strumente an. Zuförderst soll das Datenschutz-Gütesiegel den Konsumenten das Vertrauen in ein (auch tatsächlich) datenschutzfreundliches Produkt vermitteln.[24]

Es gibt allerdings Stellen, die nicht über eine hinreichende Liquidität verfügen, um die Kosten eines Auditverfahrens zu tragen. Bestimmte Produkte sind über-

---

[21] Dazu beispielsweise *ArbG Kiel*, U.v. 1.2.2001, Az. 2 Ca 2248d/00, veröffentlicht in DuD 2001, Heft 11, n.rkr.

[22] Vgl. den Beitrag von Bäumler in diesem Band, S. 1

[23] Dazu vgl. die Studie von *Opaschowski* in diesem Band, S. 13, sowie den *IBM Privacy-Survey* (Okt. 1999), im Internet als Download erhältlich unter http://www.ibm.com/servi-ces/files/privacy_survey_oct991.pdf.

[24] Statt vieler vgl. die Beiträge von *Diek* (insbesondere zu § 4 Abs. 2 LDSG S-H.), S. 157, *Ewer, S. 180* und (insbesondere zur Abgrenzung zwischen dem Datenschutz-Gütesiegel und dem sogenannten Behördenaudit nach § 43 LDSG) *Golembiewski*, S. 107, alle in die-sem Band.

dies nicht für den Einsatz durch öffentliche Stellen geeignet, was Voraussetzung für die Vergabe des Datenschutzgütesiegel ist. Gewinnt das Unabhängige Landeszentrum für Datenschutz im Rahmen einer Kontrolle den Eindruck, dass ein Unternehmen im Vergleich zu seinen Wettbewerbern über eine datenschutzfreundliche Konzeption oder Privacy Policy verfügt, spricht es deshalb diese Stelle auf die Möglichkeit einer Datenschutz-Zielvereinbarung an.[25]

Regelmäßig kommt es dabei zu einer aufsichtsbehördlichen Kontrolle der betrieblichen Privacy Policy des Unternehmens auf freiwilliger Basis. Neben der Formulierung von Optimierungszielen beinhaltet die Zielvereinbarung auch die Verpflichtung des Unternehmens zur Verfassung einer Datenschutzerklärung, die den Kunden über die Privacy Policy des Unternehmens allgemein verständlich informiert. Im Rahmen dieser Datenschutzerklärung bescheinigt das Unabhängige Landeszentrum für Datenschutz, dass es die Privacy Policy in der dargestellten Form als datenschutzkonform gebilligt hat.

Der Datenschutz-Zielvereinbarung liegen folgende Erwägungen zu Grunde: Zunächst wird die Transparenz von Datenverarbeitungsvorgängen gefördert. Die Kunden erfahren, wer im Rahmen der angebotenen Dienstleistung welche personenbezogene Daten erhebt, verarbeitet und nutzt. Das Anbieterunternehmen gewährt also einen Einblick in die Funktionsweise seines Produktes, aber auch über seine internen Datenverarbeitungsvorgänge. Zugleich werden die Kunden allgemein verständlich über ihre datenschutzrechtlichen Informationsrechte informiert. Da Datenschutz als Werbemittel dienen soll, wird er positiv dargestellt. Der Wert von diskreter Behandlung und von Vertrauen wird damit hervorgehoben. Hierdurch findet zugleich eine Sensibilisierung von Betroffenen statt, die bisher datenschutzrechtliche Institute nicht reflektiert haben. Die für das werbende Unternehmen besonders kennzeichnende Verbindung von Diskretion und Aufklärung fördert das Vertrauen des Kunden und trägt damit zu seiner Bindung an das werbende Unternehmen bei.

Die Bescheinigung des Unabhängigen Landeszentrums für Datenschutz besagt zudem, dass sich das betreffende Unternehmen datenschutzfreundlich verhält, wenn es seine dargestellte Privacy Policy befolgt. Sie lädt damit zur Wahl des Produktes ein, aber auch zu einer kritischen Kontrolle durch den Konsumenten[26]. Je nach tatsächlicher Werthaltigkeit der Privacy Policy wird auch die Datenschutz-Zielvereinbarung spürbare Erfolge oder Misserfolge des Unternehmens zur Folge haben.

---

[25] Umgekehrt können schleswig-holsteinische Unternehmen ihre Privacy Policy dem Unabhängige Landeszentrum zur Begutachtung vorlegen und eine Zielvereinbarung anregen. Erfordert die Begutachtung einer Privacy Policy einen beträchtlichen Aufwand, kann das Unabhängige Landeszentrum allerdings auch aufwandsabhängige Gebühren erheben.

[26] Vgl. dazu die Beiträge von Bäumler, S. 1 und Weichert, S. 27 in diesem Band.

Hat ein solches Konzept der Vertrauenswürdigkeit Erfolg, werden Konsumenten auch bei anderen Stellen ihre Datenschutzrechte verstärkt einfordern. Das wiederum erzeugt bei Mitbewerbern mehr Kenntnisse über den Datenschutz. Nachfrage führt auf diesem Weg zur Nachahmung. Insbesondere mit der Beachtung bestimmter Aufklärungsregeln wird erneut mehr Datenschutzbewusstsein erzeugt, sodass sich datenschutzorientierte Werbung in den betreffenden Branchen wiederum positiv auswirkt.

Wie jedes andere Mittel der Werbung ist die datenschutzrechtliche Zielvereinbarung ein Instrument zur Gestaltung des Wettbewerbs. Während für das Unabhängige Landeszentrum der datenschutzrechtliche Aspekt im Vordergrund steht und die gesetzliche Verpflichtung zur Beratung als Rechtsgrundlage für den Abschluss von Zielvereinbarungen dient, ist das vornehmliche Ziel des Vertragspartners eine Steigerung seiner Umsatzzahlen und die Schaffung von Kundenbindung. Vertrauen wird aber nur erzeugt, wenn sich das Unternehmen selbst durch die Datenschutzerklärung gebunden sieht. Anderenfalls drohen wettbewerbsrechtliche Schritte durch Konkurrenten[27] - und die Enttäuschung der Kunden.

6   Fazit und Ausblick

Datenschutz-Zielvereinbarungen sind bereits etablierte Instrumentarien zur Lenkung von Datenverarbeitungsvorgängen. Erste Erfahrungen des Unabhängigen Landeszentrums für Datenschutz Schleswig-Holstein zeigen jedoch, dass sie auch als Gestaltungsmittel für eine positive Selbstdarstellung im Wettbewerb in Betracht kommen, wenn Branchen das besondere Vertrauen der Kunden auf die Einhaltung des Datenschutzes benötigen. Damit ist die Zielvereinbarung ein Gestaltungsinstrument, das zu einem Marktverhalten beitragen kann, das Datenschutz nicht mehr nur als Hemmschuh, sondern auch als Siebenmeilenstiefel für den Wettbewerb begreift[28].

---

[27] Vgl. zu falschen Werbeaussagen insbesondere die Kommentierungen von *Baumbach/Hefermehl*, Wettbewerbsrecht, 21. Aufl. 1999 und *Ekey/Klippel/Kotthoff/Meckel/Plaß*, Wettbewerbsrecht, 1999, jeweils zu §§ 1, 3 UWG.

[28] Vgl. den Beitrag von Bäumler in diesem Band, S. 1

Auditierung und Zertifizierung des Datenschutzes - erste Schritte, Möglichkeiten und Probleme

Prof. Dr. Reinhard. Vossbein

1   Das LDSG-SH als Wegbereiter der Datenschutzauditierung

Das Datenschutzaudit – auch durch die Novellierung des BDSG zu hoher Bedeutung gekommen – ist nicht unumstritten. Dies liegt nicht zuletzt daran, dass besondere Ausführungsbestimmungen in Form von Ergänzungsgesetzen, Verordnungen o. Ä.. bisher auf breiter Ebene – auf Bundesebene – nicht existieren und dass damit die betroffenen Institutionen keine Klarheit über die wirklichen und möglichen Auswirkungen auf „ihren Datenschutz" haben. Eine Ausnahme positiver Natur bildet hier das Land Schleswig Holstein, welches hinreichend präzise Verordnungen erlassen hat, die es der interessierten Institution ermöglichen, die Konsequenzen abzuschätzen[1]. Im Folgenden soll versucht werden, bestimmte Aspekte des Datenschutzaudits gemäß LDSG-SH zur Diskussion zu stellen und gleichzeitig die dort getroffenen Lösungsansätze mit anderen Auditierungsverfahren zu vergleichen.

Die Sommerakademie 2001 hat einige wesentlichen Schritte in der Diskussion des Datenschutzaudit gem. LDSG-SH gemacht. Im Folgenden sollen einige Punkte dargestellt werden, die – diskutiert oder noch offen – sich aus den Verfahren und insbesondere auch den Verordnungen ergeben. Die Reihenfolge ist eher willkürlich und nicht durch die Bedeutung der Punkte bestimmt.

- Die Begrifflichkeit ist nicht durchgängig und vollständig klar. So wird mit dem Begriff „Verfahren" einmal ein „automatisiertes oder nicht automatisiertes Verfahren" im Sinne einer Anwendung im Einsatz bezeichnet, zum anderen aber das Verfahren der Auditierung. Hier sollte bei einer Überarbeitung für den zweiten Begriff möglicherweise der Terminus „Prozess" verwendet werden. Des Weiteren erscheint es wichtig, bei der Erarbeitung der Kriterien für Produktaudits festzulegen, was ein Produkt von einem Verfahren unterscheidet, bzw. wie ein Produkt von seiner Anwendungs- und Einsatzumgebung sinnvoll losgelöst werden kann. So ist z. B. denkbar, dass „Produkt + Einsatzumgebung = Verfahren" wäre, wobei aber auch andere begriffliche Lösungen denkbar sind.

---

[1] Vgl. dazu die Beiträge von Golembiewski, S. 107, Diek, S. 157 und Ewer, S. 180, in diesem Band.

- Datenvermeidung und Datensparsamkeit sind als Kernpunkte des neuen Gesetzes und Teil seiner wesentlichen Innovation nur unvollkommen durch technische Lösungsansätze zu realisieren. Die Diskussion darüber, welches die organisatorischen Voraussetzungen und Bedingungen zu ihrer Realisierung sind, hat noch nicht stattgefunden: Es sollte hierbei beachtet werden, dass Datenvermeidung und Datensparsamkeit institutionsspezifische Determinanten beinhalten, die es unmöglich machen, das Problem allein auf die technische Ebene verlagern zu können: Beide Anforderungen sind vermutlich selbst in Behörden nicht durchgängig gleich zu lösen.

- Es gibt zwei Gebiete der Auditierung/Gütesiegelverleihung, von denen eines Produkte, das andere Daten verarbeitende Stelle betrifft. Diese zwei Gebiete sind absolut unterschiedlich in ihren Prüf- und Bewertungskriterien, sind aber in ihrer Wirkung stark voneinander abhängig: Produkteigenschaften positiver wie negativer Art können durch organisatorische/institutionelle Gegebenheiten verstärkt und/oder abgeschwächt werden. Somit hätte ein Auditierungsprozess generell auch die Frage der Interdependenz zwischen Produkt und Institution zu klären, beziehungsweise - als Vorgriff auf die noch zu treffenden Regelungen bezüglich der Produktauditierung und –zertifizierung – die Bedingungen festzulegen, unter welchen eine Institution ein gesiegeltes Produkt zur Erleichterung ihres eigenen Auditierungsverfahrens einsetzen darf, um die Vorteile des Einsatzes gütesiegelversehener Produkte zu wahren.

- Die Bewertungs-/Auditierungskriterien sind nicht hinreichend operationalisiert. Hierzu lassen sich folgende Feststellungen treffen:

  - Es dürften unterschiedliche Auffassungen über die Kriterien als solche bestehen

  - Es dürften stark unterschiedliche Auffassungen über den notwendigen Erfüllungsgrad bestehen

  Diese Problematik ist in einem engen Zusammenhang mit dem nachstehenden Punkt zu sehen. Da die Bewertungskriterien nicht oder nur über bestimmte Verfahren quantifizierbar sind, kommt der fachlichen Kompetenz der Auditoren bei der Durchführung der Audits ein deutliches Gewicht zu. Es sollte darüber hinaus angestrebt werden, durch Standardisierung der Checkpoints eine Vereinheitlichung mit gleichartigem Prüfniveau zu erzielen.

- Die Zertifizierungs-/Gütesiegelverleihungsbedingungen sind nicht hinreichend operationalisiert. Hier stehen unterschiedliche Philosophien zur Wahl:

- Soll derjenige, der die gesetzlichen Bedingungen erfüllt, gütesiegelberechtigt sein?

- Ist eine Übererfüllung der gesetzlichen Forderungen erforderlich, und wenn ja, in welchem Umfang und auf welchen Gebieten bevorzugt? Und: Ist sie überhaupt möglich?

- Ist eine Nichterfüllung eher weniger bedeutungsvoller Anforderungen des Gesetzes unschädlich für die Gütesiegelverleihung?

- Gibt es absolute k.o.-Kriterien, deren Vorliegen zum Abbruch des Auditierungsverfahrens führen sollten?

In diesem Zusammenhang ist es von Bedeutung, auch über Kompensationsmöglichkeiten einzelner Kriterien und deren Über- bzw. Untererfüllung nachzudenken.

Es sollte geklärt werden, ob die derzeit für öffentliche Stellen (Behörden) des Landes SH geltenden Auditierungs-/Gütesiegelverleihungsprozesse mit dem Ergebnis eines Gütesiegels auch an auditierungsbereite Unternehmen vergeben werden können, wenn diese sich einem gleich qualifizierenden Audit unterwerfen. Es lässt sich vorstellen, dass bestimmte Unternehmen, insbesondere solche, die z. B. besonders im Licht der Öffentlichkeit stehen, an einem Gütesiegel interessiert sein könnten, zumal eine Bundesregelung nach den im Politikbereich üblichen Verfahrensweisen und Firsten noch auf sich warten lassen dürfte

Es ist darüber hinaus nicht ersichtlich, ob die Referenzierung auf das Umweltaudit der Diskussion um das Datenschutzaudit wirklich förderlich ist[2].

2 Die Ausführungsbestimmungen des LDSG-SH im Verhältnis zu anderen Ansätzen der Datenschutzauditierung

Einer der Nachteile des Datenschutzaudits gem. LDSG-SH ist seine regionale Begrenztheit. Dies ist insofern nachteilig, als insbesondere das Produktaudit sich eigentlich nicht nur auf Produkte/Anwendungssysteme beziehen kann, die regional vertrieben und eingesetzt werden. Produkte/Anwendungssysteme werden nur für große Märkte nationaler und/oder internationaler Art entwickelt und ein wirtschaftlicher Preis ist nur dann möglich, wenn eine überregionale Distribution zumindest vom Wollen her geplant ist. Die Wirkung eines im Prinzip regionalen Gütesiegels ist daher ambivalent zu beurteilen:

---

[2] Vgl. dazu den Beitrag von Ewer in diesem Band, S. 180

- Der Ruf der dieses Gütesiegel verleihenden Institution ist so, dass von seinem Image her eine Überstrahlung der potenziellen Nachteile der regionalen Gültigkeit erfolgt. In diesem Fall verleiht die Institution – in diesem Fall das ULD – dem Produkt ein deutlich besseres Image als es ohne dieses Siegel haben würde. Dies dürfte im Fall des Siegels gem. LDSG-SH gegeben sein.

- Es entwickeln sich weitere regionale, auf anderen Prozeduren beruhenden Gütesiegel, die sich von den Aussagen her von denen des Siegels gem. LDSG-SH unterscheiden. Dies würde grundsätzlich die Aussagequalität des Siegels gem. LDSG-SH verändern – im Zweifelsfall verschlechtern – da andere Siegel mit anderem Anspruchsniveau - höher oder niedriger – eine Ausstrahlung positiver oder negativer Art haben würden. Dies kann Daten verarbeitenden Stellen regionaler Art insbesondere auf dem Behördensektor gleichgültig sein, nicht jedoch Unternehmen, die ihre Produkte zum Zweck der besseren Vermarktung auf Grund von Datenschutzkonformität promoten wollen.

- Es entwickeln sich weitere überregionale, auf anderen Prozeduren beruhende Gütesiegel, wie z. B. auf der Grundlage des BDSG, die sich von den Aussagen her von denen des Siegels gem. LDSG-SH unterscheiden. In diesem Fall würden ebenfalls die unter 2. gemachten Konsequenzen zu erwarten sein.

- Es entwickeln sich weitere überregionale, auf anderen Normen beruhenden Zertifizierungs-/Gütesiegelprozeduren, wie z. B. auf der Grundlage des BS 7799/ISO IEC 17799-1, die in so weit als „offene Standards" konzipiert sein müssen, dass sie Auditierungen und Zertifizierungsprozesse auch auf dem Gebiet des Datenschutzes erlauben. Das Gebiet des Datenschutzes müsste – in der Sprache des BS 7799/ISO IEC 17799-1 – dann als Teilsystem des IT-Sicherheitsmanagementsystems definiert und entsprechend den Richtlinien des BS 7799/ISO IEC 17799-1 abgegrenzt werden. Dies ist z. B: für den BS 7799/ISO IEC 17799-1 insofern gegeben, als dieser Standard offen konzipiert wurde und im Prüfgebiet/Teilkapitel 12 nationale gesetzliche Verpflichtungen ausdrücklich als Prüfobjekte benennt. Für den Datenschutz würde dies bedeuten, dass seine gesetzlich begründeten Prüfaspekte dann als Gegenstand des Teilkapitels 12 und seine technisch-organisatorischen Prüfgegenstände als „Auszug" der Kapitel 2 bis 11 der Norm. Ähnliches gilt sinngemäß auch für andere gesetzliche Regelungen, wie z. B. Handelsrecht, Aktienrecht (KonTraG) oder Steuerrecht, bei denen die Anforderungen an ordnungsgemäße Systeme z. B. in den FAIT (Grundsätze ordnungsmäßiger Buchführung beim Einsatz von IT-Systemen) niedergelegt sind.

Es ist für den vorliegenden Zweck der Auditierung des Datenschutz- und Sicherheitsmanagements eines IT-Systems, seiner Verfahren und der Daten verarbeitenden Stelle durchaus sinnvoll, zwischen Checkup und Audit zu unterscheiden. Hierbei ist der Checkup die Feststellung des Ist-Zustandes durch unterschiedliche Erhebungsverfahren, wie Dokumentenanalyse und interviewgeführte Erhebungen, also das, was gem den Prozeduren des LDSG-SH durch die Daten verarbeitende Stelle selbst durchgeführt wird. Das Audit ist dann die Verifizierung oder Falsifizierung der durch den Checkup gewonnenen Ergebnisse. Dies kann auch von der Daten verarbeitenden Stelle durchgeführt werden, ist aber im Zweifelsfall auch Gegenstand der Aufgabe der Prüfinstitution. Die Phase der Entscheidung über Auditierungsergebnisse beinhaltet eine Bewertung der Feststellungen, die entweder von der internen Revision für eine qualifizierte Berichterstattung genutzt werden kann oder als Grundlage für eine Zertifizierung durch eine dritte, neutrale Prüfinstitution dient.

Als Letztes soll noch auf das Grundschutzhandbuch des BSI (Bundesamt für Sicherheit in der Informationstechnologie) eingegangen werden. Auf der Basis des Grundschutzhandbuches, das an sich schon jetzt in der Hand des Fachmannes eine vorzügliche Prüfungsgrundlage für IT-Sicherheit bildet, wird im Verlauf der nächsten Zeit eine Auditierungsvorlage entwickelt, die dann nach Fertigstellung in einer gewissen Konkurrenz zum vorstehend beschriebenen British Standard BS 7799/ISO/IEC 17799-1 stehen dürfte. Während der BS 7799/ISO IEC 17799-1 als offener Standard beschieben wurde, wird die Auditierungsvorlage auf Basis des Grundschutzhandbuches eher als geschlossenes System ausgeprägt sein, was es schwierig machen dürfte, es als Grundlage von Datenschutzauditierungen einzusetzen, da dies nicht ihrer Zielsetzung entspricht.

3   Nutzen der Datenschutzauditierung

Eine Nutzenbetrachtung macht deutlich, dass die einzelnen Nutzen und nutzenrelevanten Faktoren hoch bedeutungsvoll, aber in den meisten Fällen kaum quantifizierbar sind. Es handelt sich hierbei um:

- Intensive Beschäftigung mit dem Datenschutzssystem durch eigene Mitarbeiter und Dritte

- Erhöhung des Datenschutzes des Gesamtsystems oder wesentlicher Teile

- Erhalt eines publicity-wirksamen Zeugnisses über die Datenschutzqualität

- Erhöhung des Imagewertes in Sachen Datenschutz bei Mitarbeitern

- Erhöhung des Imagewertes in Sachen Datenschutz bei externen Bezugsgruppen

- Möglichkeit, sich auf besonders datenschutzsensitive Teile des Gesamtsystems zu konzentrieren

- Kostenlenkungseffekte im Sinne von Kosteneinsatzoptimierung

- Erlös- und Gewinnzuwächse durch Vertrauenserhöhung bei umsatzrelevanten Bezugsgruppen, sofern bei diesen eine Datenschutz-sensitvität vorliegt

Eine Kosten-Nutzen-Rechnung im Sinne einer Vorteilsrechnung der Investitionen in die Zertifizierung wird daher in den meisten Fällen nicht sinnvoll durchzuführen sein. Insbesondere unter motivationalen Gesichtspunkten sind die Nutzenpositionen 1 und 2 von hoher Bedeutung, da durch die intensive Beschäftigung mit dem IT Sicherheitssystem eine hohe Sensibilität für Datenschutzfragen erreicht werden kann. Dieser Effekt gleicht dem anderer Zertifizierungsvorhaben, bei denen häufig festgestellt wurde, dass die Beschäftigung mit den Schwächen der Organisation und die Motivation für ihre Verbesserungen von hohem Wert waren.

Die Erhöhung der Datenschutzqualität des Gesamtsystems oder wesentlicher Teile stellt auch auf der Nutzenseite einen wesentlichen Positivfaktor dar. In dieser Nutzenposition liegt der eigentliche Sinn des gesamten Verfahrens, wenn von den publicitywirksamen Effekten abgesehen wird. Bei diesen allerdings sollte nicht nur die Außenwirkung betrachtet werden: Es ist vielmehr so, dass Datenschutz auch den Mitarbeitern nutzt, dergestalt, dass sie beim Arbeiten mit gesetzeskonformen Systemen selbst sicherer sind.

Bezüglich des Außenwertes einer Gütesiegelverleihung/Zertifizierung braucht nur wenig gesagt zu werden: Sie dürfte in vielen Fällen das eigentliche Motiv für den Prozess sein. Die Institution will sich gegenüber Geschäftspartnern und anderen Institutionen der Öffentlichkeit qualifizieren und als verlässlicher Kontrahent darstellen. Dieser Aspekt kann bei der Bedeutung der technologiegestützten Informationsverarbeitung gar nicht hoch genug eingeschätzt werden[3]. In einem engen Zusammenhang hiermit steht die Nutzenpositionen, die Erlös- und Gewinnzuwächse durch Vertrauenserhöhung der umsatzrelevanten Bezugsgruppen in Aussicht stellt. Dieses Ziel zu erreichen dürfte besonders bei solchen Institutionen von Bedeutung sein, bei denen das Vertrauen in die Datenschutzqualität der IT-Systeme Grundlage einer Geschäftsverbindung ist, wie bei Banken, Versandhäusern[4] o. Ä.. Bei einer realistischen Abschätzung dieser Möglichkeiten ist hier die Wahrscheinlichkeit gegeben, "echte" quantitative Nutzen zur Kompensation der Kosten zu erzielen. Wenn eine Kosten-Nutzenrechnung Vorbedingung für die Durchführung eines Gütesiegelverleihungs/Zertifizierungsverfahrens ist, liegen hier die Chancen einer quantitativen Rechnung.

---

[3] Vgl. dazu den Beitrag von Bäumler in diesem Band, S. 1
[4] Vgl. dazu den Beitrag von Lindemann in diesem Band, S. 43

Der Hauptnutzen besteht jedoch darin, nach erfolgter sorgfältiger Vorbereitung und Gütesiegelverleihung/Zertifizierung ein wesentlich hochwertigeres Datenschutzsystem zu haben. Das allein sollte bei der heutigen Abhängigkeit aller Institutionen von ihren IT-Systemen und deren Verarbeitungsprozessen in Bezug auf personenbezogene Daten schon ausreichend sein.

4   Zusammenfassung und Fazit

Das Thema der Datenschutzauditierung wird in Zukunft nicht nur wegen seiner Übernahme in die Datenschutzgesetze an Bedeutung gewinnen. Wenn von den Unternehmen und Behörden Datenschutz als Qualifizierungskriterium entdeckt wird, ist mit einer über die gesetzlichen Vorschriften hinausgehenden Bedeutung zu rechnen. Führende Unternehmen u. a. der Telekommunikationsbranche aber auch des Versandhandels haben den Datenschutz als Differenzierungskriterium zu ihren Wettbewerbern bereits entdeckt. Vor allem, wenn an eine mögliche Verbindung zwischen der BS 7799/ISO IEC 17799-1 gedacht wird und ein Datenschutzaudit als Bestandteil einer umfassenden IT-Sicherheitszertifizierung angesehen wird, kann das Datenschutzaudit hierdurch als quasi „Abfallprodukt" an Bedeutung gewinnen.

Es kann festgehalten werden, dass auch die Diskussionen auf der Sommerakademie eine hohe Bereitschaft zeigten, sich mit der Thematik auch kritisch auseinander zu setzen. Hierbei war die Grundtendenz nicht immer Pro-Auditierung, eine Nachdenklichkeit war jedoch auch in den Negativfällen vorhanden. Weiterhin belegte die Diskussion, dass die Auseinandersetzung mit den Auditierungsprozeduren gem. LDSG-SH geeignet ist, beträchtliche Impulse für die Datenschutz-Auditierungsdiskussion auf Bundesebene zu geben, möglicherweise sogar der Diskussion um IT-Sicherheit.

Gütesiegel nach dem schleswig-holsteinischen Landesdatenschutzgesetz

Dr. Anja Charlotte Diek

1   Gütesiegel – Definition und Rechtsgrundlage

Die Vergabe von Gütesiegeln im Datenschutz ist als Produkt-Audit eine Form des Datenschutz-Audits. Eine Regelung zum Datenschutz-Audit enthält bereits § 17 Mediendienste-Staatsvertrag, der nach der Ratifikation in allen Landtagen (z. B. HbgGVBl 1997, S. 253 ff) am 01.08.1997 in Kraft getreten ist. Auch das im Mai 2001 novellierte Bundesdatenschutzgesetz[1] ermöglicht in § 9a BDSG die Durchführung eines Datenschutz-Audits. In der Begründung des Gesetzentwurfs heißt es, dass datenschutzfreundliche Produkte auf dem Markt dadurch gefördert werden sollen, dass deren Datenschutzkonzept geprüft und bewertet wird. Sowohl Mediendienste-Staatsvertrag als auch BDSG sehen jedoch ein besonderes Gesetz für die Ausgestaltung des Verfahrens und die Anforderungen an Gutachter vor. Beide Gesetz sind noch nicht erlassen worden, sodass entsprechende Audits auch noch nicht durchgeführt werden können.

Das im Jahr 2000 novellierte Landesdatenschutzgesetz Schleswig-Holstein[2] regelt in § 4 Absatz 2, dass Produkte, deren Vereinbarkeit mit den Vorschriften über den Datenschutz und die Datensicherheit vereinbar sind, von den öffentlichen Stellen Schleswig-Holsteins vorrangig eingesetzt werden sollen.[3] Die die nähere Ausgestaltung des Verfahrens regelnde Verordnung der Landesregierung liegt mit der Landesverordnung über ein Datenschutzaudit (DSAVO)[4] vor. Gütesiegel werden vom ULD an IT-Produkte vergeben, die mit den Rechtsvorschriften über den Datenschutz und die Datensicherheit vereinbar sind.

2   Transparenz privater Daten – beliebt bei Big Brother, aber nicht im Internet

In einer Zeit, in der Mitmenschen – potenzielle Kunden der online-Verwaltungen und potenzielle Käufer von IT-Produkten – täglich in Talkshows und Containern ihr Innerstes der interessierten Zuhörerschaft enthüllen, mag

---

[1] BGBl I S. 904 ff
[2] Gesetz vom 09.02.2000, GVBl 204-4-2
[3] Zur Verwendung als Vergabekriterium vgl. Petri, DuD 1998, S. 1, 2
[4] Verordnung vom 03.04.2001, GVB. Nr. 4, 51

manchem die Besinnung auf das Grundrecht auf informationelle Selbstbestimmung skurril erscheinen. Es sieht so aus, als seien die Zeiten, in denen Bürger darauf Wert legten, dass nicht jeder alles über sie weiß, vorbei. Anbieter mit Online-Angeboten stellen jedoch fest, dass der Hang zur öffentlichen Selbstdarstellung die relevanten Kundenkreise nicht erfasst hat.

In dem Maße, in dem sich die technischen und rechtlichen Möglichkeiten des E-commerce entwickeln, wird vielmehr deutlich, dass die potenziellen Kunden die neuen Möglichkeiten nicht uneingeschränkt begeistert nutzen. Die Kunden sind unsicher. Anlässlich des Kaufvorgangs übermitteln sie personenbezogene Daten. Teile dieser Daten übermitteln sie bewusst. Gleichzeitig wissen sie, dass es Möglichkeiten gibt, weitere personenbezogene Daten ohne ihr Einverständnis zu gewinnen. Art, Umfang und weiteres Schicksal dieser Daten sind ihnen unbekannt. Nach einer jüngst veröffentlichten Studie ist nur jeder zehnte Bundesbürger von der Zuverlässigkeit von Internetanbietern überzeugt. Die überwiegende Mehrheit glaubt, dass die dort gespeicherten Daten überhaupt nicht richtig und zuverlässig verwendet werden.[5]

Die Leute haben das Gefühl, bewusst und unbewusst eigene Daten in eine Blackbox zu übermitteln. In dieser Lage heißt für viele Kunden die Lösung: Verzicht auf E-commerce. Unsicherheit und Misstrauen sind deshalb nicht nur ein Thema für die Datenschützer im Bereich des E-commerce.

3 Die Interessen der Anbieter

Auch viele Hersteller und Vertreiber von Produkten der Informationstechnologie, die im E-commerce zum Einsatz kommen, sind daran interessiert, die Schwelle für die potenziellen Kunden des E-commerce durch vertrauenswürdige technische Lösungen des Datenschutzes und der Datensicherheit niedrig zu halten. Anbieter unterziehen sich dem Produkt-Audit, da sie sich einen Wettbewerbsvorteil gegenüber ihren Konkurrenten versprechen. Dabei geht das ULD davon aus, dass ein Wettbewerbsvorteil durch ein Gütesiegel nicht nur bei öffentlichen Stellen und in Schleswig-Holstein anfällt.

Auch in Datenschutzgesetzen anderer Länder (z. B. § 11 b LDSG Brandenburg) ist der vorrangige Einsatz einschlägig ausgezeichneter Produkte vorgesehen und auch das Bundesdatenschutzgesetz sieht die Möglichkeit eines Produkt-Audits vor, sodass auch auf dieser Ebene mittelfristig Wettbewerbsvorteile zu erwarten sind. Darüber hinaus sind viele Produkte neben dem Einsatz in öffentlichen Stellen auch für den Einsatz im Privatkundenbereich geeignet. Das Gütesiegel wird auch in diesem Bereich die Kaufentscheidungen beeinflussen.[6]

---

[5] Vgl. dazu Opaschowski in diesem Band, S. 13

[6] Bäumler, Datenschutzaudit und IT-Gütesiegel im Praxistest, RDV 2001, S. 167, 171; vgl. auch die Beiträge von Müller, S. 20 und Weichert, S. 27, in diesem Band.

Gleichzeitig gehen auch die Verwaltungen in Bund, Ländern und Kommunen zunehmend ins Internet. Die Bundesverwaltung verfolgt mit ihrem BundOnline 2005 Programm das Ziel, alle internetfähigen Dienstleistungen der Bundesverwaltung bis 2005 im Netz zu etablieren. In Ländern und Kommunen gehen zunehmend die virtuellen Rathäuser ans Netz.

Auch im Bereich des e-government wollen Hersteller, Vertreiber und Verwaltung für Datenschutz und Datensicherheit sorgen, denn auch in der Kommunikation mit Verwaltung gibt der Bürger sensible Daten preis. Verschiedene Interessen kommen hier also zusammen und haben mit unterschiedlichen Motivationen das Ziel, die Datensicherheit, vor allem aber den Datenschutz bei Einsatz von IT-Produkten im Handel und in der Verwaltung zu erhöhen.

4   Der Ansatz des ULD

Diese Chance will das ULD in Schleswig-Holstein nutzen, um die Durchsetzung eines hohen Datenschutzniveaus zu fördern. Durch die Auszeichnung von Produkten mit Gütesiegeln soll es dem Kunden ermöglicht werden, den Datenschutz beim Erwerb von IT-Produkten, aber auch als Teilnehmer am E-commerce als Entscheidungskriterium einzusetzen. Die Vergabe von Gütesiegeln stellt sich so als Instrument dar, mit dem der Datenschutz nicht ordnungsrechtlich eingreift. Das Ordnungsrecht kann nur eingreifen, wenn das Fehlverhalten bereits vorliegt. Dies ist ohne Frage wichtig, auch zur Beschneidung von Wildwuchs und aus präventiven Gründen. Allein greift es aber zu kurz.

Mit der Vergabe von Gütesiegeln werden marktwirtschaftlich Anreize dafür geschaffen, dass private Anbieter sich bei Konzeption, Entwicklung und Herstellung ihrer Produkte über Inhalt und Bedeutung des Datenschutzes Gedanken machen. Dieser Ansatz greift marktwirtschaftliche Mechanismen auf, indem er davon ausgeht, dass private Anbieter – jenseits der Frage gesetzlich vorgeschriebener Schutzniveaus – ein genuin kreatives Interesse an technischen Lösungen für Datensicherheit und Datenschutz erst im Hinblick darauf entwickeln werden, dass gestiegene Verbrauchernachfrage in diesem Bereich zu signifikanten Wettbewerbsvorteilen solcher Konkurrenten führt, die sich durch überzeugende und besonders attraktive Datenschutz- und Datensicherheitslösungen auszeichnen.[7] Dabei wird die Dynamik des IT-Marktes in das Konzept integriert. Gewollt ist, dass sich Hersteller und Vertreiber von IT-Produkten konstruktiv Gedanken über technische Verbesserungen des Datenschutzniveaus machen, diese kreativ umsetzen und zur Belohnung mit ihren Produkten stärkere Verbreitung finden. Die Kunden der IT-Produkte, als beschaffende Verwaltung oder als Privatpersonen, sind bereits und werden zunehmend an mehr Datenschutz und Datensicherheit interessiert sein.

---

[7] Bäumler a.a.O., S. 167, 171

Die öffentlichen Stellen nehmen dabei eine interessante doppelte Position ein:

Zum einen sind sie selbst Kunden bei der Beschaffung der Produkte, zum anderen sind sie nicht nur Endverbraucher, sondern wollen die Produkte einsetzen, um die Bürger als ihre Kunden für interaktive elektronische Kommunikation zu gewinnen[8]. Dabei sind Synergieeffekte zu erwarten: Fassen die Bürger als Kunden der Verwaltung Vertrauen in Verfahren, die die Verwendung von IT-Produkten einschließen, wird dies auch positive Effekte auf private Anbieter haben.

5   Die Verbraucher - „Awareness" im Datenschutz

Die Entwicklung eines zunehmenden Bewusstseins für Datenschutz und Datensicherheit hat bereits begonnen[9]. Solche „Awareness" Prozesse brauchen Zeit; Katastrophen wie das Waldsterben im Umweltbereich und das BSE-Problem im Ernährungssektor befördern die „Awareness" und damit die Steuerung des Marktes durch Verbraucherverhalten.

Das ULD will weder auf Datenschutzkatastrophen warten, noch dem Prozess der langsamen Entwicklung tatenlos zusehen und geht davon aus, dass gerade auch Hersteller und Anbieter, die im entwicklungsschnellen Bereich der IT-Produkte die Nase vorn haben wollen, dies ebenfalls nicht abwarten wollen. Stattdessen soll der Awareness - Prozess bei den Verbrauchern unterstützt und beschleunigt werden.

6   Ablauf des Gütesiegelverfahrens

Ein *Anbieter*, der für sein IT-Produkt ein Gütesiegel haben möchte, stellt sich zunächst die Frage, ob sein Produkt in die Bereiche Hardware, Software oder automatisierte Verfahren gehört und zur Nutzung durch öffentliche Stellen geeignet ist. Die *Nutzungseignung* meint nicht, dass das Produkt bereits in öffentlichen Stellen eingesetzt wird. Eine Nutzung darf jedoch nicht von vornherein ausgeschlossen sein.

Der Anbieter muss dem Antrag auf Erteilung eines Gütesiegels ein Gutachten über sein Produkt beifügen. Für die Erstellung dieser Gutachten anerkennt das ULD in einem gesonderten Verfahren Gutachter und Prüfstellen, die fachlich geeignet, zuverlässig und unabhängig sein müssen. Das ULD hält ein Register mit diesen Gutachtern vor und der interessierte Anbieter nimmt Kontakt mit dem anerkannten Gutachter seiner Wahl auf.

---

[8] Vgl. den Beitrag von von Mutius in diesm Band, S. ...
[9] Vgl. dazu die Beiträge von Opaschowski, S. 13 und Müller, S. 20 in diesem Band.

Mit diesem schließt der Anbieter privatrechtlich einen Begutachtungsvertrag ab. Der *Gutachter* prüft, ob das IT-Produkt den Rechtsvorschriften über den Datenschutz und die Datensicherheit entspricht. Insbesondere prüft der Gutachter die besonderen Eigenschaften des Produkts hinsichtlich

- Datenvermeidung und Datensparsamkeit (§§ 4 I; 11 IV und VI LDSG)

- Datensicherheit und Revisionsfähigkeit (§§ 5 und 6 LDSG)

- Gewährleistung der Rechte der Betroffenen (§§ 26 bis 30 LDSG)

Bei der Überprüfung durch den Gutachter wird das Produkt sowohl rechtlich als auch technisch überprüft. Je nach Einsatzbereich unterliegt es unterschiedlichen rechtlichen Anforderungen an Datenschutz und Datensicherheit. In der Prüfung muss deutlich werden, dass der Anbieter sich mit diesen Anforderungen und ihrer technischen Umsetzung auseinandergesetzt hat. Dazu muss er zunächst das Produkt und dessen Einsatzbereich eingehend beschreiben. Entscheidend für die Bewertung, ob ein Produkt datenschutzgerecht ist, ist nämlich immer auch die Dokumentation der realen Einsatzbedingungen. Technik allein kann auf Grund der variablen Möglichkeiten bei Installation, Konfiguration, Gebrauch und Wartung meist die Datenschutzgerechtheit nicht garantieren. Es muss deutlich werden, welche rechtlichen Anforderungen bei der Schaffung des Produkts zugrundegelegt wurden und in welcher Weise der Anbieter die rechtlichen Anforderungen technisch umgesetzt hat. Ist eine technische Umsetzung nicht möglich oder nicht erfolgt, so ist dies zu begründen und darüber hinaus zu dokumentieren, welche organisatorischen Maßnahmen von Anwendern zu treffen sind, damit die rechtlichen Anforderungen erfüllt werden.

Der Gutachter überprüft zum einen, ob das Produkt nach den Angaben des Anbieters unter dem Dach der einschlägigen rechtlichen Vorgaben konzipiert wurde. Stellt sich das Konzept als vollständig und korrekt dar, so überprüft der Gutachter, ob die Angaben zur technischen Umsetzung in der praktischen Anwendung zutreffen. Nach erfolgreicher Begutachtung stellt der Anbieter beim ULD den Antrag auf Erteilung des Gütesiegels. Er übersendet mit dem Antrag sowohl die ausführliche Dokumentation des Gutachters als auch eine Zusammenfassung der Prüfung, die im Fall der Siegelvergabe vom ULD veröffentlicht wird.

Das *ULD* überprüft, ob das Gutachten schlüssig und nachvollziehbar ist. Eine komplette eigene zweite Prüfung führt das ULD im Regelfall nicht durch. Es darf aber ergänzende Angaben und die Vorlage des begutachteten Produkts verlangen. Nach erfolgreicher Prüfung vergibt das ULD das Gütesiegel. Das Siegel wird in der Regel für die Dauer von zwei Jahren vergeben. Die schnelle Entwicklung im IT-Sektor fordert eine enge zeitliche Begrenzung der Bestätigung der Vereinbarkeit mit den Vorschriften des Datenschutzes und der Datensicherheit. Schließlich sollen nur vorbildliche Produkte beworben werden.

Der rechtliche und technische Kriterienkatalog für das Gütesiegel wird durch das ULD fortgeschrieben und bildet in seiner jeweiligen Version die Grundlage für die Zertifizierung der Produkte im laufenden Kalenderjahr. Das Siegel kann bei unverzichtbaren Weiterentwicklungen im rechtlichen oder technischen Anforderungskatalog in der Zwischenzeit wieder entzogen werden. Innovative Anbieter werden jedoch ihre Produkte ohnehin weiterentwickeln. Eine im Umfang reduzierte Neuzertifizierung der fortschrittlichen Version stellt für diese Anbieter kein Problem dar. Das Produkt erhält eine Nummer und wird mit Nummer und Zusammenfassung der Prüfung in einem Register veröffentlicht. Interessierte Kunden können sich so über geeignete Produkte informieren.

7   Zeitlicher Rahmen der Verfahren

Das ULD hat mit den Verfahren zur Anerkennung der Gutachter im November 2001 begonnen. Ab diesem Zeitpunkt wurden Antragsunterlagen und entsprechende Informationen zu Fachkunde, Unabhängigkeit und Zuverlässigkeit an Interessenten versandt und Anträge entgegen genommen. Im Februar 2002 legte das ULD seinen Kriterienkatalog für die Produktbegutachtung vor.

Die zahlreichen Anfragen interessierter Hersteller und Anbieter zeigen, dass nicht wenige Anbieter sich bereits konstruktiv mit den Anforderungen des Datenschutzes auseinandersetzen, um dies in ihre Produkte integrieren zu können. Öffentliche Stellen informieren sich zunehmend über die Integration des „Datenschutz-Gütesiegels" in ihre Vergabekriterien. Die Verzahnung rechtlichen und technischen Wissens ist in der Praxis nicht immer leicht. Die meist erforderliche Zusammenarbeit im Team lohnt sich bereits jetzt für die beteiligten Einzelnen, die ihr Wissen verbreitern und vernetzen und neue gedankliche Räume betreten können. Die erfolgreiche Zusammenarbeit von Recht und Technik wird sich darüber hinaus auch für die Firma wirtschaftlich lohnen.

Grundlagenliteratur:

Bäusmler: Datenschutzaudit und IT-Gütesiegel im Praxistest, RDV 2001, S. 167

Petri: Vorrangiger Einsatz auditierter Produkte, DuD 1998, S. 1

Rossnagel: Datenschutzaudit, Konzept und Entwurf eines Gesetzes für ein Datenschutzaudit, Kassel 1999, http://www.iid.de/iukdg/gus/DASA.html

Datenschutzgütesiegel aus technischer Sicht: Bewertungskriterien des schleswig-holsteinischen Datenschutzgütesiegels

Marit Hansen und Dr. Thomas Probst

1 Ziel von Datenschutzgütesiegeln: "Privacy inside"

Datenschutzgütesiegel sollen dem Verbraucher signalisieren, dass mit den entsprechend ausgezeichneten Produkten der Datenschutz gewährleistet werden kann oder dass sie dafür sogar besonders gut geeignet sind.

Gütesiegel gibt es auch in anderen Bereichen, z.B. TÜV- oder Umweltgütesiegel. Während die Produkte dort in der Regel auf konkret definierte Werte hin untersucht werden können, z.B. Lösungsmittelausdünstung eines Lacks, ist dies im Datenschutzbereich nicht so einfach möglich, weil es hier massiv auf den Kontext des Produkteinsatzes ankommt. Auch Wechselwirkungen verschiedener Produkte, die negativ auf den Datenschutz wirken können, sind kaum vorherzusehen.

Daher kann ein Datenschutzgütesiegel im Normalfall nicht für ein "Rundum-Sorglos-Paket" stehen, und selbst das ausschließliche Verwenden von Produkten mit einem Datenschutzgütesiegel garantiert nicht automatisch die Einhaltung der datenschutzrechtlichen Vorgaben.

Das Datenschutzgütesiegel kann nur Folgendes bescheinigen:

Das Produkt kann ohne erheblichen Aufwand datenschutzgerecht eingesetzt werden. Es enthält keine Funktionen, die gegen bestehende Datenschutzbestimmungen verstoßen oder die sicherheitstechnisch unzureichend sind.

Allerdings können Gütesiegel einen Beitrag dazu leisten, dass bei der Entwicklung und Herstellung von IT-Produkten von Anfang an Datenschutzkriterien angelegt und die Produkte auf ihren datenschutzgerechten Einsatz ausgerichtet werden. Dies bedeutet sowohl die technische Realisierung von so viel Datenschutz wie möglich im Produkt selbst (*Systemdatenschutz*) als auch Hilfestellungen für organisatorische Maßnahmen, die in einem datenschutzgerechten Verfahren zu berücksichtigen sind. Darüber hinaus ist für die Anwender und Betroffenen ein Höchstmaß an Transparenz über die Funktionsweise und korrekte Bedienung des Produktes vorzusehen. Damit geht also ein Datenschutzgütesiegel in seinen Anforderungen über die rein technische Implementierung hinaus.

Da das Gütesiegel auf eine Verbesserung des Datenschutzes abzielt, aber nicht mit unrealistisch hohen Vorgaben beginnen kann, müssen sich die Kriterien über die Zeit entwickeln und in Abhängigkeit des Stands der Technik fortgeschrieben werden. Hersteller sollen Planungssicherheit haben, was von ihnen für die Erfüllung der Gütesiegelkriterien erwartet wird. Ebenso sollen die Anwender und Nutzer wissen, welche Kriterien gerade angelegt worden sind.

2 Das schleswig-holsteinische Datenschutzgütesiegel

Die Idee der Auditierung von Produkten ist in einigen datenschutzrelevanten Gesetzen (z.B. Bundesdatenschutzgesetz, Mediendienstestaatsvertrag, Landesdatenschutzgesetz Brandenburg) erwähnt; sie bedarf allerdings noch der Präzisierung durch Verordnungen oder Durchführungsgesetze. Bisher ist erst in Schleswig-Holstein eine komplette rechtliche Regelung erfolgt. Daher werden in diesem Text nur die Kriterien und Maßstäbe für das schleswig-holsteinische Gütesiegel beschrieben. Die rechtliche Basis des Gütesiegels in Schleswig-Holstein und die möglichen Produkte, die ein Gütesiegel erhalten können, sind umfassend bei [Diek02] erläutert. Die Prüfung eines Produktes und die Erteilung des Gütesiegels findet in einem zweistufigen Verfahren statt.

<u>Stufe 1:</u> Der Hersteller eines IT-Produktes schließt zunächst mit einem oder mehreren beim ULD Schleswig-Holstein akkreditierten Sachverständigen einen privaten Begutachtungsvertrag ab. Meist wird es sich um mehrere Sachverständige handeln, die das Produkt zum einen aus rechtlicher, zum anderen aus technischer Sicht unter die Lupe nehmen.[1] Die Sachverständigen prüfen, ob das IT-Produkt den Rechtsvorschriften über den Datenschutz und die Datensicherheit entspricht. Dabei muss zunächst das für das Produkt einschlägige Anforderungsprofil als Sollvorstellung aus den Rechtsnormen abgeleitet werden, bevor anschließend ein Vergleich mit dem Ist-Zustand der tatsächlichen Umsetzung folgt.

In der Regel kommen für die Erfüllung einzelner Anforderungen oder ganzer Anforderungsprofile jeweils verschiedene Mengen von Maßnahmen infrage. Es ist nicht möglich, diese unterschiedlichen Maßnahmenmengen vollständig und abschließend für jede mögliche Konstellation im Voraus zu definieren.[2] Stattdes-

---

[1] Es ist erforderlich, dass ein solches rechtlich-technisches Sachverständigenteam das Produkt nicht sequentiell rein rechtlich und dann rein technisch prüft, sondern statt dessen die Prüfung in einem engen und wiederholten Rückkoppelungsprozess zwischen den Experten für Recht und für Technik vornimmt.

[2] Dies liegt darin begründet, dass sich je nach konkreter Konstellation aus dem Recht deutlich verschiedene Anforderungen ableiten, die wiederum – auch abhängig von technischen und organisatorischen Rahmenbedingungen – durch unterschiedliche Mengen von Maßnahmen erfüllt werden können. Das heißt, dass sich das Recht auffächert in ver-

sen gibt das ULD als Konkretisierung von rechtlichen Datenschutzanforderungen beispielhaft Kriterien für die Gutachtenerstellung durch die Sachverständigen an (siehe Abschnitte 2.2.3 und 2.2.4). Diese Materialien dienen den Sachverständigen als Hilfestellung in Bezug auf die Methodik bei der Gutachtenerstellung.

Die Sachverständigen legen ihre Erkenntnisse in einem umfassenden Gutachten nieder, das sowohl die Analysen und Bewertungen für einzelne Eigenschaften enthält.

Stufe 2: Fällt das Gutachten positiv aus, kann der Hersteller unter Vorlage des Gutachtens beim ULD Schleswig-Holstein einen Antrag auf Erteilung eines Gütesiegels stellen[3]. Das ULD überprüft, ob das Gutachten schlüssig und nachvollziehbar ist. Nach erfolgreicher Prüfung vergibt das ULD das Gütesiegel.

In den folgenden Abschnitten wird dargestellt, welche Maßstäbe bei der Prüfung der IT-Produkte im Hinblick auf ihre Datenschutzeigenschaften angelegt werden.

2.1 Konkretisierung der Gütesiegelanforderungen

2.1.1 Aufbau des Gutachtens

Allen Gutachten soll eine möglichst einheitliche Struktur zu Grunde gelegt werden. § 2 Abs. 2 DSAVO nennt folgende verpflichtende Angaben:

1. Zeitpunkt der Prüfung,

2. detaillierte Bezeichnung des IT-Produktes,

3. Zweck und Einsatzbereich,

4. besondere Eigenschaften des IT-Produktes, insbesondere zur Datenvermeidung und Datensparsamkeit, Datensicherheit und Revisionsfähigkeit der Datenverarbeitung, Gewährleistung der Rechte der Betroffenen,

5. Bewertung der besonderen Eigenschaften,

---

schiedene Anforderungskataloge, die sich wiederum jeweils erfüllen lassen durch viele unterschiedliche Mengen von Maßnahmen. Die Sachverständigenteams müssen dagegen lediglich prüfen, ob die Maßnahmen, die das Produkt innehat, die im aktuellen Fall einschlägigen Anforderungen aus dem Recht erfüllen.

[3] Auch die – allerdings nicht unbedingt Erfolg versprechende – Antragstellung bei einem negativen Gutachten ist möglich.

6. Zusammenfassung der Prüfung zum Zweck der Veröffentlichung durch
    das ULD.

Die Nennung von Zweck und Einsatzbereich des IT-Produktes einschließlich der
Produktfunktionalität, die der Hersteller zu Gewähr leisten verspricht, ist notwendig, da von ihnen die anzuwendenden Rechtsgrundlagen abhängen. Außerdem muss der Umfang des IT-Produktes klar abgegrenzt werden. Dazu kann
auch die Darstellung von Einsatzbedingungen oder Schnittstellen zu nicht direkt
im Produkt enthaltenen Funktionen oder Modulen gehören.

Die einzelnen Eigenschaften des Produktes werden anhand von vorgegebenen
Kriterienkatalogen (siehe Abschnitte 2.1.3 und 2.1.4) untersucht und bewertet. In
einer eigenen Rubrik soll beschrieben werden, mit welchen Funktionen oder
Konzepten das Produkt besonders datenschutzfördernd wirkt. Eine
Gesamtbewertung der Sachverständigen schließt das Gutachten ab.

Für jede zu untersuchende Datenschutzanforderung ist anzugeben,

- ob die Fragestellung jeweils relevant für das IT-Produkt und den definierten Einsatzbereich ist,[4]

- ob das IT-Produkt positiv, negativ oder neutral darauf wirkt,

- welche Standardeinstellung ausgeliefert wird,

- welche Konfigurationsmöglichkeiten oder andere Freiheitsgrade bestehen und

- wie all dies dokumentiert und nutzeradäquat umgesetzt ist.

Stets sind sowohl die zu Grunde gelegten Rechtsgrundlagen als auch die technische Umsetzung zu beschreiben.

Die Zusammenfassung der Prüfung (Kurzgutachten), die auf der Website des
ULD veröffentlicht wird, hat sowohl Aussagen zur datenschutzrechtlichen und –
technischen Bewertung zu enthalten als auch aussagekräftige Hinweise zum
datenschutzgerechten Einsatz des Produktes und etwaigen Grenzen zu geben.
Dies beinhaltet insbesondere die Konkretisierung von Einsatzbereichen des Produktes, auf die die Empfehlung des ULD ggf. begrenzt bleibt.

---

[4] Die Relevanz der Fragestellungen wird sich insbesondere darin unterscheiden, ob es
sich um spezielle Verwaltungsverfahren oder auf einzelne Verwaltungsbereiche zuge-
schnittene Produkte handelt oder ob die Produkte für einen universelleren Einsatz konzipiert sind.

2.1.2   Rechtliche Anforderungen

Oberstes Ziel ist die Vereinbarkeit der betrachteten IT-Produkte, die in diesem Fall Hardware, Software und automatisierte Verfahren umfassen können, mit den Rechtsvorschriften über den Datenschutz und die Datensicherheit. Besonderer Wert wird dabei auf die folgenden Punkte[5] gelegt:

- Datenvermeidung und Datensparsamkeit

- Datensicherheit und Revisionsfähigkeit der Datenverarbeitung

- Gewährleistung der Rechte der Betroffenen

Gleichermaßen müssen die Rechtsfragen für die jeweiligen IT-Produkte geklärt sein, die sich aus dem LDSG-SH oder bereichsspezifischen Normen (etwa dem Sozialgesetzbuch SGB X im Bereich der Sozialdaten oder dem Teledienstedatenschutzgesetz im Bereich der Teledienste) ergeben. Dazu gehören beispielsweise:

- Zulässigkeitsfragen (z.B. gesetzlich abschließend geregelte Datenprofile),

- Anforderungen von Bereichen mit erhöhtem Sicherheitsbedarf (besondere Berufs- und Amtsgeheimnisse, Unzulässigkeit der Einschaltung externer Dienstleister),

- Protokollierungspflichten (etwa für die Datenübermittlung an Dritte),

- Sperrpflichten (z.B. bei eingelegtem Widerspruch),

- Löschungspflichten (meist nach festgelegten Fristen).

Inwieweit diese (datenschutz-)rechtlichen Anforderungen einschlägig sind, hängt zum einen stark vom Produkt, zum anderen wesentlich von den Einsatzbedingungen und dem organisatorischen Umfeld ab.

Ein Beispiel mag der Betrieb eines Webservers in einem Netz zum Abruf von Informationen sein, der behörden- oder firmenintern betrieben werden kann (im Rahmen eines sog. Intranet), aber auch an andere Netze für die Kommunikation nach außen angeschlossen sein kann, etwa an das Internet.

An dieser Stelle wird nochmals die besondere Bedeutung der Produktbeschreibung deutlich: Voraussetzung für die Erteilung eines Gütesiegels ist, dass das Einsatzgebiet und ggf. dafür einschlägige Parametrisierungen des Produktes genau und verständlich beschrieben sind, damit ein Anwender feststellen kann, ob sein Einsatzszenario bei der Prüfung des Gütesiegels zu Grunde gelegt wurde.

---

[5] Gemäß § 2 Abs. 2 Nr. 4 DSAVO.

2.1.3 Kriterienkatalog: Ableitung der Prüfkriterien aus rechtlichen und aus technischen Anforderungen

Die einschlägigen Prüfkriterien hängen vornehmlich von den rechtlichen Anforderungen ab, die sich wiederum aus dem Zweck und den Einsatzbedingungen des Produktes ergeben. In der Regel müssen die oft allgemein gehaltenen Rechtsnormen zu spezielleren Anforderungen konkretisiert werden, um mögliche Datenschutzmaßnahmen bestimmen zu können. Ein Beispiel mag dies verdeutlichen: Wird in einer Rechtsnorm gefordert, dass "Daten nach angemessener Frist zu löschen sind", so muss in den (anwendungsbezogenen) konkreten Datenschutzmaßnahmen eine konkrete Frist beispielsweise in Tagen genannt werden, denn nur dann kann die Implementierung einer entsprechend konfigurierter automatischen Löschung in einem Produkt überprüft werden.

Der den Sachverständigen vom ULD zur Verfügung gestellte Kriterienkatalog dient dem Ziel, die wesentlichen rechtlichen Anforderungen zu adressieren, damit sie beim Erstellen des Gutachtens abgearbeitet werden können. Den Anforderungen sind technische, teilweise auch organisatorische, Datenschutzmaßnahmen zugeordnet, die beispielhaft etwaige Umsetzungen zeigen. Wo möglich, werden Priorisierungen angegeben.

Bei der konkreten Prüfung des Produktes durch die Sachverständigen ist zu analysieren, inwieweit die Datenschutzziele und –anforderungen erfüllt werden. In diese Bewertung geht insbesondere die technische Umsetzung unter Berücksichtigung von Einsatzbedingungen und Angreifermodellen ein. Technische Sachverständige sind gewohnt und entsprechend ausgebildet, nach den Schutzzielen "Vertraulichkeit", "Integrität" und "Verfügbarkeit" zu differenzieren. Daher lohnt es sich, den Bezug zu diesen Schutzzielen der IT-Sicherheit herzustellen. Die klassischen Schutzziele und mögliche Ableitungen im Rahmen der mehrseitigen Sicherheit (siehe auch [RoPG01] oder bei IT-Sicherheitsevaluationskriterien wie beispielsweise den Common Criteria sind bereits in der Literatur untersucht. Von besonderer Bedeutung sind hier Analysen zu Wechselwirkungen von Schutzzielen. Ergebnisse aus [WoPf99] zeigen, dass die Schutzziele keineswegs unabhängig voneinander sind, sondern einander in ihrer Wirkung verstärken oder schwächen können.

Diese Schutzziele finden sich – wenn auch selten so benannt – ebenfalls in den Datenschutznormen. Die Produkteigenschaften, auf die beim schleswig-holsteinischen Gütesiegel darüber hinaus besonderer Wert gelegt wird, stellen zwar andere Dimensionen dar, um den Bereich der Datenschutzmaßnahmen aufzuspannen, doch lassen sich die einzelnen Maßnahmen ebenfalls den Schutzzielen, ergänzt um Transparenzanforderungen, zuordnen:

- "Datenvermeidung und Datensparsamkeit" können bei einem umfassenden Verständnis dem *Vertraulichkeitsbereich* zugerechnet werden, durch den Bezug zur Gewährleistung der Zweckbindung spielt auch die Integrität hinein.

- "Datensicherheit und Revisionsfähigkeit der Datenverarbeitung" haben mit allen drei genannten Schutzzielen zu tun, auch wenn in vielerlei Hinsicht ein Schwerpunkt auf *Integrität* gelegt werden kann. Zusätzlich wäre allerdings das Schutzziel *"Transparenz"* zu ergänzen.

- "Gewährleistung der Rechte der Betroffenen" steht ebenfalls mit allen drei Schutzzielen sowie der Transparenz in Zusammenhang.

Die bereits oben angesprochene Wechselwirkungen der Schutzziele – gerade unter dem Gesichtspunkt der mehrseitigen Sicherheit – gelten ebenfalls für alle konkreten Datenschutzmaßnahmen. Die Sachverständigen müssen für das jeweilige Produkt untersuchen, wie die Datenschutzmaßnahmen im Zusammenspiel wirken, und dies in ihre Bewertung einbeziehen.

2.1.4 Beispiele für wichtige Datenschutzmaßnahmen

Um die in den vorigen Abschnitten beschriebenen rechtlichen und technischen Datenschutzanforderungen zu erfüllen, müssen entsprechende Datenschutzmaßnahmen (die natürlich Datensicherheitsmaßnahmen umfassen) ergriffen werden. Speziell für die in der DSAVO gesondert genannten Eigenschaften seien hier einige Datenschutzanforderungen konkretisiert:

- *Datenvermeidung und Datensparsamkeit:*
  Es ist in dem Gutachten über das IT-Produkt zu dokumentieren, inwieweit Mechanismen zur Datensparsamkeit bzw. Datenvermeidung eingesetzt werden. Wie in [Pfit99] dargestellt und in [RoPG01] aufgegriffen, ist die stärkste Maßnahme die Verhinderung einer Erhebungsmöglichkeit für personenbezogene Daten, dann folgen Stärke die fehlende Erhebung, Verwendungsmöglichkeit und Verwendung. Ist keine Verarbeitung ohne Personenbezug möglich, muss aus dem Gutachten hervorgehen, warum keine datensparsamere Realisierung (Anonymität, Pseudonymität, frühestmögliches Löschen, Anonymisierung, Pseudonymisierung) gewählt werden konnte. Hier ist also das Konzept, das hinter dem IT-Produkt steht, zu berücksichtigen. Dies muss sich ebenfalls aus der Beschreibung des IT-Produktes erschließen. Auch der Grad des Personenbezugs und ggf. Freiheitsgrade für den Betreiber, den Nutzer oder den Betroffenen sind zu dokumentieren.

- *Datensicherheit und Revisionsfähigkeit:*
  Um bewerten zu können, inwieweit Datensicherheit von dem IT-Produkt gewährleistet wird, sind Angreifermodell" Risikoanalyse zu beschreiben. Für eine Revisionsfähigkeit ist die Dokumentation des IT-Produktes in allen Phasen (Erstellung, Installation, Betrieb, Wartung) entscheidend. Ähnliche Transparenzanforderungen sind außerdem bei den Betroffenenrechten bedeutend.

- *Gewährleistung der Rechte der Betroffenen:*
  Die Gewährleistung der Betroffenenrechte wie Auskunft, Löschung, Berichti-

gung, Sperrung oder Unterrichtung über die Datenverarbeitung wird heutzutage vielfach auf organisatorischer Ebene abgedeckt. Beim IT-Produkt ist entscheidend, inwieweit dort technisch

- die Wahrnehmung der Rechte direkt durch die Betroffenen ermöglicht oder sogar gefördert sowie

- die organisatorische Ebene beim Betreiber zur Gewährleistung der Betroffenenrechte unterstützt wird.

Es sind jeweils auch die Aspekte der Datensparsamkeit (z.B. ist eine Abwicklung unter Pseudonym möglich) als auch der Protokollierung der Wahrnehmung der Betroffenenrechte zu berücksichtigen.

Die Datenschutzmaßnahmen können unterschiedliche Konkretisierungsgrade aufweisen, wie auch aus den folgenden Beispielen hervorgeht:

- Vermeiden unnötiger Datenerfassungs- und –verarbeitungsmöglichkeiten,

- Vermeiden unnötiger Datenerfassung und –verarbeitung,

- Löschung von Daten,

- Anonymisierung von Daten,

- Pseudonymisierung von Daten,

- Authentisierung handelnder Personen,

- Verschlüsselung von Datenbeständen,

- Protokollierung von Datenübermittlungen, Dateneingaben etc.,

- Benachrichtigung über erfolgte Datenübermittlungen,

- Speicherung von Kontextinformation zu Daten (z.B. Zweck bei der Erhebung).

Bei der Erstellung des Gutachtens müssen jeweils zusätzliche Parameter wie Löschfristen, Schlüssellängen, Zugriffsmöglichkeiten auf Pseudonymisierungsfunktionen oder –tabellen usw. einbezogen und bewertet werden

2.1.5 Kriterienbereiche: Recht, Technik, Organisation, Produktbeschreibung, Nutzeradäquanz

Viele Ziele und Vorgaben des Datenschutzes lassen sich auf mehreren Wegen erreichen. Während in der ersten Phase der geschichtlichen Entwicklung des Datenschutzes rechtliche Ge- und Verbote im Vordergrund standen, die im Wesentlichen durch Reaktionen auf Beschwerden und Kontrollen durchgesetzt wurden, treten nun mehr und mehr technische und organisatorische Vorgaben hinzu. Es ist wünschenswert, diese Ge- und Verbote sozusagen automatisiert durchzusetzen. Ein Beispiel sind die *technischen und organisatorischen Maß- nahmen*, die sich in der Anlage zum § 9 Satz 1 des Bundesdatenschutzgesetzes (BDSG) sowie in den meisten Datenschutzgesetzen der Länder finden[6].

Wie bereits der Begriff zum Ausdruck bringt, kommen sowohl rein technische Maßnahmen (z.B. "Verschlüsselung von Datenbeständen") als auch rein organi- satorische Maßnahmen (z.B. "Auftragskontrolle") zur Anwendung. Daneben gibt es Maßnahmen, deren Umsetzung sowohl durch technische als auch durch or- ganisatorische Mittel möglich ist. Ein Beispiel ist die Protokollierung von Daten- übermittlungen, die sowohl automatisiert (technisches Mitloggen) als auch ma- nuell (etwa in einem Protokollbuch) vorgenommen werden kann.

Die meisten Maßnahmen können in unterschiedlicher Intensität und mit einem unterschiedlichen Grad an technischer Implementierung umgesetzt werden, der von ausschließlich manuell bis hin zu vollautomatisiert reichen kann.

Üblicherweise können – bei sachgerechter Gestaltung – durch technische Mittel die Maßnahmen besser umgesetzt werden als durch rein organisatorische Mittel, die leichter umgangen oder schlicht vergessen werden können: Eine vorge- schriebene Protokollierung von Datenübermittlungen wird durch ein automati- siertes Verfahren sicherlich genauer (und auch effizienter) durchgeführt als etwa mithilfe eines Protokollbuches, bei dem Eintragungen unterbleiben können – sei es aus Fahrlässigkeit oder mit Vorsatz.

Deshalb ist der Grad der technischen Umsetzung von Datenschutzmaßnahmen das Hauptbewertungskriterium bei der Erteilung des Gütesiegels – immer im Kontext mit den zusätzlich zu ergreifenden organisatorischen Maßnahmen und der Qualität der Produktbeschreibung und einer nutzeradäquaten Realisierung. Dies bedeutet also, dass für die Erteilung eines Datenschutzgütesiegels die fol- genden Bereiche wesentlich sind, die allesamt im Gutachten zu adressieren sind:

Recht: Bedingung ist die Vereinbarkeit mit rechtlichen Vorgaben – kein Produkt darf gegen geltende datenschutzrechtliche Bestimmungen verstoßen.

Technik: Je besser die Datenschutzziele durch (gut durchdachte und umgesetzte) Technik sichergestellt werden und je weniger zusätzliche organisatorische Maß- nahmen durch den Anwender notwendig sind, desto besser wird das IT-Produkt bewertet.

---

[6] *Münch, P.:* Neue Datenschutzgesetzgebung – Neustrukturierung der technischen und organisatorischen Sicherheitsmaßnahmen, IT-Sicherheit 5/2001, S. 24-35, Datakontext- Verlag, Frechen.

Organisation: Die verbleibenden erforderlichen organisatorischen Maßna hmen müssen für eine gute Bewertung verständlich beschrieben und einfach mit angemessenem Aufwand umsetzbar sein.

Produktbeschreibung: Die Beschreibung des Produktes, seines Konzeptes, sei ner Leistungen einschließlich seiner Grenzen ist entscheidend für weitestgehende Transparenz, die gegenüber Anwendern, Nutzern und Betroffenen bestehen können sollte.[7]

Nutzeradäquate Realisierung: Sowohl die technische Umsetzung als auch die Produktbeschreibung muss auf die jeweiligen Nutzer ausgerichtet sein, damit etwaige Fehlbedienungen, insbesondere mit Auswirkungen auf den Datenschutz, vermieden werden und ein bewusster Umgang mit dem Produkt und den damit verarbeiteten personenbezogenen Daten möglich ist.

Ausschlusskriterien für das Gütesiegel bestehen in jedem Fall, wenn die Gesamtbetrachtung des Produktes ergibt, dass bei bestimmungsgemäßem Einsatz

- auf seiner Grundlage eine Verarbeitung personenbezogener Daten unter Verstoß bestehender Datenschutzbestimmung stattfinden würde,

die technische Implementierung datenschutzschädigend ist,

- die erforderlichen zusätzlich zu treffenden Maßnahmen für einen datenschutzgerechten Einsatz einen unangemessenen Aufwand verursachen,

- eine falsche, lückenhafte oder irreführende Produktbeschreibung vorliegt oder

- datenschutzrelevante Funktionen risikobehaftet umgesetzt sind.

2.1.6   Umsetzungsgrad von Datenschutzanforderungen

Auch wenn eine möglichst weitgehende technische Umsetzung, die in einem gewissen Maße die Freiheitsgrade zu einem Datenschutzfehlverhalten einschränken kann, zu bevorzugen ist, sind die organisatorischen Maßnahmen nicht zu vernachlässigen, denn alle Maßnahmen bedürfen einer Einordnung in den Kontext der Organisation und Anwendung.

---

[7] Die Produktbeschreibung gehört immer zum zu begutachtenden Produkt und umfasst u.a. einen "Beipackzettel", der in übersichtlicher Form datenschutzgerechte Einsatzbedingungen beschreibt.

Folgende Abstufungen beim Grad der Umsetzung von einzelnen Datenschutzanforderungen und dem gesamten Anforderungsprofil werden unterschieden[8] (siehe Abb. 1):

Technisch vollständig implementiert ohne Defizite:

- implementiert, zertifiziert, validierbare Ausführung,

- implementiert.

Die technische Implementierung hat Defizite, aber die Defizite sind dokumentiert und Abhilfen sind, soweit möglich, beschrieben:

- unzureichende Implementierung, aber das Defizit und organisatorische Abhilfen sind dokumentiert, die organisatorischen Abhilfen werden technisch unterstützt,[9]

- unzureichende Implementierung, aber das Defizit und organisatorische Abhilfen sind dokumentiert,

- unzureichende Implementierung, aber das Defizit und technische Abhilfen außerhalb des Systems sind dokumentiert,

- unzureichende Implementierung, aber das Defizit ist dokumentiert, ohne dass Abhilfen möglich sind.[10]

Unzureichende Realisierung (damit auch Ausschlusskriterien):

- unzureichende Implementierung, aber das Defizit ist dokumentiert, ohne dass existierende Abhilfen beschrieben werden,

- unzureichende Implementierung, Defizite sind nicht dokumentiert,

- den Datenschutz schädigende Implementierung.

---

[8] Für die Bewertung siehe auch Abschnitt 2.3.

[9] Beispielsweise durch eine Nutzerführung mit informativen Hinweisen oder erzwungener Interaktion, z.B. zur Erinnerung an organisatorische Maßnahmen, Abfrage von Begründungen o.ä.

[10] Beispiele für diesen Spezialfall der Bewertungen (etwa mangelnde Möglichkeiten, Tätigkeiten der Systemadministration *revisionsfest* zu protokollieren) werden noch im Folgenden diskutiert. Eine derartige Bewertung für die Erfüllung einer *einzelnen* Anforderung wird üblicherweise nicht zwangsläufig zum Ausschluss von der Gütesiegelvergabe führen; wird hingegen das gesamte Anforderungs*profil* auf diese Weise bewertet, wäre dies ein Ausschlusskriterium.

Bei der Bewertung des Umsetzungsgrades sind als Maßstäbe der Stand der Technik und das zukünftig technisch Erreichbare anzulegen: Auf der einen Seite müssen sich die Anforderungen an dem derzeit technisch Machbaren orientieren, auf der anderen Seite sollen kreative Neuentwicklungen belohnt werden und mit Sicht auf eine längere Perspektive die Entwicklung des Datenschutzes fördern. Da diese Neuentwicklungen künftig den Stand der Technik darstellen werden, werden sich die Bewertungsmaßstäbe im Laufe der Zeit verschieben.

Für eine eingehende Überprüfung der zu begutachtenden IT-Produkte ist die Formulierung der Datenschutzziele oder -anforderungen, wie sie unmittelbar aus den Gesetzen hervorgehen, jedoch zu grob: Auf Grund der Vielfalt der infrage kommenden Produkte sind sie in stark unterschiedlichen Ausprägungen relevant. Außerdem liegt die Umsetzung nicht vollständig in der Sphäre des Produktherstellers, sondern häufig ebenfalls in der Sphäre des Anwenders – insbesondere dann, wenn Produkte sehr individuell konfiguriert werden können (man denke an ein "datenschutzfreundliches Betriebssystem", das prinzipiell für beliebige Zwecke der Datenverarbeitung eingesetzt werden kann).

Modularität

Weiterhin ist zu beachten, dass die Gesamtheit der Datenschutzanforderungen häufig nur in Kombination von mehreren Produkten zu erreichen ist, aber üblicherweise nicht das Gesamtsystem, sondern oft nur *eines* dieser Produkte dem Gütesiegelverfahren unterzogen wird. So baut etwa die Zugangssicherung von zu begutachtenden Softwareprodukten und die Abschottung von Datenbeständen häufig auf Funktionen des Betriebssystems auf, auf die der Hersteller dieses Softwareproduktes kaum Einfluss hat. Daher ist es wichtig, die Bewertungskriterien so zu gestalten, dass Produkte und Produktgruppen in einzelne Module zerlegt und die Module einzeln bewertet werden können. Dies setzt voraus, die Schnittstellen, Funktionalitäten und Grenzen der einzelnen Module genau zu beschreiben.

Das folgende Beispiel mag die Problematik verdeutlichen: Die Funktion des Löschens von Daten und Dateien wird üblicherweise nicht durch ein Anwendungsprogramm selbst vorgenommen, sondern dem zugrunde liegenden Betriebssystem übertragen. Die meisten Betriebssysteme löschen Daten jedoch nicht endgültig, sondern markieren den verwendeten Speicherplatz als "frei". . Bis zum Überschreiben durch neue Daten ist es oft möglich, die ursprünglichen Daten zu rekonstruieren. Das Versäumnis, eine Datenlöschung nicht vollständig durchzuführen, liegt in diesem Fall nicht im Bereich des Anwendungsprogramms, sondern im Bereich der Betriebssystemimplementation, auf die der Hersteller des Anwendungsprogramms normalerweise keinen Einfluss hat.

Von einem datenschutzgerechten Anwendungsprodukt kann in diesem Fall nicht erwartet werden, dass eine vollständige Löschung durch Überschreiben durchgeführt wird – dies ist nicht "Stand der Technik", zumal die

Speicheradressen auf Anwendungsebene nicht in jedem Fall bekannt sein können. Wohl aber besteht die berechtigte Erwartung an ein datenschutzgerechtes Produkt, dass in der Produktbeschreibung dieses Defizit benannt wird und mögliche Abhilfen (in diesem Fall die manuelle Anwendung von Hilfsprogrammen, die vielleicht besonders gut unterstützt wird, oder ein besonders sorgfältiger Schutz des Zuganges zu den Speichermedien) beschrieben werden. Inwieweit ein sofortiges Löschen von Daten durch Überschreiben erforderlich ist, hängt von der Einsatzumgebung und den konkret verarbeiteten Daten ab. Die Anwender müssen zumindest um diese fehlende Eigenschaft des Produktes wissen.

Im Grad der Beschreibung von Abhilfen, der Unterstützung von zusätzlichen technischen und/oder organisatorischen Maßnahmen unterscheiden sich die Produkte. So ist es denkbar, dass sich ein Produkt durch eine besonders gelungene und effektive Unterstützung bei der Beseitigung des Mankos der unzureichenden Löschung oder durch die Mitlieferung von Formularen oder Testdaten zur Unterstützung organisatorischer Maßnahmen oder des Tests von Systemen vor Inbetriebnahme auszeichnet.

Denkbar ist auch der Fall, dass keine Abhilfen eines dokumentierten Defizits möglich sind. Ein Beispiel ist die revisionsfeste Protokollierung von Tätigkeiten der Systemadministration, die bei den meisten Betriebssystemen nicht möglich ist. In diesem Fall sollte das Versäumnis des Betriebssystemherstellers nicht dazu führen, dass jeglichen Anwendungsprogrammen ein Gütesiegel von vornherein verwehrt wird.

Der Sinn, dass einzelne unerfüllte (weil unerfüllbare) Anforderungen (nicht aber ganze Anforderungsprofile!) nicht zum Ausschluss von der Erteilung des Gütesiegels führen, liegt in der begründeten Hoffnung, hier Technik verändernd eingreifen zu können und auf längere Sicht Hersteller zu veranlassen, an dieser Stelle nachzubessern.

2.1.7 Arbeiten mit dem Kriterienkatalog

Im Gutachten müssen alle Fragestellungen des Kriterienkatalogs behandelt werden. Sofern die Sachverständigen eine Fragestellung für nicht einschlägig halten, ist dies im Gutachten zu dokumentieren. Es bietet sich an, bei der Abarbeitung getrennt nach verschiedenen Komponenten vorzugehen:

- *Module:*
  Besteht das IT-Produkt aus verschiedenen Modulen, müssen die Fragestellungen für jedes einzelne Modul untersucht werden.

- *Schichten:*
  Häufig sind in einem Produkt verschiedene technische Schichten betroffen, die bei der Ausführung von Datenverarbeitungsfunktionen eine Rolle spielen. Auch rechtlich lassen sich ähnliche Schichten identifizieren,

beispielsweise für Telekommunikation, Tele- und Mediendienste sowie Datenverarbeitung auf Anwendungsebene. Je nach Schicht können verschiedene Datenschutzanforderungen und Maßnahmen einschlägig sein, sodass auch hier eine wiederholte Anwendung des Kriterienkatalogs erforderlich wird.

- *Datenarten:*
  Oft gibt es verschiedene Datenarten innerhalb einer Anwendung, z.B. die verarbeiteten Inhaltsdaten (Primärdaten) und die Daten über die Verarbeitung (Sekundärdaten), für die rechtlich unterschiedliche Anforderungen gelten. Aus diesem Grund muss der Kriterienkatalog für die verschiedenen Datenarten angewendet werden.

- *Herstellungsprozess des IT-Produktes:*
  Bei der Herstellung und beim Einsatz von IT-Produkten geht eine Vielzahl von technischen Werkzeugen ein, die auf die Datenschutzeigenschaften des entstandenen Produktes Einfluss haben können (z.B. transitive Trojanische Pferde). Langfristig kann es notwendig sein, alle IT-Produkte, die im Herstellungsprozess beteiligt waren, ebenfalls der Untersuchung im Gütesiegelverfahren zu unterwerfen. Dies ist allerdings ein überaus aufwändiger Prozess.

2.2   Bewertung der Erfüllung der Kriterien

Die Sachverständigen bewerten das Produkt anhand der Erfüllung des von ihnen angelegten und dokumentierten Anforderungsprofils. Zu diesem Zweck müssen sowohl die einzelnen Anforderungen mit den zugehörigen Maßnahmen untersucht und nach den in Abschnitt 2.2.5 dargestellten Kriterienbereichen Recht, Technik, Organisation, Produktbeschreibung und Nutzeradäquanz bewertet werden. Darüber hinaus ist eine Gesamtbewertung erforderlich, die eine ganzheitliche Sicht auf das Produkt vornimmt und etwaige Wechselwirkungen berücksichtigt.

Für die Erteilung des Gütesiegels ist erforderlich, dass das Produkt dem Anforderungsprofil in vorbildlicher oder zumindest in adäquater Weise entspricht. Sofern einzelne Anforderungen lediglich in unzureichender Weise erfüllt werden, ist dies nicht zwangsläufig ein Ausschlusskriterium, sondern ein solcher Mangel kann ggf. ausgeglichen werden, beispielsweise durch die Erfüllung anderer Anforderungen in vorbildlicher Weise. Diese Einschätzung des Sachverständigenteams muss sich aus der Gesamtbewertung ergeben und dort nachvollziehbar begründet sein. Da die einzelnen Maßnahmen zur Erfüllung des Anforderungsprofils und auch schon die Anforderungen untereinander häufig miteinander wechselwirken, kann dies nicht im Vorfeld bereits abschließend und vollständig im Kriterienkatalog beschrieben werden, sondern lässt sich dort nur beispielhaft skizzieren.

2.3   Befristung und Rücknahme von Gütesiegeln

Durch Änderungen im rechtlichen Bereich kann sich die Einstufung eines Produktes ändern. Auch durch den fortschreitenden Stand der Technik kann sich die Einstufung eines Produktes mit der Zeit ändern, da Bedrohungen durch neue Angriffsmethoden, zusätzlich verfügbares Kontextwissen oder mehr Rechnerressourcen begegnet werden muss, zugleich es aber auch Fortschritte bei Datenschutztechniken geben wird. Das Erwartungsniveau an Produkte wird im Laufe der Zeit steigen. Dies bedeutet, dass ein Produkt, das später als ein anderes Produkt begutachtet wird, aber ansonsten vergleichbar ist, unter Umständen kein Gütesiegel mehr erhält.

Die Frist von zwei Jahren zum Führen des Gütesiegels erscheint aus technischer Sicht als guter Kompromiss, um sowohl den Herstellern einen gewissen Grad an Investitionssicherheit zu bieten als auch die Dynamik der Fortentwicklung im rechtlichen und technischen Bereich zu berücksichtigen.

Es können Situationen entstehen, in denen im Nachhinein klar wird, dass bestimmte IT-Produkte nicht die Anforderungen des Datenschutzes erfüllen und vielleicht sogar nie erfüllt haben. Für diese Fälle ist eine Aufforderung zur Nachbesserung vorgesehen, in schweren Fällen auch der Entzug des Gütesiegels.

2.4   Dynamik und Fortschreibung der Gütesiegelkriterien

Da das Gütesiegel auf eine Verbesserung des Datenschutzes abzielt, aber nicht mit unrealistisch hohen Vorgaben beginnen kann, müssen sich die Kriterien über die Zeit entwickeln. Es ist wünschenswert oder in einigen Teilen sogar notwendig, dass bereits beim Herstellungsprozess des Produktes die Anforderungen des Gütesiegels berücksichtigt werden. Hersteller sollen auch Planungssicherheit haben, was jeweils von ihnen für die Erfüllung der Gütesiegelkriterien erwartet wird. Ebenso sollen die Anwender und Nutzer wissen, welche Kriterien gerade angelegt worden sind.

Auch wenn das ULD sich vorbehalten muss, Anforderungen kurzfristig fortzuschreiben, sollten doch generelle Kriterien für die nächsten Jahre erarbeitet werden. Denkbar wäre eine jährliche Zeitschiene: "Gütesiegel 2002", erweiterte Forderungen "Gütesiegel 2003", wiederum erweitert "Gütesiegel 2004" usw. Als Fortentwicklung des Kriterienkatalogs könnten Protection Profiles nach Common Criteria dienen, wie sie zurzeit im Datenschutzbereich, etwa im Rahmen des Projektes PETTEP (vgl. Kapitel 3.2),erarbeitet werden.

3   Internationale Ansätze für Gütesiegel

Neben den rechtlichen Regelungen zu Datenschutzaudits und Gütesiegeln im Schleswig-Holsteinischen Datenschutzgesetz und in einigen nationalen Gesetzen (vgl. Kapitel 1) gibt es auch Bestrebungen im internationalen Bereich, von denen hier zwei exemplarisch vorgestellt werden.

3.1   Niederlande

In den Niederlanden wurde ein mehrstufiges Auditverfahren[11] entwickelt, das sich mit den Prozessen der Datenverarbeitung in öffentlichen und nichtöffentlichen Stellen befasst. Das Auditverfahren reicht dabei von einer einfachen Befragung („Quickscan") über Selbstevaluationen (ggf. mit einer Überprüfung der Ergebnisse durch Dritte) bis hin zu einem professionellen Audit, in dem externe Experten (beim niederländischen Datenschutzbeauftragten akkreditiert) die Einhaltung der Datenschutzbestimmungen (insbesondere die Rechtmäßigkeit der Verarbeitung) überprüfen und in einem Zertifikat bestätigen.

3.2   PETTEP: Technische Kriterien für Gütesiegel

Selbstverständlich kann ein international abgestimmtes Gütesiegel für IT-Produkte sehr viel mehr Wirkung entfallten als nationale oder gar regionale Alleingänge. Versucht man, einen international übergreifenden Ansatz zu finden, so stellt sich heraus, dass sich die rechtlichen Anforderungen in einzelnen Staaten stark unterscheiden, während die technischen Datenschutzmaßnahmen und die Kriterien zur Überprüfung ihrer Wirksamkeit im Wesentlichen gleich sind. Dies würde einen internationalen Konsens im technischen Bereich erlauben, dessen Ergebnisse zusammen mit den jeweiligen nationalen Rechtsgrundlagen, Auswahlregeln für zu treffende technische Datenschutzmaßnahmen und weiteren eigenen Kriterien zum Einsatz kommt.

Das internationale „Privacy Enhancing Technologies Testing Project" (PETTEP) versucht, einen solchen Konsens über die Einigung von Verfahren und über Kriterien (inkl. Bewertung nach Stand der Technik) zu erzielen. Das Projekt wurde von der Dienststelle der Datenschutzbeauftragten in Ontario, *Information and Privacy Commissioner Ontario*, Kanada, initiiert. Das erste Treffen fand im Anschluss an die Sommerakademie am 11.9.2001 in Kiel statt. Beteiligt sind Vertreter aus Datenschutzszene, Wirtschaft, Wissenschaft und IT-Sicherheitsberater aus dem internationalen Bereich. PETTEP verfolgt zwei Ansätze parallel: Zum Einen sollen bereits kurzfristig Gütesiegelkriterien in einem pragmatischen An-

---

[11] Privacy Audit Framework under the new Dutch Data Protection Act (WBP), http://www.cbpweb.nl/download/PrivacyAuditFramework.Engels.definitieve.versie.PDF.

satz zur Verfügung stehen, wie sie vom Unabhängigen Landeszentrum für Datenschutz Schleswig-Holstein zugearbeitet werden. Zum Anderen wird parallel daran gearbeitet, technische Kriterien als so genannte *Schutzprofile (Protection Profiles)* der Common Criteria[12] zu formulieren. Dies hat den Vorteil, einerseits auf erprobte und international anerkannte Methoden der Sicherheitsüberprüfung aufbauen zu können und andercrseits produktspezifische Anpassungen leichter vornehmen zu können. Weitere Vorteile liegen in der möglichen Qualitätssicherung dieser Schutzprofile durch kompetente Dritte, die für eine offizielle Registrierung notwendig sind. Die ersten Schutzprofile auf Basis der „Fair Information Practices" werden in der ersten Jahreshälfte 2002 der Fachöffentlichkeit vorgestellt.

Literatur

[Diek02] *Diek, A.:* Das Gütesiegel nach dem LDSG-SH, in diesem Band, S. ....

[Pfit99] Pfitzmann, A.: Datenschutz durch Technik, DuD 1999, S. 405 ff.

[RoPG01] *Roßnagel, A.; Pfitzmann, A.; Garstka, H.:* Modernisierung des Datenschutzrechts. Gutachten im Auftrag des Bundesministeriums des Innern, übergeben am 12. November 2001, http://www.bmi.bund.de/Annex/de_11695/Gutachten_zur_Modernisierung_des_Datenschutzrechts.pdf.

[WoPf99] *Wolf, G.; Pfitzmann, A.:* Empowering Users to Set Their Security Goals, in: *Müller/Rannenberg* (Hrsg.): Multilateral Security for Global Communication – Technology, Application, Business, Addison-Wesley-Longman 1999, S. 113-135.

---

12 Aktuelle Version: CC-Version 2.1 (Deutsch), Bundesanzeiger vom 29.09.2000. Abrufbar unter http://www.bsi.de/cc/index.htm.

Vom Umweltaudit zum Datenschutzaudit

Dr. Wolfgang Ewer

In Schleswig-Holstein gibt es seit dem 22.03.2001 durch Anwendungsbestimmungen des Unabhängigen Landeszentrums für Datenschutz[1] einen offiziellen Rahmen für die Durchführung eines Datenschutz-Behördenaudits nach § 43 Abs. 2 LDSG.[2] und seit dem 03.04.2001 eine Landesverordnung über ein die Zertifizierung von IT-Produkten betreffendes Datenschutzaudit.[3] In beiden Fällen handelte es sich um eine schwere Geburt. Zwar war der Nutzen der beiden Kinder seit mehr als 5 Jahren weitgehend unumstritten:[4] So hatte bereits die 54. Konferenz der Datenschutzbeauftragten des Bundes und der Länder im Jahre 1997 die Einführung des Datenschutzaudits gefordert.[5] Indessen mochte sich zunächst niemand so recht zur Vater- und auch Mutterschaft bekennen. Nicht einmal die Zeugung wurde mit Lust in Angriff genommen. Stattdessen kam es immer wieder zu weitgehenden wechselseitigen Enthaltsamkeiten des Bundes und der im Bundesrat versammelten Länder.[6] Dies führte dann dazu, dass sich die beiden Zwillinge „Datenschutz-Behördenaudit" und „IT-Gütesiegel" schließlich als Landeskinder zunächst weitgehend unbemerkt und gleichwohl unaufhaltsam ihren Weg ans Licht der Welt bahnten.[7]

---

[1] Im folgenden „ULD" genannt.

[2] Anwendungsbestimmungen des Unabhängigen Landeszentrums für Datenschutz zur Durchführung eines Datenschutz-Behördenaudits nach § 43 Abs. 2 LDSG, Amtsblatt 2001, S. 196 (im folgenden „Anwendungsbestimmungen" genannt).

[3] Landesverordnung über ein Datenschutzaudit (Datenschutzauditverordnung - DSAVO) vom 03.04.2001, GVOBl. S. 51.

[4] Dies gilt auch auf der internationalen Ebene, vgl. hierzu etwa Roßnagel, Datenschutzaudit in Japan, DuD 2001, S. 154 ff.

[5] Zit.n. Roßnagel, Datenschutzaudit - Konzeption, Durchführung, Gesetzliche Regelung, Braunschweig/Wiesbaden, 2000, S. 11.

[6] Vgl. insoweit etwa Schild, Das neue Hessische Datenschutzgesetz, RDV 1999, S. 52, 60, der beklagt, dass in Hessen anlässlich der Novellierung des Landesdatenschutzgesetzes keine allgemeine Regelung über das Datenschutzgesetz erlassen wurde.

[7] Eine Zusammenfassung findet sich bei Bäumler, Datenschutzaudit und Gütesiegel in Schleswig-Holstein, DuD 2001, S. 252.

1   Zum Begriff des Audits

Der Begriff des Audits ist dem Bereich der betrieblichen Rechnungs- und Buchprüfung entlehnt. Nach einer Definition des American Accounting Association's Committee on Basic Auditing Concepts ist Auditing:

"...ein systematischer Prozess zur objektiven Beschaffung und Bewertung von Tatsachen im Bezug auf Behauptungen über wirtschaftliche Tätigkeiten und Ereignisse, die dazu dienen, den Grad der Übereinstimmung zwischen diesen Behauptungen und festgesetzten Kriterien festzustellen, sowie die Mitteilung der Ergebnisse an Interessierte."[8]

Unterschieden werden können drei ursprüngliche Anwendungsbereiche[9]:

- financial statement audits, die auf die Bewertung der Unternehmensentwicklung zur glaubwürdigen Information von Aktionären, Gläubigern und Aufsichtsbeamten gerichtet sind,

- operational audits (oder auch performance, management oder valueadded audits), die auf eine Bewertung der Wirtschaftlichkeit, der Effizienz und der Effektivität unternehmerischen Handelns gerichtet sind,

und

- compliance audits, die auf die Bewertung gerichtet sind, ob eine wirtschaftliche Einheit in Einklang mit bestimmten Verfahrensregeln arbeitet, die von ihr selber oder von Dritten aufgestellt wurden.

2   Das Umweltaudit als Vorbild des Datenschutzaudits

Für das Datenschutzaudit hat im Wesentlichen das so genannte Umweltaudit Pate gestanden.[10] Das Audit wurde erstmals Ende der 70er-Jahre in den USA mit hauptsächlich wirtschaftlicher Motivation auf den Umweltschutzbereich übertragen. Dabei setzt sich das Umweltaudit aus verschiedenen Teilelementen der genannten Grundformen zusammen. Es führte zur freiwilligen Einrichtung rein

---

[8] Silvio u.a., „Report of the Committee on Basic Auditing Concepts" Ergänzung zu The Accounting Rewiev 1972, Band 47, S. 18.

[9] Vgl. Grabstein/ Loeb/Neary Auditing - A Risk Analysis Approach, 1985, S. 3 ff.

[10] So ausdrücklich Tz. 1.2 der Anwendungsbestimmungen (Fn. 1); ferner Roßnagel, Datenschutzaudit - Konzeption, Durchführung, Gesetzliche Regelung, Braunschweig/Wiesbaden, 2000, S. 7.

unternehmensinterner Managementsysteme, die auf die Gewährleistung betrieblichen Umweltschutzes gerichtet waren. Die spätere Absicht der amerikanischen Umweltbehörde (Environmental Protection Agency – EPA), Umweltaudits verbindlich vorzuschreiben, wurde nicht realisiert.[11] Hingegen fand der Gedanke des Umweltaudit Niederschlag im Positionspapier „Umweltschutz-Audit" der internationalen Handelskammer (International Chamber of Commerce - ICC).[12] In Europa erfuhr die Idee des Umwelt-Audits im Laufe der Zeit insofern einen Wandel, als das Umwelt-Audit zunehmend nicht mehr vorrangig unternehmensinternen Zielen, sondern einer umweltorientierten Unternehmenspolitik - u.a. zur Vermeidung von Umweltbelastungen - dienen sollte.[13] Europaweit institutionalisiert wurde das Umweltaudit 1993 durch die EG-Öko-Audit-Verordnung[14] („EMAS I-Verordnung"[15]), deren Ziel nach ihrem Art. 1 Abs. 2 die kontinuierliche Verbesserung des betrieblichen Umweltschutzes auf freiwilliger Basis war. Durch die Verordnung wurde gemeinschaftsweit ein freiwilliges System zur Bewertung und Verbesserung des betrieblichen Umweltschutzes im Rahmen von gewerblichen Tätigkeiten errichtet; hierzu sollte nach der Verordnung ein Verfahren geschaffen werden, das umfassend die von dem jeweiligen Betriebsstandort eines Unternehmens ausgehenden Umweltauswirkungen ermittelt und bewertet sowie Konsequenzen zu einer Verbesserung der Umweltsituation in die Wege leitet und kontinuierlich überprüft.[16] Hierzu wurden im Einzelnen folgende Schritte vorgegeben:[17]

- Durch eine erste standortbezogene Bestandsaufnahme sollte der Ist-Zustand des betrieblichen Umweltschutzes einschließlich aller wesentlichen

---

[11] Vgl. Kothe, Das neue Umweltauditrecht, Rn. 11.

[12] Environmental Auditing – ICC Position paper on Environmental Audits, Publication Nr. 468, Paris 1989. Vom ICC Executive Board angenommen am 29.11.1988.

[13] Vgl. hierzu etwa Evangelische Akademie Tutzing (Hrsg.), Tutzinger Erklärung zur umweltorientierten Unternehmenspolitik, Tutzinger Materialie Nr. 59/1989.

[14] Verordnung (EWG) Nr. 1836/93 des Rates vom 29.06.1993 über die freiwillige Beteiligung gewerblicher Unternehmen an einem Gemeinschaftssystem für das Umweltmanagement und die Umweltbetriebsprüfung, ABl. EG Nr. L 168, S. 1, ber. ABl EG 1995, Nr. L 203 S. 17 (im folgenden „EMAS I-Verordnung" genannt).

[15] EMAS steht für „Eco-Management and Audit Scheme" und stellt inzwischen die offizielle Abkürzung für das EG-Umweltaudit-System dar.

[16] Ewer, Öko-Audit: Der Referentenentwurf für ein Umweltgutachter- und Standortregistrierungsgesetz und die Übergangslösung zur Anwendung der EG-Öko-Audit-Verordnung, NVwZ 1995, S. 457.

[17] Vgl. die Ablaufdarstellung bei Sellner/Schnutenhaus, Umweltmanagement und Umweltbetriebsprüfung („Umwelt-Audit") - ein wirksames, nicht ordnungsrechtliches System des Umweltschutzes?, NVwZ 1993, S. 928, 930.

umweltrelevanten Daten, etwa über Energieverbrauch, Rohstoffeinsatz, Abfallaufkommen, Emissionen usw. ermittelt werden.

- Auf der Grundlage der in der Bestandsaufnahme erhobenen Daten war durch das Unternehmen ein Umweltprogramm mit konkreten Zielen, Maßnahmen und Umsetzungsfristen zu erstellen.

- Im Zusammenhang damit wurde durch das Unternehmen für den Standort ein Umweltmanagementsystem - bestehend u.a. aus einer bestimmten Organisationsstruktur mit klaren Veranwortlichkeiten sowie vorgeschriebenen Abläufen und Verfahren für das betriebliche Umweltmanagement - installiert.

- Als Nächstes überprüfte das Unternehmen durch eigene Mitarbeiter oder beauftragte Dritte im Rahmen einer so genannten internen Umweltbetriebsprüfung, ob der betriebliche Umweltschutz am Standort funktioniert, welche Mängel bestehen und mit welchen Schritten diese Defizite beseitigt und Verbesserungen hinsichtlich der festgelegten Ziele erreicht werden können.

- Auf Grund des Ergebnisses der Umweltbetriebsprüfung musste das Unternehmen auf der höchsten dafür geeigneten Managementebene Ziele festzulegen, die auf eine kontinuierliche Verbesserung des betrieblichen Umweltschutzes gerichtet sind und das Umweltprogramm gegebenenfalls so abzuändern, dass diese Ziele am Standort erreicht werden können.

- Nach der ersten Bestandsaufnahme erstellte das Unternehmen erstmals eine Umwelterklärung über den Standort. Diese war für die Öffentlichkeit bestimmt und in knapper und verständlicher Form abzufassen. Die Umwelterklärung war jährlich fortzuschreiben; zwischen zwei Umweltbetriebsprüfungen konnte dies jedoch in einem vereinfachten Verfahren geschehen.

- Sodann wurde durch einen externen und unter staatlicher Mitwirkung zugelassenen Umweltgutachter überprüft,

  - ob das Unternehmen in Übereinstimmung mit der EG-Verordnung eine schriftliche Selbstverpflichtung übernommen, ein Umweltprogramm aufgestellt und ein Umweltmanagementsystem eingerichtet hat,

  - ob die erste Bestandsaufnahme und die interne Umweltbetriebsprüfung ordnungsgemäß durchgeführt worden sind,

und

  - ob die Angaben in der Umwelterklärung zuverlässig sind ob und die Erklärung alle wichtigen Umweltfragen, die für den Standort von Bedeutung sind, in angemessener Weise berücksichtigt.

Lagen diese Voraussetzungen vor, so erklärt der Umweltgutachter die Umwelterklärung für gültig („Validierung").

- Betriebsstandorte mit für gültig erklärter Umwelterklärung waren in ein in
  jedem EG-Mitgliedsstaat einzurichtendes Standortregister einzutragen, sofern
  glaubhaft gemacht wurde, dass der Standort alle Bedingungen der EMAS I-
  Verordnung erfüllt.

- Das Unternehmen durfte für jeden eingetragenen Standort eine der im Anhang IV zur EMAS I-Verordnung aufgeführte Teilnahmeerklärung verwenden, in denen die Art der Teilnahme an dem System deutlich zum Ausdruck
  zu bringen war. Absatz 3 verbot es, die Teilnahmeerklärung in der
  Produktwerbung, auf den Erzeugnissen oder auf ihrer Verpackung zu verwenden.

An diesem Grundkonzept haben das Europäische Parlament und der Rat im
Rahmen der in diesem Jahr erfolgten Novellierung der Öko-Audit-Verordnung
festgehalten. Die grundlegenden Neuerungen der so genannten EMAS II-Verordnung[18] beschränken sich im Wesentlichen auf die Erweiterung des Kreise
der teilnahmeberechtigten Unternehmen, die Ersetzung des einzelnen Betriebs-
standortes als Bezugspunkt des Audit durch das Unternehmen („Organisation"),
die Klarstellung des Erfordernisses der Einhaltung aller einschlägigen Umweltrechtsvorschriften („legal compliance") und die Einführung eines Logos für die
erfolgreiche Teilnahme.

3 Grundstrukturen der Datenschutz-Audits

Die strukturbildenden Elemente des Umweltaudits sind im Wesentlichen in den
Datenschutz-Audits rezipiert worden, die ihre gemeinsame Rechtsgrundlage in
der im Jahre 2000 geschaffenen Vorschrift des § 43 Abs. 2 des LDSG haben.[19]
Danach können öffentliche Stellen ihr Datenschutzkonzept durch das ULD prüfen und beurteilen lassen.

3.1 Das Behördenaudit

Nach Tz. 1.3 der Anwendungsbestimmungen sind die Kernbestandteile des Datenschutz-Behördenaudits einerseits die Formulierung eines internen Manage-
mentsystems für Datenschutz und Datensicherheit, des so genannten Daten-

---

[18] Verordnung (EG) Nr. 761/2001 des Europäischen Parlaments und des Rates vom
19.03.2001 über die freiwillige Beteiligung von Organisationen an einem
Gemeinschaftssystem für das Umweltmanagement und die Umweltbetriebsprüfung
(EMAS), ABl. 2001, Nr. L 114 S. 1 (im folgenden „EMAS II-Verordnung" genannt).
[19] Landesdatenschutzgesetz vom 09.02.2000, GVOBl. S. 169.

schutzmanagementsystems, und andererseits eine auf den Vorarbeiten der Behörde berufende Begutachtung durch das ULD.[20]

3.1.1 Gegenstand des Behördenaudits

Gegenstand des Datenschutz-Behördenaudits können derzeit nach Tz. 2.1

- einzelne automatisierte oder nicht automatisierte Verfahren, in denen personenbezogene Daten verarbeitet werden,

- ein abgrenzbarer Teilbereich der Daten verarbeitenden Stelle[21], innerhalb dessen mehrere Verfahren nach Nr. 1 eingesetzt werden,

- die gesamte Verarbeitung personenbezogener Daten einer Daten verarbeitenden Stelle

sein.

Die sich aus diesen Alternativen ergebenden Ausgestaltungsmöglichkeiten für die Behörde mögen einerseits die Bereitschaft zur Teilnahme erleichtern. Auf der anderen Seite könnte es im Hinblick auf die Funktion des Datenaudits problematisch sein, wenn sich die Behörde einer erfolgreichen Teilnahme am Audit berühmen kann, obwohl dieses auf einzelne, datenschutzrechtlich evtl. wenig relevante Teilbereiche beschränkt worden ist und möglicherweise sogar in anderen, unter Gesichtspunkten des Persönlichkeitsschutzes wesentlich wichtigeren Feldern Rechtsverstöße vorliegen. Im Hinblick auf diese Problematik wird etwa in der neuen Öko-Audit-Verordnung aus dem Jahre 2001 bestimmt, dass die kleinste in Betracht zu ziehende Einheit regelmäßig der Standort ist. [22] Hierdurch soll verhindert werden, dass im Rahmen des Umweltaudits einzelne Problembereiche eines Standortes durch „Atomisierung" ausgeklammert[23] bzw., wie es im Leitfaden der EU-Kommission heißt, die „Rosinen herausgepickt werden".

---

[20] Soweit im folgenden auf Teilziffern verwiesen wird, beziehen sich diese, soweit nichts anderes gesagt wird auf die Anwendungsbestimmungen im Sinne von Fn. 1; VGL: AUCH DEN Beitrag vom Golembiewski in diesem Band, S. 107

[21] Im folgenden „Behörde" genannt.

[22] Art. 2 Buchstabe s), Abs. 2 Satz 2 der Verordnung (EG) Nr. 761/2001 des Europäischen Parlaments und des Rates vom 19.03.2001 über die freiwillige Beteiligung von Organisationen an einem Gemeinschaftssystem für das Umweltmanagement und die Umweltbetriebsprüfung (EMAS) vom 24.04.2001, ABl. 2001, Nr. L 114 S. 1.

[23] Lütkes/Ewer, Schwerpunkte der bevorstehenden Revision der Umweltauditverordnung (EWG) Nr. 1836/93, NVwZ 1999, S. 19, 23; vgl. zu den diesbezüglichen Risiken im Falle der - erfolgten - Ersetzung des Standorts- durch den Organisationsbegriff Storm, Novellierungsbedarf der EG-Umweltaudit-Verordnung?, NVwZ 1998, S. 341, 342.

3.1.2   Schriftliche Vereinbarung

Zur Durchführung des Datenschutz-Behördenaudits bedarf einer nach Tz. 3.1 einer schriftlichen Vereinbarung zwischen der Daten verarbeitenden Stelle, in der nach Tz. 3.2 u.a. Art und Umfang des zu auditierenden Verfahrens, der Ablauf des Audits und der für dessen Durchführung vorgesehene zeitliche Rahmen festgelegt werden.

3.1.3   Bestandsaufnahme

Im Rahmen der - einer Mischung aus erster Umweltprüfung und Umweltbetriebsprüfung beim Umweltaudit entsprechenden - Bestandsaufnahme hat die Behörde nach Tz. 5.1 eine Vielzahl von Feststellungen über den Ist-Zustand der Datenverarbeitung, die datenschutzrechtliche Qualifizierung deren einzelner Phasen, die materiellen Zulässigkeitsvoraussetzungen und die danach gebotenen sowie konkret getroffenen Datensicherheitsmaßnahmen zu treffen. Nach Tz. 5.2 ist eine Analyse der bestehenden Restrisiken vorzunehmen.

Auch wenn dies in Tz. 5.1 bis 5.4 nicht ausdrücklich gesagt wird, ist davon auszugehen, dass die Ergebnisse der Bestandsaufnahme in einem schriftlichen Bericht niedergelegt werden müssen, der sämtliche Erkenntnisse und Schlussfolgerungen enthält. Dies folgt schon daraus, dass es anderenfalls gar nicht möglich wäre, eine sachgerechte und überprüfbare Festlegung der Datenschutzziele vorzunehmen. Im Rahmen einer Fortschreibung der Anwendungsbestimmungen dürfte es sich empfehlen, die Notwendigkeit eines entsprechenden schriftlichen Berichts über die Bestandsaufnahme ausdrücklich klarzustellen.[24]

3.1.4   Festlegung der Datenschutzziele

Im Anschluss an diese Bestandsaufnahme und insbesondere auf Grund der Ergebnisse der dabei durchgeführten Schwachstellenanalyse hat die Behörde nach Tz. 6 schriftlich die Datenschutzziele für das Verfahren festzulegen. Hierzu hat sie insbesondere zu bestimmen, in welchen Teilen des Verfahrens Verbesserungen des Datenschutzes erfolgen sollen. Hierfür sind konkrete Maßnahme zu benennen; zudem ist ein Zeitrahmen für die Umsetzung festzulegen. Die drei Voraussetzungen schriftliche Fixierung, konkrete Beschreibung und zeitliche Determinierung sind notwendige Elemente des Systems, da die Ziele ihre Funktion, als überprüfbare Messlatte zu dienen, ansonsten nicht erfüllen können.[25]

---

[24] Im Bereich des Umweltaudit ist dies durch Anhang II Tz. 2.7 zur EMAS II-Verordnung („Berichterstattung über die Erkenntnisse und Schlussfolgerungen der Umweltbetriebsprüfung") geschehen.
[25] Vgl. zur Bedeutung der entsprechenden Anforderungen beim Öko-Audit Theuer, Das Umweltmanagementsystem und dessen Bestandteile, in: Ewer/Lechelt/Theuer, (Hrsg.),

3.1.5   Einrichtung eines Datenschutzmanagementsystems

Sodann muss die Behörde - als Mittel zur Umsetzung der von ihr festgelegten Datenschutzziele - nach Tz. 7.1 ein Datenschutzmanagementsystem einrichten. Tz. 7.2 stellt klar, dass dieses Datenschutzmanagementsystem die interne Organisation der Behörde im Hinblick auf die Erreichung der Datenschutzziele und die Einhaltung der datenschutzrechtlichen Vorgaben darstellt. Es besteht aus der Gesamtheit von Zuständigkeiten, vorgeschriebenen Verhaltensweisen und Abläufen sowie sachlichen Mitteln, die zur Erreichung der Datenschutzziele dienen. Hierbei sind naturgemäß auch die betrieblichen Datenschutzbeauftragten einzubeziehen.[26] Nach Tz. 7.3 hat das Datenschutzmanagementsystem Verfahrensweisen

- zur Dokumentation der Datenschutzziele und des Standes ihrer Umsetzung,

- zur Bekanntgabe der Ziele an die Mitarbeiter der Behörde,

- zur Umsetzung der Datenschutzziele,

- zur Überwachung des laufenden Verfahrens, das Gegenstand des Datenschutz-Behördenaudits ist,

- zur Beachtung der einschlägigen Vorschriften über Datenschutz und Datensicherheit

vorzusehen. Dies gilt - wie sich aus den Tz. 7.4 und 7.5 ergibt - auch für künftige Änderungen.

3.1.6   Datenschutzerklärung

Nach Tz. 8.1 sind die unter cc) bis ee) dargestellten Schritte von der Behörde in einer Datenschutzerklärung schriftlich zu dokumentieren. Diese muss so beschaffen sein, dass mit ihrer Hilfe die vorgenannten drei Schritte von einer unbeteiligten fachkundigen Person nachvollzogen werden können. Dabei dürfte es sich als notwendig, zumindest aber im Hinblick auf die gem. Tz. 9.4 mögliche Funktion der Erklärung zur Unterrichtung der Öffentlichkeit als zweckmäßig erweisen, die schriftliche Dokumentation nicht auf den prozeduralen Ablauf der Verfahrensschritte Bestandsaufnahme, Festlegung von Datenschutzzielen und

---

Handbuch Umweltaudit, München, 1998, Abschnitt B Rdnr. 41.

[26] Hierzu Rossnagel, Audits stärken Datenschutzbeauftragte, DuD 2000, S. 231 f. sowie Gerholm/Heil, Das neue Bundesdatenschutzgesetz 2001, DuD 2001, S. 377, 379; zur vergleichbaren Thematik beim Umweltaudit vgl. Feldhaus, Die Rolle der Betriebsbeauftragten im Umwelt-Audit-System, BB 1995, S. 1545 ff.

Einrichtung eines Datenschutzmanagementsystems zu beschränken, sondern zumindest kurz und knapp auch die Inhalte - insbesondere des Ergebnisses der Bestandsaufnahme sowie der festgelegten Datenschutzziele - darzustellen.[27]

3.1.7   Begutachtung durch das ULD

Nach Tz. 8.2. Satz 1 wird die Datenschutzerklärung dem ULD zur Begutachtung vorgelegt. Satz 2 bestimmt, dass das ULD die Begutachtung im Hinblick darauf vornimmt, ob die einzelnen Schritte in der dokumentieren Form nachvollziehbar und schlüssig sind. Ergibt die Begutachtung der Datenschutzerklärung, dass diese unvollständig oder insgesamt oder in Teilen nicht nachvollziehbar oder unschlüssig ist, so hat nach Tz. 8.3 das ULD im Dialog mit der Behörde diese zur Ergänzung und Nachbesserung aufzufordern. Nach Tz. 8.5 fasst das ULD das Ergebnis seiner Mitwirkung in einem Kurzgutachten zusammen, dass eine Zusammenfassung der Datenschutzerklärung sowie die Bewertung der dort getroffenen Aussagen durch das ULD enthält.

Verglichen mit demjenigen des beim Umweltaudit entsprechenden zuständigen Umweltgutachters ist das Prüfprogramm des ULD von vergleichsweise geringer Intensität. Während sich nämlich das ULD zunächst auf die Prüfung der Nachvollziehbarkeit und Schlüssigkeit der Datenschutzerklärung - und damit gewissermaßen auf eine Überprüfung vom Schreibtisch aus - beschränken kann und nur dann, wenn sich mangels Nachvollziehbarkeit und Schlüssigkeit der Datenschutzerklärung ein Anlass ergibt, weitere Prüfschritte - wie etwa eine Inaugenscheinnahme des Verfahrens i.S.v. Tz. 8.4 - durchführt, ist der Umweltgutachter regelmäßig dazu verpflichtet,

- zum einen nicht nur die „Glaubwürdigkeit", also die Nachvollziehbarkeit und Schlüssigkeit, sondern auch die „Zuverlässigkeit" und „Richtigkeit" der Daten und Informationen der Umwelterklärung,

und

- zudem u.a. auch die technische Eignung der ersten Umweltprüfung und der Umweltbetriebsprüfung sowie das Vorhandensein eines voll

---

[27] Vgl. hierzu Anhang III Tz. 3.2 Unterabsatz 2 zur EMAS II-Verordnung, wonach die in der Umwelterklärung niederzulegenden Informationen „zumindest" u.a. die „Umweltpolitik der Organisation und eine kurze Beschreibung des Umweltmanagementsystems", die „Beschreibung aller wesentlichen direkten und indirekten Umweltaspekte, die zu wesentlichen Umweltauswirkungen der Organisation führen", eine „Beschreibung der Umweltzielsetzungen und -einzelziele im Zusammenhang mit den wesentlichen Umweltaspekten und -auswirkungen", eine „Zusammenfassung der verfügbaren Daten über die Umweltleistung, gemessen an den Umweltzielsetzungen und -einzelzielen der Organisation und bezogen auf ihre wesentlichen Umweltauswirkungen" und „sonstige Faktoren der Umweltleistung, einschließlich der Einhaltung von Rechtsvorschriften im Hinblick auf ihre wesentlichen Umweltauswirkungen" beinhalten müssen.

funktionsfähigen Umweltmanagementsystems sowie die Einhaltung aller
einschlägigen Umweltrechtsvorschriften

zu überprüfen.[28]

3.1.8 Erstmalige und erneute Verleihung des Datenschutzauditzeichens

Ist die Datenschutzerklärung nachvollziehbar und schlüssig, so verleiht nach Tz.
9.1 das ULD der Behörde für das Verfahren ein Datenschutzauditzeichen. Diese
Verleihung erfolgt gem. Tz. 9.2 Satz 1 für höchstens drei Jahre.

Nach Tz. 9.2 Satz 2 wird Verleihung widerrufen, falls die Behörde innerhalb dieses Zeitraums Änderungen des Verfahrens nachmeldet, die zur Folge haben,
dass die Datenschutzerklärung in wesentlichen Teilen nicht mehr zutrifft. Entsprechendes gilt nach Satz 2, wenn dem ULD auf andere Weise Tatsachen bekannt werden, aus denen sich wesentliche Abweichungen von der
Datenschutzerklärung ergeben. Hieraus wird man folgern müssen, dass bereits
die Verleihung zu unterbleiben hat, wenn zwar die Datenschutzerklärung nachvollziehbar und schlüssig ist, indessen dem ULD auf Grund anderer Umstände
bekannt wird, dass die Datenverarbeitungspraxis der Behörde nicht im Einklang
mit den Angaben in der Datenschutzerklärung steht.

Nach Tz. 10 Satz 1 kann dann, wenn die Behörde nach Ablauf des Verleihungs-
zeitraums eine erneute Verleihung des Datenschutzauditzeichens an-strebt, das
Verfahren zur neuerlichen Erlangung des Zeichens abgekürzt werden. Da Satz 2
bestimmt, dass auch in diesem Falle mindestens eine erneute Bestandsaufnahme, die Erstellung einer entsprechenden Datenschutzerklärung sowie die
Begutachtung durch das ULD erforderlich ist, dürfte sich der Einspareffekt
indessen auf den Verfahrensschritt der Festlegung der Datenschutzziele beschränken. Dies erscheint im Falle einer Neufassung der Anwendungsbestimmungen überprüfungsbedürftig. Im Regelfall dürfte es nämlich kaum vorstellbar
sein, dass bei einer neuen Bestandsaufnahme sich dieselben Datenschutzziele
als nach wie vor aktuell erweisen könnten. Die im Rahmen der erneuten Verleihung des Datenschutzzeichens zu gewährende Erleichterung sollte daher nicht
im Verzicht auf eine Festlegung neuer Datenschutzziele, sondern in einer Redu-
zierung der Anforderungen an die neuerliche Bestandsaufnahme bestehen.

---

[28] So ausdrücklich Anhang V, Tz. 5.4.1 bis 5.4.3 der EMAS II-Verordnung; zum Prüfum-
fang unter Geltung der EMAS I-Verordnung vgl. Ewer, Aufgaben und Pflichten des Umweltgutachters sowie das Verfahren seiner Zulassung, in: Ewer/Lechelt/Theuer, (Hrsg.),
Handbuch Umweltaudit, München, 1998, Abschnitt E Rdnrn. 2 bis 33.

3.1.9   Registrierung

Nach Tz. 9.3 führt das ULD ein Register aller Stellen, denen ein Datenschutzauditzeichen verliehen wurde. In das Register wird zu jedem Verfahren auch das vom ULD im Rahmen der Auditierung erstelle Kurzgutachten aufgenommen. Das Register kann von jeder Person beim ULD eingesehen und von diesem in geeigneter Weise veröffentlicht werden.

3.1.10   Information der Öffentlichkeit

Tz. 9.4 stellt es der Behörde frei, ihrerseits im Zusammenhang mit dem Datenschutzauditzeichen auf das Gutachten und die Datenschutzerklärung zu verweisen oder diese selbst zu veröffentlichen. Die Anwendungsbestimmungen bleiben hier erkennbar hinter der EG-Umweltaudit-Verordnung zurück, da diese eine Verpflichtung der teilnehmenden Unternehmen begründet, die für gültig erklärte Umwelterklärung nach der Eintragung öffentlich zugänglich zu machen.[29] Da in Schleswig-Holstein nach Maßgabe von § 4 i.V.m. § 5 Abs. 4 IFG-SH[30] ohnehin regelmäßig ein gesetzlicher Anspruch auf öffentlichen Zugang zu der betreffenden Datenschutzerklärung gegenüber der betreffenden Behörde und wohl auch dem ULD bestehen wird, könnte daran zu denken sein, dies im Falle einer Fortschreibung der Anwendungsbestimmungen in deren Tz. 9.4 zum Ausdruck zu bringen.

3.2   Das Produktaudit

Während das sich das Datenschutz-Behördenaudit auf die Datenschutzorganisation öffentlicher Stellen bezieht, kann das Gütesiegel für von der privaten Wirtschaft verliehene IT-Produkte verliehen werden.[31] Da hierdurch - anders als im Falle des Datenschutz-Behördenaudits - objektiv in den Wettbewerb Privater eingriffen und damit eine durch Art. 12 Abs. 1 und Art. 2 Abs. 1 GG geschützte Grundrechtsposition tangiert wird,[32] bedurfte es insoweit einer Rechtsgrundlage auf Grund Gesetzes.

---

[29] Art. 3 Abs. 2 Buchstabe e) der EMAS II-Verordnung.

[30] Gesetz über die Freiheit des Zugangs zu Informationen für das Land Schleswig-Holstein (Informationsfreiheitsgesetz für das Land Schleswig-Holstein - IFG-SH) vom 09.02.2000, GVOBl. S. 166.

[31] Bäumler, Datenschutzaudit und Gütesiegel in Schleswig-Holstein, DuD 2001, S. 252.

[32] Vgl. hierzu das Urteil des OVG Münster vom 22.09.1982 – 4 A 989/81 –, NVwZ 1984, S. 522, 524, in dem unter Bezugnahme auf Judikate des Bundesverwaltungsgerichts einerseits und des Bundesverfassungsgerichts andererseits ausdrücklich offengelassen wird, ob die Wettbewerbsfreiheit als Bestandteil der Berufsfreiheit ihre Grundlage in Art. 12 Abs. 1 GG findet oder ob es sich um eine Ausprägung des in Art. 2 Abs. 1 GG garantierten Rechts auf freie Entfaltung der Persönlichkeit handelt.

3.2.1   Gegenstand des Audits

Gegenstand des Gütesiegel-Audits sind nach § 1 Abs. 1 Satz 1 DSAVO informationstechnische Produkte (IT-Produkte). Hierbei kann es sich nach Abs. 2 der Vorschrift um Hardware, Software und automatisierte Verfahren handeln, die zur Nutzung durch öffentliche Stellen geeignet sind[33].

3.2.2   Ablauf des Verfahrens

Das Verfahren des Datenschutz-Audits für IT-Produkte beschränkt sich auf wenige prozedurale Schritte.

3.2.3   Überprüfung des IT-Produkts durch einen amtlich anerkannten Sachverständigen

Nach § 2 Abs. 1 DSAVO muss die Hersteller- oder Vertriebsfirma des betreffenden IT-Produkts dieses zunächst durch einen von ihr beauftragten Sachverständigen überprüfen lassen, der vom ULD amtlich anerkannt ist.[34] Gegenstand der Prüfung ist dabei, wie sich aus § 1 Abs. 1 Satz 1 und § 2 Abs. 1 DSAVO erschließt, die Frage, ob das Produkt den Rechtsvorschriften über den Datenschutz und die Datensicherheit, insbesondere im Hinblick auf Datenvermeidung und Datensparsamkeit (§ 4 Abs. 1 und § 11 Abs. 4 und 6 LDSG), Datensicherheit und Revisionsfähigkeit der Datenverarbeitung (§§ 5 und 6 LDSG), Gewährleistung der Rechte der Betroffenen (§§ 26 bis 30 LDSG), entspricht.

3.2.4   Antrag auf Zertifizierung des IT-Produkts durch das ULD

Erfüllt ein IT-Produkt nach den Feststellungen der Sachverständigen diese Anforderungen, so hat die Hersteller- oder Vertriebsfirma das entsprechende Gutachten mit einer schriftlichen Dokumentation der Prüfung dem ULD

- mit Angaben zum Zeitpunkt der Prüfung, zur detaillierten Bezeichnung des Produkts, zu seinem Zweck und Einsatzbereich, zu den besonderen datenschutz- und datensicherheitsrechtlichen Eigenschaften des IT-Produktes,

- mit einer Bewertung der besonderen datenschutzbezogenen Eigenschaften des IT-Produkts

---

33 Vgl. hierzu auch den Beitrag von Diek in diesem Band, S. 157

34 Gem. § 3 Abs. 1 DSAVO wird durch das ULD auf Antrag eine derartige Anerkennung ganz oder für einzelne Teilbereiche erteilt, wenn die erforderliche Fachkunde, Zuverlässigkeit und Unabhängigkeit nachgewiesen wird. Diese Unabhängigkeit dürfte regelmäßig fehlen bei Inhabern, gesetzlichen Vertretern oder Angestellten eines Unternehmens, das IT-Produkte herstellt, vgl. die Grundsätze aus der Entscheidung des OVG Berlin vom 24.09.1992 - 5 B 51.91 -, Amtliche Sammlung Band 20, S. 89 ff.

und

- mit einer Zusammenfassung der Prüfung zum Zweck der Veröffentlichung durch das ULD

vorzulegen.

3.2.5   Prüfung durch das ULD

Nach § 2 Abs. 2 Satz 2 DSAVO kann das ULD sodann ergänzende Angaben und die Vorlage des zu zertifizierenden IT-Produktes anfordern. Aufgrund der „Kann"-Formulierung ist davon auszugehen, dass derartige Prüfschritte im Verfahrensermessen des ULD stehen[35] und dass dieses pflichtgemäß ausgeübt wird, wenn das ULD nur bei Vorliegen entsprechender Anhaltspunkte weitergehende Maßnahmen zur Überprüfung durchführt.[36]

3.2.6   Erlass einer Entscheidung über den Zertifizierungsantrag

Entspricht das betreffende IT-Produkt den Rechtsvorschriften über den Datenschutz und die Datensicherheit, so steht der antragstellerischen Hersteller- oder Vertriebsfirma dem Grunde nach ein Anspruch auf Zertifizierung zu. Dies folgt aus der in § 1 Abs. 1 Satz 1 DSAVO enthaltenen Formulierung „werden ... zertifiziert", die insoweit auf eine gebundene Rechtsfolge hinweist. Allerdings „kann" nach Satz 2 der Bestimmung das Zertifikat befristet werden. Dabei spricht die vom Verordnungsgeber insoweit gewählte Formulierung dafür, dass die unbefristete Erteilung den Regelfall und die befristete den Ausnahmefall darstellt. Anderenfalls hätte es nahe gelegen zu formulieren, dass das Zertifikat „unbefristet oder befristet" erteilt werden kann. Mithin ist davon auszugehen, dass dem ULD insoweit ein intendiertes Ermessen zu Gunsten der unbefristeten Zertifizierung eingeräumt ist, mit der Folge, dass ein befristetes Zertifikat nur bei atypischen Sachverhalten in Betracht kommt. So wird eine ermessensfehlerfreie Entscheidung für eine befristete Zertifizierung etwa dann denkbar sein, wenn das betreffende IT-Produkt zwar derzeit (noch) geltenden datenschutzrechtlichen Bestimmungen entspricht, nicht hingegen den Anforderungen neuer Vorschriften, die bereits erlassen, aber noch nicht in Kraft getreten sind. Hingegen dürfte

---

[35] Zur Einräumung von Verfahrensermessen durch prozedurale Kann-Vorschriften vgl. die Entscheidung des LSG Celle vom 16.07.1959 - L 11 U 203/56 -, Breith 1959, 1090; allgemein zum Ermessen der Behörde bei der Sachermittlung vgl. die Entscheidungen des BVerwG vom 30.03.1999 - 5 B 4/99 -, zit.n.juris und vom 26.08.1998 - 11 VR 4/98 -, Buchholz 442.09 § 20 AEG Nr. 22.

[36] Zu der insoweit vergleichbaren gestuften Untersuchungspflicht des Umweltgutachters hinsichtlich der Einhaltung der einschlägigen Rechtsvorschriften unter Geltung der EMAS I-Verordnung vgl. Ewer, Aufgaben und Pflichten des Umweltgutachters sowie das Verfahren seiner Zulassung, in: Ewer/Lechelt/Theuer, (Hrsg.), Handbuch Umweltaudit, München, 1998, Abschnitt E Rdnr. 16.

allein der Umstand, dass ein bestimmte IT-Produkt in einigen Jahren technisch überholt sein und damit den dann geltenden Anforderungen an den Datenschutz und die Datensicherheit nicht mehr entsprechen dürfte, für eine Befristung nicht ausreichen, da dies für die meisten IT-Produkte gelten wird.

3.2.7 Kennzeichnung zertifizierter Produkte durch ein Gütezeichen

§ 1 Abs. 3 Satz 1 DSAVO gestattet es, zertifizierte Produkte durch ein Gütezeichen nach der Anlage zu dieser Verordnung zu kennzeichnen. Dabei muss das Gütezeichen nach Satz 3 der Bestimmung die Registriernummer[37] und im Falle der Befristung die Gültigkeitsdauer enthalten. § 1 Abs. 3 Satz 2 DSAVO schreibt zudem vor, dass das grafische Symbol die in der Anlage zur Verordnung dargestellte Mindestgröße nicht unterschreiten darf.

Angesichts dessen, dass das Gütezeichen allein einen Nachweis der Übereinstimmung des betreffenden IT-Produkts mit den Rechtvorschriften über den Datenschutz und die Datensicherheit darstellt und keinen Erklärungswert für eine darüber hinaus gehende Produktqualität hat, stellt sich die Frage, ob eine Werbung mit dem Gütezeichen wettbewerbsrechtlich zulässig ist. Dies folgt aus der Überlegung, dass auch eine objektiv richtige Werbeangabe irreführend i.S.v. § 3 UWG sein kann, wenn durch sie im Verkehr der Eindruck erweckt wird, sie sei bei dem beworbenen Produkt etwas Besonderes, obwohl dies nicht der Fall ist.[38] Auch bei Zugrundelegung dieses Ansatzes bestehen jedoch gegen die werbemäßige Verwendung des Gütesiegels keine Bedenken, weil im Bereich von IT-Produkten - anders als etwa von Lebensmitteln - deren Verkehrsfähigkeit als solche gerade nicht davon abhängt, dass diese bestimmten gesetzlichen Anforderungen entsprechen, sodass sich deren Erfüllung durch als etwas Besonderes darstellt[39].

3.2.8 Widerruf und Rücknahme von Zertifizierungen

Nach § 1 Abs. 1 Satz 3 DSAVO kann ein Zertifikat widerrufen werden, wenn die Voraussetzungen für die Erteilung nicht mehr vorliegen. Dies ist dann der Fall, wenn das betreffende IT-Produkt nicht mehr den einschlägigen Rechtsvorschriften über den Datenschutz und die Datensicherheit entspricht. Hierzu kann es sowohl durch eine Änderung dieser Vorschriften als auch durch technische Weiterentwicklung und eine damit einhergehende Änderung des Standes der Datenschutz- und Datensicherheitstechnik i.S.v. § 5 Abs. 2 Satz 1 LDSG kommen.[40]

---

[37] Vgl. hierzu Anhang IV zur EMAS II-Verordnung, wonach im Falle einer Verwendung des EMAS-Zeichens auch stets die Registriernummer angegeben werden muss.

[38] Vgl. etwa die Entscheidung des LG München I vom 26.02.1987 - 4 HKO 21640/86 -, ZLR 1988, S. 183 ff.

[39] Vgl. dazu auch die Beiträge von Bäumler, S. 1 und Büllesbach, S. 45, in diesem Band.

[40] Dies gilt insbesondere im Hinblick auf die zunehmende Bedeutung des Datenschutzes

Neben der spezialgesetzlichen Widerrufsermächtigung in § 1 Abs. 1 Satz 3 DSAVO können ein Widerruf oder eine Rücknahme unter den allgemeinen Voraussetzungen aus §§ 115 f. LVwG[41] erfolgen.

3.3   Exkurs: Die Anerkennung von Sachverständigen

Gem. § 3 Abs. 1 DSAVO erteilt das ULD die Sachverständigen-Anerkennung auf Antrag, wenn die erforderliche Fachkunde, Zuverlässigkeit und Unabhängigkeit nachgewiesen wird.

Im Hinblick darauf, dass der Begriff des Berufs i.S.v. Art. 12 Abs. 1 GG weit auszulegen ist und grundsätzlich jede auf Dauer berechnete und nicht nur vorübergehende Betätigung erfasst, die der Schaffung und Unterhaltung einer Lebensgrundlage dient bzw. dazu beiträgt[42] und dass dies auch dann gilt, wenn die angestrebte Tätigkeit als Zweitberuf ausgeübt werden soll,[43] unterfällt die Betätigung als Sachverständiger für IT-Produkte dem Grundrechtsschutz aus dieser Verfassungsbestimmung.[44]

Auch wenn § 4 Abs. 2 LDSG den allgemeinen verfassungsrechtlichen Anforderungen an Art. 80 Abs. 1 Satz 2 GG, Art. 38 Abs. 1 Satz 2 LV noch genügen mag, dürften es die sich aus der Grundrechtsrelevanz von § 3 Abs. 1 DSAVO im Hinblick auf Art. 12 Abs. 1 GG ergebenden zusätzlichen Anforderungen sinnvoll erscheinen lassen, in die Ermächtigungsgrundlage ausdrücklich auch die Befugnis zum Erlass von Regelungen über die Voraussetzungen und das Verfahren der Anerkennung von Sachverständigen über IT-Produkte aufzunehmen.[45]

---

durch an der „Quelle der Risiken" ansetzenden Datentechnik, vgl. hierzu Bizer, Ziele und Elemente der Modernisierung des Datenschutzrechts, DuD 2001, S. 274, 277.

[41] Allgemeines Verwaltungsgesetz für das Land Schleswig-Holstein (Landesverwaltungsgesetz - LVwG) in der Fassung der Bekanntmachung vom 02.06.1992, GVOBl. S. 243, ber. S. 534, zuletzt geändert durch Gesetz vom 18.06.2001, GVOBl. S. 81.

[42] Urteile des BVerwG vom 23.08.1994 - 1 C 18 und 19.91 -,BVerwGE 96, S. 293, 296 und BVerwGE 96, S. 302, 307.

[43] Urteil des BVerwG vom 28.05.1965 - 7 C 116.64 -, BVerwGE 21, S. 195, 196. und Urteil des BVerfG vom 01.07.1980 - 1 BvR 247/75 -, BVerfGE 54, S. 237, 245 sowie Beschlüsse des BVerfG vom 04.11.1992 - 1 BvR 79/85 u.a. -, BVerfGE 87, S. 287, 316 und vom 02.12.1994 - 1 BvR 1643/92 -, NJW 1995, S. 951, 952.

[44] Nach den Grundsätzen aus dem Urteil des VGH Mannheim vom 30.10.1995 - 8 S 2713/94 -, NVwZ-RR 1996, S. 642 ff. dürfte es sich bei § 3 DSAVO indes nicht um eine Berufswahl-, sondern Berufsausübungsregelung handeln.

[45] Hinsichtlich des Konkretisierungsgrads können als Vorbild etwa die Regelungen in § 12 Abs. 1 Nr. 10a und 11 des Gesetzes über die friedliche Verwendung der Kernenergie und den Schutz gegen ihre Gefahren (Atomgesetz - AtG) vom 23.12.1959, BGBl I 1959, S. 814, neugefasst durch Bekanntmachung vom 15.07.1985, BGBl. I S. 1565; geändert

Zudem ist die Geltung von Art. 12 Abs. 1 GG auch bei der Auslegung der Anforderungen aus § 3 Abs. 1 Satz 1 DSAVO zu beachten. So wäre es insbesondere verfassungsrechtlich unzulässig, die Anerkennung von einer konkreten Bedürfnisprüfung abhängig zu machen.[46]

Im Übrigen darf und muss die Anerkennung eines Sachverständigen zwar davon abhängig gemacht werden, dass er genügende Sachkunde einschließlich des erforderlichen Grundlagenwissens hat; hingegen darf in Ermangelung einer nach Art. 12 Abs. 1 GG erforderlichen normativen Grundlage zum Nachweis der erforderlichen Sachkunde nicht der Abschluss eines Hochschul- oder Fachhochschulstudiums gefordert werden.[47]

Die nach § 3 Abs. 1 Satz 1 DSAVO geforderte Unabhängigkeit dürfte regelmäßig zu verneinen sein bei Inhabern, gesetzlichen Vertretern oder Angestellten eines Unternehmens, das IT-Produkte herstellt.[48]

4 Gründe für die Teilnahme an Datenschutz-Audits

Für ein Teilnahme an den zur Verfügung stehenden Datenschutz-Audits gibt es viele gute Gründe.

4.1 Das Produktaudit

Beim Datenschutz-Audit für IT-Produkte liegen sie auf der Hand, da eine Verleihung des Gütesiegels im Hinblick auf Datenschutz und Datensicherheit nicht eine besonders datenschutzfreundliche Betriebsorganisation des Herstellers oder Vertreibers,[49] sondern eine besondere Produktqualität attestiert[50] und diese amt-

---

durch Art. 3 Abs. 2 des Gesetzes vom 27.12.2000, BGBl. I S. 2048, genannt werden.

[46] Vgl. die Entscheidung des VG Braunschweig vom 08.12.1995 - 1 A 1283/94 -, GewArch 1996, S. 280.

[47] Vgl. hierzu das Urteil des BVerwG vom 27.01.1998 - 1 C 5/97 -, GewArch 1998, 247, 248 f.

[48] Vgl. die Grundsätze aus der Entscheidung des OVG Berlin vom 24.09.1992 - 5 B 51.91 -, Amtliche Sammlung Band 20, S. 89 ff.; insoweit wird von Weichert, Datenschutz als Verbraucherschutz, DuD 2001, S. 264, 268, zutreffend auf die generelle Ungeeignetheit von Gütesiegeln von Einrichtungen hingewiesen, welche von den Unternehmen, deren Verfahren und Produkte zertifiert werden, abhängig sind.

[49] Das Fehlen eines solchen unmittelbaren Produktbezugs steht einer direkten Berücksichtigung einer erfolgreichen Teilnahme am Öko-Audit im Rahmen öffentlicher Vergaben entgegen. Die EU-Kommission hat jedoch dargestellt, unter welchen Umständen bei der Vergabe öffentlicher Aufträge von Lieferanten ein Umweltmanagementsystem nach EMAS verlangt werden kann. Danach kann die EMAS-Eintragung immer dann als

liche Anerkennung erhebliche Bedeutung im Wettbewerb erlangen kann.[51] Dabei könnte die den Datenschutz verbessernde Wirkung noch zunehmen, wenn man im Rahmen des Produktaudits Raum für eine gesonderte Berücksichtigung einer Übererfüllung gesetzlicher (Mindest-)Standards schaffen würde.[52]

Die Bedeutung des Datenschutz-Audit für IT-Produkte besteht auch und insbesondere bei öffentlichen Vergaben, da bei der Bestimmung des wirtschaftlichsten Angebots i.S.v. § 97 Abs. 5 GWB nicht allein auf den Preis, sondern unter Berücksichtigung von Kriterien wie u.a. der Qualität und des technischen Werts[53] auf das beste Preis-Leistungs-Verhältnis[54] abzustellen ist.[55] Hieraus folgt aber, dass für eine Berücksichtigung einer durch das Gütesiegel nachgewiesenen besonderen Qualität in Bezug auf Datenschutz und Datensi-

---

Beleg für die technische Leistungsfähigkeit im Rahmen einer Ausschreibung dienen, wenn Elemente des Umweltprogramms und Umweltmanagementsystems eines Unternehmens oder einer Organisation als Nachweis für die Erfüllung technischer Anforderungen betrachtet werden können, siehe hierzu die Interpretierende Mitteilung der Kommission über das auf das Öffentliche Auftragswesen anwendbare Gemeinschaftsrecht und die Möglichkeiten zur Berücksichtigung von Umweltbelangen bei der Vergabe öffentlicher Aufträge, Schreiben der Kommission vom 4.7.2001 KOM(2001) 274 endgültig, S. 18, 19.

[50] Entsprechendes gilt bereits für das „Sicherheitszertifikat" nach § 4 des Gesetzes über die Errichtung des Bundesamtes für Sicherheit in der Informationstechnik (BSI-Errichtungsgesetz) vom 17.12.1990, BGBl I 1990, S. 2834, dessen produktqualitätsbezogene Aussage sich jedoch darauf beschränkt, dass ein informationstechnisches System oder eine informationstechnische Komponente den vom Bundesamt festgelegten oder allgemein anerkannten Sicherheitskriterien entspricht.

[51] Vgl. Büllesbach, Datenschutz und Datensicherheit als Qualitäts- und Wettbewerbsfaktor, RDV 1997, S. 237, 239; Gola, Der auditierte Datenschutzbeauftragte - oder von der Kontrolle der Kontrolleure, RDV 2000, S. 93, 96; dies muss umso mehr gelten, als selbst der erfolgreichen Teilnahme an nicht in gleicher Weise *unmittelbar* produktbezogenen Qualitätsmanagementsystemen durch Hersteller von IT-Produkten erhebliche wettbewerbliche Bedeutung zukommt, vgl. Heussen/Schmidt, Inhalt und rechtliche Bedeutung der Normenreihe DIN/ISO 9000 bis 9004 für die Unternehmenspraxis, CR 1995, S. 321 ff.

[52] Bizer, Ziele und Elemente der Modernisierung des Datenschutzrechts, DuD 2001, S. 274, 277.

[53] Kulartz, in: Eschenbruch/Hunger/Kulartz/Kus/Niebuhr/Portz, Kommentar zum Vergaberecht, Neuwied, 2000, § 97 GWB, Rdnr. 203 unter Hinweis auf die Kriterien aus den EG-Vergaberichtlinien.

[54] Vgl. die Begründung des Regierungsentwurf zum 4. Teil der GWB, BT-Drs. 13 /9340, S. 14.

[55] Zur vergaberechtlichen Berücksichtigungsfähigkeit des Datenschutzaudits für IT-Produkte vgl. auch Petri, Vorrangiger Einsatz auditierter Produkte, DuD 2001, S. 150, 151 ff.

cherheit jedenfalls dann Raum ist, wenn dieses Kriterium zum Inhalt der Leistungsbeschreibung gemacht worden ist.[56]

4.2 Das Behördenaudit

Die erfolgreiche Absolvierung des Datenschutz-Behördenaudits kann sich in mehrfacher Hinsicht vorteilhaft für die teilnehmenden Träger öffentlicher Verwaltung auswirken. Ausgangspunkt ist die Feststellung, dass es bei diesem Audit nicht um die Klärung datenschutzrechtlicher Einzelfragen oder um die Beurteilung einzelner Verarbeitungsverfahren geht, sondern um ein Gesamtkonzept, mit dem der Datenschutz in einer Daten verarbeitenden Stelle insgesamt gewährleistet und kontinuierlich verbessert werden soll.[57] Ausgehend hiervon werden unter Tz. 2 der Anwendungsbestimmungen im Wesentlichen vier Vorteile für die teilnehmende Behörde hervorgehoben:

- Die Behörde stärkt durch die freiwillige Teilnahme ihre Selbstverantwortung im Bereich des Datenschutzes und der Datensicherheit. Je stärker die Selbstverantwortung gestärkt wird, umso weniger ist aber mit aufsichtsbehördlichen Eingriffsmaßnahmen zu rechnen.

- Die Behörde optimiert ihre Datenverarbeitung im Sinne einer dauerhaften Übereinstimmung mit den gesetzlichen Datenschutzvorschriften. Dies kann im Ergebnis dazu führen, sie vor Schadensersatzansprüchen - insbesondere solchen nach § 30 LDSG - zu bewahren. Hieran dürften aber nicht nur die Behörden selbst, sondern auch deren Bedienstete großes Interesse haben, müssen Letztere doch damit rechnen, im Falle einer erfolgreichen Geltendmachung von Schadensersatzansprüchen betroffener Bürger durch ihren Dienstherrn (bei Beamten nach § 94 LBG[58] und bei Angestellten nach § 14 BAT) auf Regress in Anspruch genommen zu werden.

- Mit dem präventiven Ansatz erreicht die teilnehmende Stelle einen Vorsprung im Wettbewerb um mehr Bürgernähe und -akzeptanz. Dieser ist aber nicht nur von Bedeutung bei der Standortentscheidung von Investoren, sondern auch in denjenigen Fällen, in denen kommunale Unternehmen außerhalb des Anschluss- und Benutzungszwangs tätig werden

---

[56] Vgl. Boesen, Vergaberecht - Kommentar zum 4. Teil des GWB, Bonn, 2000, § 97 GWB, Rdnr. 149.
[57] Bäumler, Datenschutzgesetzentwurf aus der Feder des Datenschutzbeauftragten, RDV 1999, S. 47, 50.
[58] Beamtengesetz für das Land Schleswig-Holstein (Landesbeamtengesetz - LBG) in der Fassung der Bekanntmachung vom 03.03.2000, GVOBl. S. 218.

und damit in einem echten Konkurrenzverhältnis zu privaten Anbietern stehen[59].

- Schließlich ermöglicht das Audit die Werbung um das Vertrauen der Bürger
  in die Daten verarbeitende Stelle. Dieses Vertrauen ist aber notwendige
  Voraussetzung für eine konstruktive Zusammenarbeit zwischen Bürger und
  Behörde, die ihrerseits häufig dazu führen wird, hoheitlich eingreifende
  Maßnahmen entbehrlich werden zu lassen.

5   Ausblick

Zusammenfassend ist festzuhalten, dass es sich sowohl beim Behörden- als auch
beim Produktaudit um fortschrittliche Elemente des Datenschutzes und der Datensicherung handelt, die vergleichsweise einfach zu handhaben sind und deren
positive Wirkungen den notwendigen Aufwand für die Teilnahme erheblich
übersteigen dürften[60].

---

[59] Vgl. dazu auch die Beiträge von von Mutius, S. 81 und Adamaschek, S. 91, in diesem
Band.
[60] Vgl. dazu auch den Beitrag von Voßbein in diesem Band, S. 150

Informationszugang als Wirtschaftsfaktor

Dr. Alexander Dix

1   Einleitung

In der Informations- und Wissensgesellschaft sind Informationen eine entscheidende Ressource, deren wirtschaftliche Bedeutung nicht erst in der new economy offenkundig geworden ist. Wenn man deshalb mit Recht von der Produktivkraft "Information" spricht[1], so liegt auf der Hand, dass die Bedingungen des Zugangs zu Informationen ebenfalls immer größere wirtschaftliche Bedeutung erlangen. Dabei ist zu unterscheiden zwischen den Informationen des öffentlichen Sektors, die nicht nur für die einzelne Bürgerin oder den einzelnen Bürger, sondern gerade auch für Wirtschaftsunternehmen immer wichtiger werden, und den Informationen, die nur im privaten Sektor vorhanden sind und dort ihrerseits häufig die Grundlage für den wirtschaftlichen Erfolg eines Unternehmens darstellen (z. B. Informationen über Herstellungsverfahren, Produktbestandteile, Inhaltsstoffe etc.). Während sich in Europa und Nordamerika das Prinzip der Informationsfreiheit hinsichtlich der Informationen des öffentlichen Sektors de jure jedenfalls im Grundsatz fast vollständig durchgesetzt hat, wird eine Erstreckung dieses Grundsatzes auf den privaten Sektor bisher kaum diskutiert. Diese beiden Bereiche sollen deshalb im Folgenden untersucht und nach den Ursachen und Begründungen für diese unterschiedliche Behandlung gefragt werden.

2   Der Anspruch der Wirtschaft auf Informationszugang

2.1   Freie Informationen in einem freien Markt

Die Europäische Kommission hat bereits 1998 in ihrem Grünbuch über die Informationen des öffentlichen Sektors in der Informationsgesellschaft unterstrichen, dass der Zugang zu Informationen des öffentlichen Sektors europaweit für die Unternehmen äußerst wichtig ist, weil sie nur auf der Basis von länderübergreifenden Informationen Firmenstrategien festlegen können, Marke-

---

[1] So Hoffmann-Riem, Voraussetzungen der Informationsfreiheit, in: Landesbeauftragter für den Datenschutz und für das Recht auf Akteneinsicht (Hrsg.), Informationsfreiheit und Datenschutz in der erweiterten Europäischen Union, Dokumentation des Symposiums vom 8./9.10.2001 in Potsdam (im Erscheinen); vgl. auch den Beitrag von Büllesbach in diesem Band, S. 45

tingentscheidungen zu treffen und Export- oder Investitionspläne aufzustellen in der Lage sind. Der Mangel an Informationen kann Entscheidungen über länderübergreifende Transaktionen beträchtlich verzögern oder negativ beeinflussen[2].

Im europäischen Binnenmarkt kann der fehlende Zugang zu Informationen des öffentlichen Sektors gerade für ausländische Firmen entscheidende Wettbewerbsnachteile gegenüber einheimischen Unternehmen mit sich bringen, die über diese Informationen entweder bereits verfügen oder einen Erfahrungsvorsprung hinsichtlich der nationalen Gegebenheiten haben. Das Grünbuch der Kommission verweist auf das Beispiel der Informationen über ortsspezifische Risiken bei Versicherungsdienstleistungen[3]. Auch an den Beispielen des Transportgewerbes und des Beschaffungswesens lässt sich deutlich machen, dass der Zugang zu Informationen für Wirtschaftsunternehmen von zentraler Bedeutung ist und seine Verbesserung zu einer Steigerung der Wettbewerbsfähigkeit führen kann[4].

Für ein Unternehmen, das die Möglichkeiten einer Ansiedlung oder einer größeren Investition prüft, ist es zudem von entscheidender Bedeutung, die notwendigen Informationen über die erforderlichen Genehmigungsverfahren und Ansprechpartner in der öffentlichen Verwaltung ohne großen Aufwand abrufen zu können. Ein investitionsbereiter Unternehmer, der von der Verwaltung "von Pontius zu Pilatus" geschickt wird, wird sich schnell nach einem anderen Ansiedlungsort mit unbürokratischen und transparenten Verwaltungsstrukturen umsehen. Staatliche und kommunale Wirtschaftsförderung muss deshalb bestrebt sein, gegenüber ansiedlungswilligen Unternehmen als "one stop agency" aufzutreten, bei der die notwendigen Anträge und Genehmigungen gebündelt gestellt und eingeholt werden können. Bessere Informationszugangsrechte sind deshalb auch ein Mittel zum Abbau von Investitionshemmnissen.

Neben den zunehmenden elektronischen Geschäftsverkehr ("business to business" -B2B - und "business to consumer" – B2C -) treten zunehmend auch elektronische Verwaltungsdienstleistungen (e-government). Die Wirtschaft tritt der Verwaltung zunächst auf der gleichen Ebene gegenüber wie Bürgerinnen und Bürger, die öffentliche Informationen nachfragen. Die Kommunikation zwischen Verwaltung und Wirtschaft hat aber aus zwei Gründen eine ungleich größere wirtschaftliche Bedeutung als die Kommunikation zwischen Verwaltung und Bürgerinnen und Bürgern: Zum einen muss die Verwaltung daran interessiert sein, dass Wirtschaftsunternehmen nicht durch intransparente und bürokratische Verwaltungsverfahren abgeschreckt werden, sondern dass ihre Investitionstätig-

---

[2] Europäische Kommission, Informationen des öffentlichen Sektors – eine Schlüsselressource für Europa, Grünbuch über die Informationen des öffentlichen Sektors in der Informationsgesellschaft, KOM (1998) 585
[3] Ebda., Ziff. 31
[4] Ebda., Ziff. 35

keit gefördert wird, um das Steueraufkommen gerade der Kommunen nicht noch weiter absinken zu lassen und die Kosten der Arbeitslosigkeit (Arbeitslosenunterstützung und Sozialhilfe) zu begrenzen. Zum anderen ist die staatliche Verwaltung zunehmend auf private Geschäftspartner für die Erledigung ihrer bisherigen Aufgaben angewiesen, sei es in der Form des outsourcing, der public-private-partner-ship oder der vollen Funktionsübertragung . Insofern hat nicht nur die Wirtschaft, sondern auch der Staat ein vitales Interesse an einer Verbesserung der Informationsflüsse im Verhältnis "government to business" (G2B).

Schließlich können sich unternehmerisch aktive Bürgerinnen und Bürger in der gleichen Weise auf das Recht auf freien Informationszugang berufen wie andere Menschen. Dieses Recht setzt sich in der Bundesrepublik Deutschland seit 1992, als es in die Verfassung des Landes Brandenburg[5] aufgenommen wurde, zunehmend durch. Die Länder Brandenburg (1998), Berlin (1999), Schleswig-Holstein (2000) und Nordrhein-Westfalen (ab dem 1.1.2002) haben Informationszugangsgesetze verabschiedet, die jedem, also auch Wirtschaftsunternehmen, grundsätzlich ein voraussetzungsloses Recht auf Zugang zu den Unterlagen der öffentlichen Verwaltung eröffnen. Die die Bundesregierung tragenden Parteien haben 1998 die Verabschiedung eines Informationsfreiheitsgesetzes auf Bundesebene in ihre Koalitionsvereinbarung aufgenommen. Eine Umsetzung dieses Versprechens steht allerdings noch aus.

2.2   Die Entwicklung in Europa

Dieses Recht, das auch Wirtschaftsunternehmen in Form einer Aktiengesellschaft oder einer GmbH zusteht, ist mit Wirkung vom 3. Dezember 2001 durch die europäische Transparenzverordnung konkretisiert worden[6]. Sie hat auch unmittelbare Auswirkungen auf die Transparenz der Verwaltung in den Mitgliedstaaten, insbesondere was die Behandlung von EU-Dokumenten in den nationalen Verwaltungen betrifft[7]. Die nationale Behörde eines Mitgliedstaates, bei der ein Antrag auf Einsicht in ein EU-Dokument gestellt wird, ist entweder verpflichtet, die europäische Institution, von der das Dokument stammt, zu konsultieren, um eine Entscheidung zu treffen, die das Ziel der Transparenz nicht beeinträchtigt; alternativ muss der Antrag an die europäische Institution weitergeleitet werden[8]. Eine Ausnahme hiervon gilt nur dann, wenn "klar" ist, dass das Dokument ent-

---

[5] Artikel 21 Abs. 4

[6] Verordnung (EG) Nr. 1049/2001 des Europäischen Parlaments und des Rates vom 30.5.2001 über den Zugang der Öffentlichkeit zu Dokumenten des Europäischen Parlaments, des Rates und der Kommission, ABl-EG C 177/70 vom 27.6.2001; dazu Partsch, die neue Transparenzverordnung (EG) Nr. 1049/2001; NJW 2001, 3154

[7] Dazu Partsch, ebda., S. 3158

[8] Artikel 5 der Transparenzverordnung

weder verbreitet werden muss oder nicht verbreitet werden darf[9]. Dann muss die nationale Behörde selbst auf Grund der unmittelbar geltenden Transparenzverordnung entscheiden. Die innerstaatlichen Informationszugangsvorschriften werden - insbesondere soweit sie restriktiver sind als das Gemeinschaftsrecht - insoweit verdrängt.

Neben den nationalen Entwicklungen ist insbesondere für die wirtschaftliche Betätigung im Binnenmarkt die Entwicklung in der Europäischen Union von erheblicher Bedeutung. Zwar sind die Mitgliedstaaten seit 1990 lediglich im Bereich des Zugangs zu Umweltinformationen verpflichtet, einen einheitlichen gemeinschaftsweiten Standard zu beachten, der seinen Niederschlag in der Umweltinformationsrichtlinie gefunden hat[10]. Für den allgemeinen Zugang zu Informationen des öffentlichen Sektors fehlt entsprechendes Sekundärrecht bisher. Dennoch haben die Mitgliedstaaten schon beim Abschluss des Vertrages von Maastricht 1992 betont, dass sie in der Transparenz des Beschlussverfahrens eine Stärkung des demokratischen Charakters der Organe und des Vertrauens der Öffentlichkeit in die Verwaltung sehen[11]. Seit dem In-Kraft-Treten des Vertrags von Amsterdam am 1. Mai 1999 haben alle Unionsbürger sowie jede natürliche oder juristische Person mit Wohnsitz oder Sitz in einem Mitgliedstaat ein Recht auf Zugang zu den Informationen der Gemeinschaftsorgane.

2.3   Schadet zu viel Transparenz dem Wirtschaftsstandort?

Vor der Verabschiedung der ersten deutschen Informationszugangsgesetze haben gerade Wirtschaftsverbände auf die angebliche Gefahr hingewiesen, dass schützenswerte Informationen aus dem Bereich privater Unternehmen, die diese im Zuge von Antragsverfahren der öffentlichen Verwaltung vorlegen müssen, durch die Einführung eines allgemeinen Transparenzprinzips im öffentlichen Sektor ihren Schutz verlieren könnten; dadurch würden letztlich die Ansiedlungschancen für Wirtschaftsunternehmen in dem betreffenden Bundesland gesenkt, weil die Unternehmen eine Gefährdung ihrer Betriebs- und Geschäftsgeheimnisse oder andere unternehmensbezogener Daten befürchten müssten.

---

[9] Diese Formulierung der Verordnung dürfte allerdings zu gewissen Interpretationsproblemen in der Praxis führen.

[10] Richtlinie des Rates vom 7.6.1990 über den freien Zugang zu Informationen über die Umwelt (90/313/EW), ABl. EG L 158/56 vom 23.6.1990; diese Richtlinie wird gegenwärtig überarbeitet, vgl. Vorschlag der Kommission für eine Richtlinie des Europäischen Parlaments und des Rates über den Zugang der Öffentlichkeit zu Umweltinformationen, KOM (2000) 402 endg., Bundesrat-Drs. 437/00

[11] Erklärung Nr. 17 im Rahmen der Schlussakte zu Vertrag von Maastricht

Dieser Einwand war und ist deshalb unbegründet, weil jedes voraussetzungslose Informationszugangsrecht den Schutz von Betriebs- und Geschäftsgeheimnisses, die in Unterlagen der öffentlichen Verwaltung enthalten sind, sicherstellen muss. Dem tragen sowohl die gesetzlichen Bestimmungen über den Zugang zu Umweltinformationen in Deutschland als auch die bisher in Kraft getretenen vier allgemeinen Informationszugangsgesetze ebenso Rechnung wie die europäische Transparenzverordnung[12]. In Brandenburg werden unternehmensbezogene Daten sogar dann vor dem allgemeinen Informationszugang geschützt, wenn sie objektiv nicht als Betriebs- und Geschäftsgeheimnisse qualifiziert werden können und wenn durch ihre Offenbarung kein wirtschaftlicher Schaden entstünde; selbst ein überwiegendes Interesse an der politischen Mitgestaltung kann die Offenbarung von Unternehmensdaten nicht rechtfertigen[13]. Unternehmensbezogene Daten genießen danach sogar einen höheren Schutz als personenbezogene Daten, was auch dann Fragen nach der Verfassungsmäßigkeit einer solchen Regelung aufwirft, wenn man Betriebs- und Geschäftsgeheimnisse zum grundrechtlich geschützten Eigentum zählt.

Die teilweise von Gegnern allgemeiner Informationszugangsregeln heraufbeschworene Gefahr der Wirtschaftsspionage beruht weniger auf der Geltung von Informationsfreiheitsgesetzen; allerdings ist nicht zu bestreiten, dass Wirtschafts- und Industriespionage weltweit stattfindet. Sie wird zum Teil sogar mit der Billigung von Regierungen von Geheimdiensten zum Schutz nationaler Wirtschaftsinteressen durchgeführt[14]. Das Europäische Parlament hat demgegenüber die Europäische Kommission und die Mitgliedstaaten aufgefordert, sowohl Selbstschutztechniken wie kryptografische Verfahren als auch den Einsatz von Software mit offen gelegtem Quellcode zu fördern, weil bei dieser die Gefahr unerkannt eingebauter Hintertüren („backdoors") ausgeschlossen werden kann[15]. Größere Transparenz kann in bestimmten Bereichen also auch ein Mittel gegen Wirtschaftsspionage sein.

Ein Land, das erstmals ein Informationszugangsgesetz in Kraft setzt, wird nicht als Wirtschaftsstandort gefährdet. Negative Auswirkungen auf die wirtschaftliche Entwicklung etwa Schwedens oder der Vereinigten Staaten von Amerika durch die seit langem dort geltenden Informationsfreiheitsregelungen sind jedenfalls nicht bekannt geworden.Auch ist kein Fall bekannt geworden, in denen ein ansiedlungswilliges Unternehmen sich gegen Investitionen in Brandenburg, Berlin

---

[12] § 8 Abs. 1 Satz 2 UIG; § 5 Abs.1 Nr.3 AIG; § 11 IFG-SH; § 8 IFG-NRW; Artikel 4 Abs. 2 der EG-Transparenzverordnung.

[13] so § 5 Abs. 1 Nr. 3 AIG

[14] so z. B. durch das sog. Echelon-System, das die Vereinigten Staaten gemeinsam mit Großbritannien, Kanada, Australien und Neuseeland betreiben; vgl. die Entschließung des Europäischen Parlaments v. 5.9.2001 zu der Existenz eines globalen Abhörsystems für private und wirtschaftliche Kommunikation (Abhörsystem Echelon), BR-Drs. 801/01

[15] Entschließung des Europäischen Parlaments, ebda., Ziff 29, 30

oder Schleswig-Holstein entschieden hat, weil dort inzwischen allgemeine Informationszugangsgesetze für den öffentlichen Sektor gelten. Man muss im Gegenteil davon ausgehen, dass Länder mit transparenter Verwaltung ihre Wettbewerbsfähigkeit gegenüber potenziellen Investoren europaweit erhöhen, weil transparentere Entscheidungsstrukturen und die gebündelte Bereitstellung von Informationen über Ansiedlungsbedingungen attraktiv für Investoren sind.

2.4   Vermarktung staatlicher Informationen

Informationszugang wird auch dort zum Wirtschaftsfaktor, wo die öffentliche Verwaltung an der kommerziellen Verwertung ihrer Information durch Vermarktung interessiert ist. Diesem Interesse misst das Grünbuch der Europäischen Kommission von 1999 über die Informationen des öffentlichen Sektors in der Informationsgesellschaft[16] eine besondere Bedeutung bei. Dabei tritt eine Vermarktung von Informationen der öffentlichen Verwaltung, deren fiskalisches Handeln in gleicher Weise dem Recht auf Informationszugang unterliegt, in einen gewissen Gegensatz zum Anspruch der Unionsbürger auf möglichst ungehinderten und einfachen (in der Regel auch kostenlosen) Zugang zu den Informationen. Während in den Vereinigten Staaten anerkannt ist, dass staatliche Behörden Informationen, die sie mithilfe von Steuergeldern gesammelt haben, den Bürgern nicht "verkaufen" dürfen, die unter Berufung auf den Freedom of Information Act Zugang zu diesen Informationen verlangen. Nach dortigem Verständnis sind Kosten des Informationszugangs Gemeinkosten. Im Zeitalter des Internets hat der Bürger bei zunehmend digitalisierten Informationsbeständen dann nur noch die Übermittlungskosten zu tragen. Dies ist in Europa bisher nicht in gleichem Maße anerkannt. Für die Übermittlung sowohl von umweltbezogenen Informationen als auch von sonstigen Verwaltungsinformationen dürfen Gebühren aber nur im angemessenen, die Interessenten nicht abschreckenden Umfang erhoben werden. Gerade im Zuge einer zunehmenden kommerziellen Verwertung "öffentlicher" Informationen muss gesichert sein, dass nicht alle Kosten der Informationsbereitstellung und des Informationszugangs auf die Bürgerinnen und Bürger abgewälzt werden[17].

In diesem Zusammenhang ist auch die vom Grünbuch aufgeworfene Frage zu sehen, ob nicht nach dem Vorbild bestimmter nationaler Rechtsordnungen die Frage der Kostenpflicht oder der "Preisgestaltung" für öffentliche Informationen vom Verwendungszweck abhängen sollte, für den Zugang zu Informationen verlangt wird. Dem liegt der richtige Gedanke zu Grunde, dass bei einer kommerziellen Weiterverwendung der erlangten Daten die öffentliche Verwaltung

---

[16] S. o. Fußnote 2

[17] Vgl. die Stellungnahme des Landesbeauftragten für den Datenschutz und für das Recht auf Akteneinsicht Brandenburg zum Grünbuch der Kommission, abgedruckt im Tätigkeitsbericht 1999 des Landesbeauftragten, S. 173 ff. (Anlage 2)

zum billigen Informationsresevoir privater Unternehmen würde, ohne dass deren möglicher wirtschaftlicher Gewinn auch nur anteilig in öffentlichen Kassen zurückflösse. Dagegen spricht aber zweierlei: Zum einen würde der Grundsatz des allgemeinen voraussetzungslosen Informationszugangs der Öffentlichkeit konterkariert, wenn der einzelne Interessent seinen Informationswunsch begründen müsste oder darzulegen hätte, dass er die Informationen für bestimmte (kommerzielle) Zwecke nicht verwenden will; zum anderen ist es praktisch ausgeschlossen, im Nachhinein zu überprüfen, ob er die erhaltene Informationen tatsächlich nur für den angegebenen "preiswerteren" Zweck verwendet oder in Wirklichkeit doch einen "teueren" Zweck verfolgt.

2.5 Abwägung mit dem Datenschutz

Schließlich muss ein wirtschaftlich motivierter Informationszugang auch das Grundrecht auf Datenschutz respektieren. Zwar weist nur ein bestimmter Teil der Informationsbestände im öffentlichen Sektor überhaupt einen Personenbezug auf. Gerade auf diesen Teil richtet sich aber das wirtschaftliche Interesse spezialisierter Unternehmen, die z. B. in der Direktmarketingbranche tätig sind. Deren kommerzielles Verwertungsinteresse darf keinen generellen Vorrang vor dem informationellen Selbstbestimmungsrecht der Betroffenen haben. Das Recht des Einzelnen auf informationelle Selbstbestimmung kann allenfalls dann nach einer Abwägung im Einzelfall eingeschränkt werden, wenn das Informationsinteresse der Öffentlichkeit aus bestimmten Gründen (z. B. der Gesundheitsgefährdung) überwiegt[18]. Rein wirtschaftliche Verwertungsabsichten können ein solches überwiegendes Informationsinteresse nicht begründen.

Dementsprechend sollte der Informationszugang für jedermann nach dem Vorbild der kanadischen Informationszugangsgesetzgebung immer nur im Einzelfall zugelassen werden, während etwa der massenhafte Abruf von Datensätzen aus elektronsich zugänglichen Registern ("bulk download") nach Möglichkeit technisch unterbunden werden sollte. Dennoch kann und soll nicht ausgeschlossen werden, dass private Unternehmen bestimmte Recherche-Aufträge in Informationsbeständen der öffentlichen Verwaltung (z. B. Archiven) übernehmen oder dass Verwaltungsinformationen, die in einem Einzelfall einem Interessenten zugänglich gemacht worden sind, nach dem Grundatz "access for one is access for all" von dritter Seite für kommerzielle Zwecke genutzt werden. Wirtschaftliche Motive für den Zugang zu Informationen der Verwaltung dürfen per se nicht anders behandelt werden als andere Motive für Zugangsansprüche, denn sonst würde der Grundgedanke des allgemeinen Informationszugangsrechts aufgegeben.

---

18 So z. B. § 5 Abs. 2 Nr. 3 des Brandenburgischen Akteneinsichts- und Informationszugangsgesetzes

3   Die Verpflichtung der Wirtschaft zur Bereitstellung von Informationen

3.1   Transparente Unternehmen?

Der begründungsfreie Anspruch auf Zugang zu Informationen beschränkt sich nach der in Europa und Nordamerika geltenden Gesetzgebung bisher ausschließlich auf den öffentlichen Bereich. Die in Schweden am Ausgang des 18. Jahrhunderts erstmals verankerte Informationsfreiheit stand im Kontext der Pressefreiheit einerseits und staatlicher Geheimhaltung andererseits[19]. Insofern ist die Informationsfreiheit zunächst primär staatsgerichtet entstanden und wird heute überwiegend auch noch in dieser Weise gesehen.

Allerdings ist die Frage zu stellen, ob der Grundsatz des freien Zugangs zu Informationen sinnvollerweise auch weiterhin auf den öffentlichen Sektor beschränkt werden kann. Schon die geltenden Regelungen über die Transparenz der öffentlichen Verwaltung führen indirekt zu einer zumindest partiellen Offenlegung von Informationen, die private Unternehmen den Behörden zugänglich gemacht haben. Außerdem können sich die Behörden als Marktteilnehmer bei fiskalischem Handeln ihren grundrechtlichen Bindungen - und dazu gehören die Bindungen nach dem Informationszugangsrecht - nicht entziehen. Schließlich wird durch die zunehmende Auslagerung von Aufgaben der Informationsverarbeitung auf spezialisierte Unternehmen (outsourcing) und durch die Zusammenarbeit zwischen öffentlichen und privaten Informationsverarbeitern in public private partnerships die Notwendigkeit deutlich, den Kreis der Adressaten von allgemeinen Pflichten zur Informationsbereitstellung über die Staatsverwaltung im klassischen Sinne hinaus auszudehnen. Dies tun – mit einigen Differenzierungen – die in Deutschland bereits geltenden Informationszugangsgesetze, in dem sie private Stellen, deren sich die Behörde zur Erfüllung hoheitlicher Aufgaben erfüllt (also in erster Linie beliehene Unternehmer), ebenfalls zur Bereitstellung von Informationen verpflichten[20].

Gegen das starke Transparenzgefälle vom öffentlichen zum privaten Sektor spricht noch ein weiterer Umstand: Schon beim Zugang zu Verwaltungsunterlagen musste der Gesetzgeber Regelungen zur effektiven Sicherung von Betriebs-

---

[19] Zur schwedischen Tryckfrihetsförordning von 1766 näher Angelov, Grundlagen und Grenzen eines staatsbrügerlichen Informationszugangsanspruchs, Frankfurt a.M. 2000, 124 ff.

[20] § 2 Abs. 4 AIG; weitergehend § 2 Abs.4 des nordrhein-westfälischen Informationsfreiheitsgesetzes, das den Anwendungsbereich auf alle natürlichen und juristischen Personen des.Privatrechts erstreckt, die "öffentlich-rechtliche Aufgaben" wahrnehmen.

und Geschäftsgeheimnissen treffen[21]. Die vorhandenen rechtlichen Regeln haben in der Praxis auch gezeigt, dass dieser Schutz gewährleistet werden kann. Wenn vertrauliche Unternehmensdaten von der öffentlichen Verwaltung, der sie im Zuge von Antrags- oder Genehmigungsverfahren übergeben worden sind, gegenüber der interessierten Öffentlichkeit mit guten Gründen geheim gehalten werden können, so gilt dies auch, wenn die Unternehmen sich direkten Informationsinteressen der Öffentlichkeit gegenüber sehen. In der entstehenden Informationsverkehrsordnung kann es keinen Unterschied machen, wer über bestimmte Informationen verfügt. Vielmehr kommt es auf die Geheimhaltungsbedürftigkeit der Information selbst in Abwägung zum Informationsinteresse der Öffentlichkeit an. Die Geltung des Menschenrechts auf Informationszugang findet seine Grenze nicht an der eher zufälligen Frage, welche Rechtsform die Stelle hat, die über diese Information verfügt.

3.2 Internationale Tendenzen

Sowohl international als auch national zeichnet sich überdies eine zunehmende Tendenz ab, auch an Wirtschaftsunternehmen erhöhte Transparenzanforderungen zu stellen. Das Europäische Parlament hat in einer jüngst gefassten Entschließung eine größere interne und externe Transparenz der Welthandelsorganisation (WTO) gefordert, weil eine größere Offenheit bei der Festlegung und Durchführung der globalen Handelspolitik eine legitime Forderung der Gesellschaft sei[22]. Gerade ein wirtschaftlich aufstrebendes Land wie die Republik Südafrika hat als bisher einziges Land in seinem Informationsfreiheitsgesetz (Promotion of Access to Information Act 2000) ein Recht auf Zugang auch zu Informationen garantiert, die bei Wirtschaftsunternehmen vorliegen. Allerdings setzt ein solcher Zugangsanspruch ein rechtliches Interesse voraus, während gegenüber der öffentlichen Verwaltung der Zugangsanspruch voraussetzungslos gilt. Dem südafrikanischen Beispiel folgend sieht auch ein von einer internationalen Bürgerinitiative vorgelegter Musterentwurf für ein Informationszugangsgesetz vor, dass jeder zur Durchsetzung eigener Rechte Zugang zu Unternehmensinformationen in der Privatwirtschaft erhalten soll[23]. Schon die sog. „Londoner Prinzipien zum Recht der Öffentlichkeit, sich zu informieren"

---

[21] S.o. I bei Fn. 12 ff.

[22] Entschließung vom 25.10.2001 über Offenheit und Demokratie im Welthandel, BR-Drs. 985/01

[23] Article 19, the Global Campaign for Free Expression/Centre for Policy Alternatives/Commonwealth Human Rights Initiative/Human Rights Commission of Pakistan, A Model Freedom of Information Law, July 2001 <http.//www.article19.org>

von 1999 forderten Private auf, Informationen in ihrem Besitz zu veröffentlichen, deren Publikation die Gefahr der Beeinträchtigung öffentlicher Belange wie Umwelt- und Gesundheitsschutz verringert[24].

3.3   Verbraucherinformation

Damit ist auch die Verbindung zum Verbraucherschutz hergestellt[25]. Der EG-Vertrag enthielt schon vor der Verankerung eines allgemeinen Rechtes der Unionsbüger auf Zugang zu den Dokumenten der europäischen Institutionen im Amsterdamer Vertrag (Art. 255) ein besonderes Recht der Verbraucher auf Information (Art. 153 Abs.1), das zu fördern sich die Gemeinschaft verpflichtet hat. Das Grünbuch der Kommission zum Verbraucherschutz in der Europäischen Union aus dem Jahr 2001 hebt die Bedeutung einer Verwirklichung dieses Rechts durch entsprechende Veröffentlichungspflichten hervor[26].

In Zeiten der BSE-Krise sollte man daran erinnern, dass bereits zu Beginn der Achtzigerjahre des 20. Jahrhunderts britische Journalisten mithilfe des US Freedom of Information Act Zugang zu Berichten der amerikanischen Lebensmittelkontrollbehörde erhielten, die in schottischen Fleischfabriken bei der Verabeitung von Exportware für die Vereinigten Staaten erhebliche hygienische Mängel ferstgestellt hatte[27]. Britische Behörden hielten derartige Berichte bis zum In-Kraft-Treten des britischen Informationszugangsgesetzes unter Verschluss. Das Beispiel zeigt zum einen, dass im internationalen Zusammenhang „Inseln der Geheimhaltung" gegenüber der zunehmenden Transparenz des Verwaltungshandelns, also schon im öffentlichen Sektor, kaum Bestand haben werden. Zum anderen können aber auch Wirtschaftsunternehmen, die einer behördlichen Kontrolle gerade im Interesse des Gesundheits- und Verbraucherschutzes unterliegen, nicht davon ausgehen, dass sie unternehmensinterne Informationen, die Auswirkungen auf die Gesundheit der Verbraucher haben können, auf die Dauer der Öffentlichkeit vorenthalten können. Die Transparenzanforderungen an private Unternehmen im Verhältnis zu staatlichen Aufsichtsinstanzen nehmen ohnehin stetig zu, etwa im Telekommunikationsbereich gegenüber den Regulierungsbehörden[28], aber auch

---

[24] Dazu Karpen, Das Recht der Öffentlichkeit, sich zu informieren, - Die „Londoner Prinzipien zur Gesetzgebung über die Informationsfreiheit", DVBl. 2000, 1210, 1212

[25] Vgl. dazu auch den Beitrag von Müller in diesem Band, S. 20

[26] KOM(2001) 531 endg., BR-Drs. 851/01, 4.3

[27] Michael, The Politics of Secrecy, Harmondsworth 1982, 9 f.

[28] Vgl. das gegenwärtig im Rat der Europäischen Union beratene „Telekommunikations-Paket", bestehend aus einer Rahmenrichtlinie für elektronische Kommunikationsnetze, einer Zugangsrichtlinie, einer Genehmigungsrichtlinie und einer Universaldienstrichtlinie. Zu diesen Gesetzgebungsvorschlägen der Kommission hat der Europäische Rat am

von öffentlichen Unternehmen, insbesondere Landesbanken und Sparkassen nach den Regeln der EG-Transparenzrichtlinie[29]. Auch die Ärzte und Krankenhäuser sehen sich mit Recht verstärkten Informationsansprüchen der Patienten und Kassen ausgesetzt. Vor dem Hintergrund zahlreicher Fälle von Abrechnungsbetrug wird ab Januar 2002 im Zuständigkeitsbereich der Kassenärztlichen Vereinigung Rheinhessen auf freiwilliger Basis ein Modellprojekt durchgeführt, bei dem die Patienten entweder unmittelbar nach dem Arztbesuch oder nach Ende des Quartals über die erbrachten ärztlichen Leistungen und deren Kosten unterrichtet werden.

In diesem Zusammenhang ist auch die Absicht der Bundesministerin für Verbraucherschutz zu begrüßen, den Entwurf für ein Verbraucherinformationsgesetz vorzulegen[30]. Dadurch sollen zum einen die Behörden die Befugnis zur aktiven Informationspolitik erhalten, um Verbraucherinteressen vorbeugend zu schützen und die Verbraucher zu informierten Marktteilnehmern zu machen. Das Gesetz soll neben das Umweltinformationsgesetz des Bundes, die Informationszugangsgesetze der Länder und das geplante Informationsfreiheitsgesetz des Bundes treten. Zum anderen sollen aber auch Unternehmen dann zur Veröffentlichung von Informationen verpflichtet werden, die nur bei ihnen vorliegen, wenn diese Informationen gesundheitliche Interessen der Verbraucher betreffen (z.B. zum Vorhandensein von Allergenen in Zutaten oder zur Haltungsform von Tieren).

Natürlich müssen gerade bei einem Verbraucherinformationsgesetz auch die Interessen der betroffenen privaten Erzeuger, in erster Linie der Landwirte, berücksichtigt werden, um ein mögliches Gesundheitsrisiko für die Allgemeinheit gegenüber der existenzgefährdenden Wirkung öffentlicher Warnmeldungen für die Erzeuger abzuwägen. Andererseits ist gerade z.B. bei der lebensmittelverarbeitenden Industrie und beim Handel ein höheres Maß an Transparenz im Interesse der Konsumenten notwendig[31]. Solange etwa auch die Pharmaindustrie über die Zusammensetzung ihrer Präparate und die darin enthaltenen Wirkstoffe nicht rückhaltlos informiert, sind alle Versuche, gesundheitliche Nebenwirkungen oder Gefährdungen etwa mithilfe eines Medikamentenpasses, der den Arzt

---

17.9.2001 jeweils einen Gemeinsamen Standpunkt gebilligt, während die ebenfalls zu diesem Paket gehörende Datenschutzrichtlinie noch kontrovers diskutiert wird.

[29] Vgl. dazu das Gesetz zur Umsetzung der Richtlinie 2000/52/EG der Kommission vom 26.7.2000 zur Änderung der Richtlinie 80/723/EWG über die Transparenz der finanziellen Beziehungen zwischen den Mitgliedstaaten und den öffentlichen Unternehmen (Transparenzrichtlinie-Gesetz – TranspRLG) v. 16.8.2001, BGBl. I, 2141

[30] Pressemitteilung des Ministeriums v. 21.11.2001 „Verbraucherinformationsgesetz wird wirkungsvolles Instrument der Verbraucherpolitik", <http://www.verbraucherministerium.de/presse-woche/PM-255-2001.htm>

[31] Vgl. auch die Initiative von Greenpeace für ein Verbraucher-Informationsgesetz, Berlin August 2001

oder Apotheker auf mögliche riskante Folgen der Verschreibung oder Verabreichung von Medikamenten in Zusammenhang mit anderen zuvor bereits verschriebenen Arzneimitteln hinweisen soll, zum Scheitern verurteilt. Die erheblichen datenschutzrechtlichen Probleme, die ein solcher Pass für die Betroffenen aufwerfen würde, können in diesem Zusammenhang nicht näher erörtert werden. Entscheidend ist hier, dass schon die mangelnde Informationsbereitschaft der Hersteller die Eignung eines solchen Passes zur Erreichung des erklärten Ziels infrage stellt.

4.   Fazit

Zusammenfassend ist festzuhalten, dass die Wirtschaft ein ureigenes Interesse an einer transparenteren öffentlichen Verwaltung hat, um bessere Grundlagen für Investitionsentscheidungen und Ansiedlungsvorhaben zu erhalten und um die Einholung erforderlicher .Genehmigungen beschleunigen zu können. Zugleich muss sichergestellt sein, dass unternehmensbezogene Daten, die im Zuge von Antragsverfahren der Verwaltung zugeleitet worden sind, gegen die Einsichtnahme durch Dritte, insbesondere auch Konkurrenten, jedenfalls dann geschützt sein müssen, wenn es sich dabei um Betriebs- und Geschäftsgeheimnisse handelt.

Andererseits ist unverkennbar, dass auch die Anforderungen an Wirtschaftsunternehmen selbst, Informationen für Aufsichtsbehörden, Kunden, Verbraucher und die Öffentlichkeit zugänglich zu machen, zunehmen. Letztlich lässt sich die bisher noch festzustellende generelle Beschränkung des Anwendungsbereichs von allgemeinen Informationszugangsgesetzen auf die öffentliche Verwaltung auf die Dauer kaum rechtfertigen. Es ist nicht zu bestreiten, dass in der Wirtschaft andere Gegebenheiten berücksichtigt werden müssen als in der Verwaltung, wenn es um den allgemeinen Informationszugang geht. Eine schlichte Erstreckung des voraussetzungslosen Informationszugangsrechts von der öffentlichen Verwaltung auf die Wirtschaft würde diese Unterschiede verkennen. Aber wie das Datenschutzrecht, das seit dem Erlass des ersten Bundesdatenschutzgesetzes von 1977 an sowohl für den öffentlichen als auch für den nicht-öffentlichen Bereich galt, wird auch das in Deutschland noch junge Informationszugangsrecht mittelfristig Wirtschaftsunternehmen - möglicherweise unter etwas anderen Voraussetzungen als Verwaltungsbehörden - zur Bereitstellung von Informationen für die Öffentlichkeit verpflichten müssen. Das Internet bietet hierfür eine wichtige Plattform. In dem Maße, wie die Unternehmen es nicht nur als Marketing- und Vertriebsmedium, sondern auch zur Bereitstellung von Informationen nutzen, die für den Kunden mehr sind als "digitales Hochglanzpapier", wird Informationszugang zu einem immer wichtigeren Wirtschaftsfaktor.

Sicherheit, Vertrauen, Identität und Privatheit: Grundlagen für den „Post-Bubble Electronic Commerce"

Dr. Holger Eggs, Prof. Dr. Günter Müller

1 Einleitung: Entwicklungen und Herausforderungen des Electronic Commerce

Die „New Economy", so es sie denn je gegeben hat, ist eingebrochen. Die spekulative Blase, die sich durch die kommerzielle Nutzung des Internet gebildet hat, ist geplatzt.

Der Hinweis darauf, dass massenhaft überzogene Erwartungen und deren Entäuschung, insbesondere in Zusammenhang mit neuen Technologien, keine Seltenheit darstellt,[1] trifft zu, reicht aber für eine Analyse der realen Ursachen nicht aus. Vielmehr können substanzielle Ursachen für die unvollständige Realisierung der Potenziale des digitalen Wirtschaftens identifiziert werden. Nach einer Studie der Abteilung Telematik des Instituts für Informatik und Gesellschaft der Universität Freiburg schrecken 44,1 Prozent der Internetnutzer auf Grund vermuteter oder tatsächlicher Sicherheitslücken vom Electronic Commerce zurück.[2] 60,6 Prozent der Befragten nutzen die Potenziale des E-Commerce auf Grund von Vertrauensproblemen nicht[3] und 47,3 Prozent äußern Bedenken, ihre persönlichen Daten könnten nicht in ihrem Sinne verwendet werden.[4]

Der Beitrag grenzt diese für die weitere Entwicklung des E-Commerce maßgeblichen Phänomene – Sicherheit, Vertrauen, Identität und Privatheit – voneinander ab und zeigt ihre Bedeutung und Interdependenzen auf. Es wird argumentiert, dass sich diese Aspekte des E-Commerce nicht statisch verhalten, sondern

---

[1] Am eindrücklichsten und häufigsten zitiert wird das Beispiel der spekulativen Blase, die sich 1636-37 in Holland auf dem Markt für Tulpen gebildet hat. Tulpen waren damals zeitweise nicht mehr in Gold aufzuwiegen, vgl. MacKay (1995).

[2] Eggs / Englert (2000); vgl. auch den Beitrag von Opaschowski in diesem Band, S. 13

[3] Eggs / Englert (2000)

[4] Strauß / Schoder (2000)

sich vielmehr dynamisch den technologischen Entwicklungen der Dezentralität und dem korrespondierenden Koordinationsmechanismus des Marktes anpassen.

2   Sicherheit ist „Technikfolger"

Sicherheit ist eine entscheidende Einflussgröße für die soziale Technologieakzeptanz.[5] Um Sicherheit in ihren unterschiedlichen Ausprägungen zu Gewähr leisten, müssen anhaltend umfangreiche Investitionen durchgeführt werden, da Sicherheit keine stabile, sondern eine reaktive Technologie ist, die dem technischen Fortschritt folgt.

Die sozialen Bestandteile von Sicherheit unterliegen dabei mindestens ebenso sehr Veränderungsprozessen, wie dies für die technische Sicherheitsinfrastruktur gilt. Allerdings sind die sozialen Entwicklungen weit weniger vorhersehbar.

Im Folgenden werden diese Thesen anhand von drei Technikparadigmen gestützt, die jeweils unterschiedliche Sicherheitsausprägungen bedingen bzw. erfordern.

2.1   Zentralität und Homogenität im „Mittelalterparadigma" der Vergangenheit

Die Anfänge der elektronischen Datenverarbeitung waren durch zentralistische Strukturen gekennzeichnet, was hier etwas plakativ als Mittelalter-Paradigma der Vergangenheit bezeichnet werden soll.

Die Speicherung und Verarbeitung großer Datenmengen fand zentralisiert auf wenigen Großrechnern statt. Sicherheit, verstanden als der Schutz vertrauenswürdiger Daten, konnte dem „Ortsprinzip" folgen. Die Zentralität der Datenhaltung und –verarbeitung ermöglichte Datenschutz gegen eine feindliche Umwelt mithilfe von Firewalls, wobei der Zugang berechtigter, meist homogener Nutzergruppen zentral organisiert und kontrolliert werden konnte.

---

[5] Eggs / Englert (2000)

Datenschutz, insbesondere der Schutz des Bürgers vor einem als bedrohend empfunden Staat, wurde aufgefasst und exekutiert durch Datenvermeidung sowie durch Einschränkung und Kontrolle der Datenverwendung. Der Datenschutz wurde so für manche zum Symbol von Freiheit und Demokratie und für andere zum Zeichen von Technikfeindlichkeit und unnötiger Kostenbelastung.

Alle Akteure waren in diesem hierarchischen System hinreichend authentifiziert und überprüft, sodass bei Fehlverhalten direkt auf sie zurückgegriffen werden konnte. Eine Vertrauensproblematik ergab sich daher im Mittelalter-Paradigma nicht, was allerdings durch Verzicht auf Anonymität und durch wettbewerbsbeschränkende Zugangsregulierungen erkauft wurde. 2.2   Dezentralität und Heterogenität im „Internet-Paradigma" der Gegenwart

Höhere Rechnerleistungen zu stark gesunkenen Preisen und zunehmende Investitionen in die Benutzerfreundlichkeit haben zur Verbreitung des PC geführt. Mit der dezentralen Vernetzung dieser PC dank zunehmender Bandbreiten und günstiger Zugangskosten ist das Internet und mit ihm ein neues Paradigma entstanden.

Die Daten werden dezentral weltweit in heterogenen Subnetzen gehalten, die über einfache Schnittstellen und Datenformate kompatibel sind. Sicherheitsprobleme, die sich aus der Dezentralität der Datenhaltung und Kommunikation ergeben, werden durch dezentrale Verfügungs- und Zugangsrechte zu den an den Kommunikationsvorgängen beteiligten Transmissionssystemen verschärft.

Die technische Dezentralität des Internet findet ihre Entsprechung in der Heterogenität der beteiligten Akteure. Die Einfachheit und die geringen Kosten des Zugangs lassen Anbieter- und Nachfragerzahlen exponentiell steigen. Auch die Fluktuation der Akteure nimmt zu, da der Ein- und Austritt aus der digitalen Wirtschaft mit vergleichsweise geringen (versunkenen) Kosten verbunden ist. Diese Entwicklungen sind ursächlich dafür, dass nicht nur die Privatheitsproblematik eine neue Dimension erhält, sondern dass eine weitere Größe – das Vertrauen - an Bedeutung gewinnt.

2.3   Spontane Vernetzung aller Objekte im „Allgegenwärtigkeits-Paradigma" der Zukunft

Die meisten Prognosen zeichnen eine Zukunft, in der die Miniaturisierung der Basistechnologien, die Mobilität der Endgeräte sowie vor allem neue Materialien und weiter steigende Bandbreiten die Spontaneität der Vernetzung nicht mehr nur zwischen Menschen, sondern auch zwischen Dingen erlauben.[6] Chips werden allgegenwärtig und gleichzeitig immer stärker aus dem Bewusstsein der Menschen verschwinden.[7] Objekte werden sich spontan vernetzen und permanent Daten austauschen, um auf diese Weise Kontextbewusstsein zu schaffen. Wer wann und wo was und vielleicht sogar warum gemacht hat wird zunehmend elektronisch abgebildet.

In diesem Szenario ergeben sich neben den Herausforderungen im Zusammenhang mit sicheren Kommunikationskanälen und Vertrauen neue Probleme in Bezug auf die Etablierung und Durchsetzung von Privatheit.

3   Sicherheit: Dynamische Sicherheitsmechanismen zur Erreichung stabiler Schutzziele elektronischer Kommunikation

Sicherheitsmechanismen müssen mit fortschreitender Technik ständig angepasst werden, um die dauerhaften Schutzziele der Sicherheit zu Gewähr leisten. Die Dezentralität des Internet-Paradigmas hat dazu geführt, dass nicht nur Systembetreiber und –hersteller Sicherheit fordern, sondern auch die Nutzer des Internet, die zum Teil konfligierende Schutzziele verfolgen.

Zu diesen Schutzzielen gehören insbesondere die Ziele der Vertraulichkeit, der Integrität und Zurechenbarkeit von Nachrichten sowie der Verfügbarkeit des Kommunikationsdienstes.[8]

Sicherheit bedeutet im dezentralen Internet-Szenario die Etablierung sicherer Kommunikationskanäle sowie die eindeutige und unabstreitbare Authentifizierung von Akteuren.

---

[6] Vgl. z.B. Mattern / Langheinrich (2001)

[7] Weiser (1993)

[8] Rannenberg (1998). Vgl. zur mehrseitigen Sicherheit auch Rannenberg / Pfitzmann / Müller (1999).

4   Vertrauen: Conditio sine qua non für werthaltige Transaktionen

Die Erreichung der genannten Schutzziele garantiert die Qualität von Kommunikationskanälen sowie die eindeutige Zuordnung von Kommunikationspartnern zu Kommunikationsvorgängen (Authentifizierung). Eine Aussage über die Güte der Transaktionspartner und –gegenstände sowie der Transaktionen selbst ist damit noch nicht getroffen. Auf Grund der Unsicherheiten bezüglich a priori unbekannter Transaktionspartner sind daher im Electronic Commerce neben den mehrseitigen Sicherheitszielen auch Vertrauensziele zu verfolgen. Vertrauen nimmt dabei eine neue und von der Sicherheitstechnik primär unabhängige Rolle ein.

4.1   Komplementarität zwischen mehrseitiger Sicherheit und Vertrauen im Electronic Commerce

Die eindeutige Zuordnung von Handlungen und Handlungsfolgen zum Handelnden – wie sie durch mehrseitige Sicherheit erreichbar ist – ist eine notwendige Bedingung für den Vertrauensaufbau im Electronic Commerce. Eine hinreichende Bedingung ist sie nicht, da sich durch das Erreichen der mehrseitigen Schutzziele nicht sicherstellen lässt, dass sich die Akteure auch in einer von ihren Transaktionspartnern gewünschten und vorhersehbaren Weise verhalten.[9] Zum Vertrauensaufbau müssen den elektronisch repräsentierten Akteuren mithilfe von Institutionen Eigenschaften zugeschrieben werden. Reputationseigenschaften, welche die realen Akteure abbilden, und die deren zukünftiges Verhalten für potenzielle Transaktionspartner besser vorhersagbar machen. Vertrauen steht somit nicht in einer substitutiven, konkurrierenden Beziehung zur technischen Sicherheit, sondern in einer komplementären, ergänzenden. Vertrauensbildende Verfahren dienen dazu, Entitäten Eigenschaften zuzuschreiben, sie damit zu Identitäten zu erweitern, um ihr Verhalten bzw. ihre Qualitäten vorhersagbarer zu machen.

Das Sicherheitsziel der Authentizität in der internetbasierten Kommunikation erweitert sich damit zum Vertrauensziel der Identität im internetbasierten Electronic Commerce.

---

[9] Vgl. zum folgenden Eggs (2001)

Die Zusammenhänge zwischen Sicherheit, reputationsbasiertem Vertrauen und Privatheit, verstanden als Kontrolle des Zugriffs auf die eigenen reputationsrelevanten Daten, illustriert die Abbildung 1.

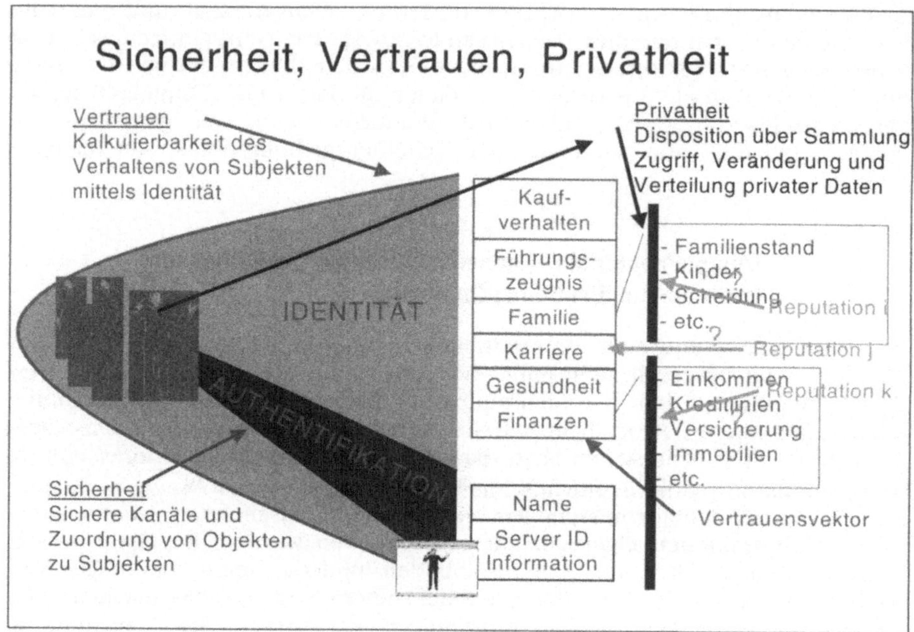

Abbildung 1: Sicherheit, Vertrauen und Privatheit im Electronic Commerce

4.2   Vertrauensgegenstände im Electronic Commerce

Vertrauen bezieht sich bei dieser Betrachtung nicht so sehr auf die Komplexität der Kommunikationstechnologie, sondern vielmehr auf speziell „jene Komplexität, die durch die Freiheit des anderen Menschen in die Welt kommt"[10].

Dieser Auffassung folgend setzt sich Vertrauen aus einer Vertrauenshandlung und einer Vertrauenserwartung zusammen. Vertrauen ist

---

[10] Luhmann (1989, S. 32)

Vertrauen ist	
Vertrauenshandlung	... die freiwillige Erbringung einer riskanten Vorleistung unter Verzicht auf explizite rechtliche Sicherungs- und Kontrollmaßnahmen gegen opportunistisches Verhalten ...
Vertrauenserwartung	... in der Erwartung, dass der Vertrauensnehmer freiwillig auf opportunistisches Verhalten verzichtet.

Tabelle 1: Definition von Vertrauen, Ripperger (1998, S. 45)

Vertrauen bezieht sich zum einen auf die Transaktion und den Transaktionsgegenstand. Zum anderen ist Vertrauen in den Transaktionspartner erforderlich, in seine Leistungsfähigkeit und seine Leistungsbereitschaft.[11]

4.3   Transaktionsphasenabhängige Vertrauensgenese

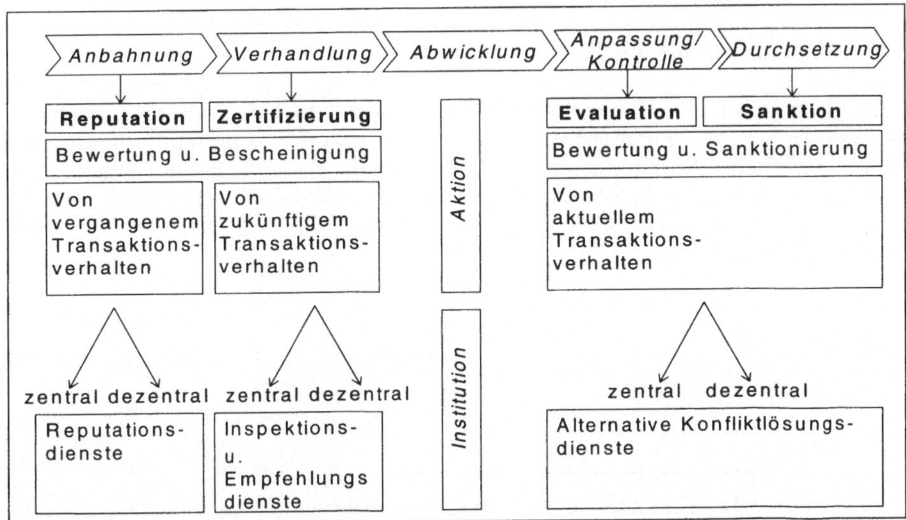

Abbildung 2: Transaktionsphasenabhängige Vertrauensgenese

---

[11] Für eine ausführliche Diskussion der Vertrauensgegenstände im Electronic Commerce vgl. Eggs (2001, 84-93).

Wie in Abbildung 2 dargestellt, kann die Vertrauensgenese über sämtliche Transaktionsphasen hinweg durch Aktionen und Institutionen unterstützt werden.[12]

In der Anbahnungsphase müssen potenzielle Transaktionspartner evaluiert werden, um geeignete zu identifizieren. Bisheriges Verkaufs- und Finanzverhalten, die Art und Weise der bisherigen Kundeninformationen sind hier nur einige der reputationsrelevanten Informationen.

In Verhandlungen wird zukünftiges Transaktionsverhalten festgelegt. Vertrauen kann durch frühzeitige (Selbst-)einschränkung der Transaktionspartner erleichtert werden und folgende Punkte umfassen:[13] faire Geschäfts-, Werbe- und Marketingpraktiken,

- klare Informationen über die Identität von Online-Unternehmen, die angebotenen Waren oder Dienstleistungen sowie die Modalitäten und Bedingungen einer jeden Transaktion,
- transparente Verfahren für die Bestätigung und Abwicklung von Transaktionen,
- sichere Zahlungsmechanismen,
- faire, zügige und finanziell tragbare Streitbeilegungs- und Abhilfeverfahren,
- Schutz der Privatsphäre.

Trotz umfassender vertrauensbildender ex-ante Maßnahmen kann es nach der Transaktion zur Enttäuschung von Vertrauen kommen. Alternative, außergerichtliche Konfliktlösungsverfahren können dann dafür sorgen, dass trotzdem eine Lösung in beiderseitigem Einverständnis gefunden wird. Die Bereitschaft, sich auf Alternative Konfliktlösungsverfahren zu verpflichten, wirkt somit auch ex-ante vertrauensschaffend.[14]

---

[12] Für eine ausführlichere Analyse der institutionengestützten transaktionsphasenabhängigen Vertrauensgenese vgl. Eggs (2001) sowie Eggs / Müller (2001).
[13] Vgl. beispielsweise die Kriterienkataloge von Trusted Shops (http://www.trustedshops.de), EHI Geprüfter Online-Shop (http://www.shopinfo.net/), AICPA/CICA CPA WebTrust (http://www.cpawebtrust.org/) oder BBBOnLine (http://www.bbbonline.org/), alle am 02.01.2001
[14] Eggs (2001)

5 Privatheit: Marktlicher Ansatz bei dezentralem Electronic Commerce

5.1 Was ist zu schützen – und was nicht?

Privatheit taucht in drei Verwendungen auf.[15] Zum einen im Sinne von Freiheit und Autonomie innerhalb und gegenüber eines Staates. Zum anderen im Sinne, allein sein zu wollen und beispielsweise nicht durch unerwünschte Kommunikation belästigt zu werden. Und zum Dritten im Sinne, die Kommunikation seiner persönlichen Daten zu kontrollieren. Für die Zwecke dieses Beitrages wird Privatheit im dritten Sinne zugrundegelegt.

Aus einer ökonomischen Perspektive heraus sind nicht alle personenbezogenen Daten schützenswert. Gelangen beispielsweise die Produktpräferenzen eines Käufers in die Hand eines Verkäufers, so reduziert dies für beide die Such- und damit die Transaktionskosten. Der Verkäufer kann ein gezielteres Angebot abgeben, verringert also seine Streuverluste und der Käufer reduziert durch dieses individualisierte Angebot seine Suchkosten.[16] Die Bekanntgabe solcher Produktpräferenzen ist demnach für alle Beteiligten ökonomisch rational.

Persönliche Daten, deren Bekanntgabe für einen der Beteiligten mit Nachteilen verbunden wäre, beispielsweise Erkrankungen während oder vor einem Arbeitsverhältnis, wird dieser möglichst verbergen wollen. Der Schutz seiner Privatheit lässt sich vergleichen mit der Verschleierung negativer Produkteigenschaften durch einen Verkäufer.[17] In beiden Fällen werden Informationsasymmetrien erzeugt, welche die Markteffizienz reduzieren. Ein staatlicher Datenschutz wird durch dieses ökonomische Argument abgelehnt.

Allerdings wünschen sich Individuen häufig die Kontrolle über ihre private Daten, eben um persönliche Nachteile zu vermeiden.[18] Wird diese nicht auf einfache Weise gewährleistet, werden die Individuen Kosten auf sich nehmen, um Wege zu finden, dennoch die Privatheit ihrer Daten und Kommunikation zu Gewähr leisten. Gelingt dies nicht, wird die Kommunikation eingeschränkt. In beiden Fällen steigen die Kommunikationskosten. Diese Reduktion der Kom-

---

[15] Posner (1981, 405) und ähnlich Noam (1997). Eine Analyse der Privatheit aus soziologischer Sicht liefert Hirshleifer (1980).

[16] Varian (1997)

[17] Posner (1981, 406)

[18] So gibt beispielsweise die New York Telephone Co. an, dass 34 Prozent der Haushalte keine Veröffentlichung ihrer Telefonnummern wünschen, Noam (1997). Vgl. auch die eingangs erwähnte Untersuchung für den Electronic Commerce, Eggs / Englert (2000).

munikationskosten durch die Möglichkeit persönliche Daten geheim zu halten, ist das eigentliche ökonomische Argument für den Schutz von Privatheit.[19]

5.2 Zu den Grenzen staatlicher Privatheitsregulierungen

Eine generelle und umfassende Veröffentlichung identitätsabbildender Merkmale steht im Gegensatz zu den traditionellen Zielen und Methoden des Datenschutzes, die Datensparsamkeit und –zweckgebundenheit anmahnen.

Eine staatliche Regulierung des Datenschutzes im Sinne von Datensparsamkeit und –zweckgebundenheit ist im dezentralen Internet-Szenario problematisch.[20] Staatliche Regulierungen sind zwangsläufig genereller als private Lösungen und nicht individuell auf den Einzelfall zugeschnitten. Damit ist die Gefahr groß, dass im Einzelfall die Privatheitsproblematik über bzw. unterreguliert wird.

Darüber hinaus sind staatliche Regulierungsverfahren zeit- und kostenaufwendig, sodass es fraglich erscheint, ob sie mit den raschen Veränderungen im Electronic Commerce Schritt halten können.

Im Übrigen fallen staatliche Regulierungen unter die Vorbehalte der Public Choice Theorie. Staatliche Entscheidungen können durch Interessensgruppen zu Gunsten kleiner Partikularinteressen beeinflusst werden, Regulierungen können zur bewussten Einschränkung des Wettbewerbs eingesetzt werden und schließlich stehen Regulierer in der Versuchung, ihre persönlichen Interessen über gesellschaftliche Belange zu stellen.

5.3 Möglichkeiten und Voraussetzungen marktlicher Privatheitslösungen

Diese Einwände gegen staatliche Regulierungen sind Grund genug, marktliche Lösungen der Privatheitsproblematik in Betracht zu ziehen. Solche Lösungen würden vorsehen, dass Eigentumsrechte an privaten Informationen definiert und durchgesetzt werden und dass diese Informationen marktlich veräußert werden.[21] In der Praxis werden private Informationen häufig als „Zahlungsmittel" für das Abrufen von Diensten eingesetzt. So können beispielsweise bei dm-online in Zusammenarbeit mit aspect-online Vergleichsrechnungen für Autoversicherungen durchgeführt werden.[22] Erklärt man sich mit der Speicherung und

---

[19] Posner (1981, 408)

[20] Vgl. zum folgenden bspw. Swire (1997)

[21] Laudon (1997) sieht in mangelhaft definierten Eigentumsrechten an privaten Informationen die Ursache für Marktversagen in diesem Bereich; vgl. auch den Beitrag von Weichert in diesem Band, S. 27

[22] http://www.dm-online.de und http://www.aspect-online.de am 10.08.2000

Weitergabe seiner persönlichen Daten einverstanden, kann man diesen Dienst kostenlos in Anspruch nehmen. Möchte man seine persönlichen Daten nicht angeben, wird eine Gebühr in Höhe von 19,50 DM erhoben. Ein Interessent wird sich also in Abhängigkeit von seiner Einschätzung des Anbieters und der Wertigkeit seiner privaten Daten auf freiwilliger Basis die Lösung aussuchen können, die seinen individuellen Präferenzen entspricht. Ein Verbot eines solchen Lösungsverfahrens wäre ökonomisch kontraproduktiv und würde darüber hinaus die Vertrags- und Handlungsfreiheit einschränken.

Nach Coase erwartet man in all den Fällen effiziente Allokationen, in denen die entstehenden Transaktionskosten gering genug sind.[23] Als weitere Voraussetzung effizienter Märkte für private Daten ist die Abwesenheit externer Effekte zu prüfen.[24] Nach den derzeitigen Gepflogenheiten liegen die Eigentumsrechte über private Daten bei denjenigen, die diese Daten sammeln und verarbeiten – nicht bei den Individuen selbst. Der Weiterverkauf privater Daten durch Dritte kann die Individuen jedoch mit erheblichen negativen externen Effekten belasten. So kann es beispielsweise beträchtliche, auch finanzielle Nachteile hervorrufen, wenn Daten über eine ernsthafte Erkrankung an einen potenziellen Arbeitgeber gelangen.

Entscheidend für effiziente Märkte für private Daten ist also, dass ein Individuum beim Verkauf privater Daten, besser gesagt bei der Vermietung seiner privaten Daten,[25] davon ausgehen kann, dass diese Daten ohne seine Zustimmung nicht weiterveräußert werden, bzw. dass er eine mit ihm ausgehandelte Kompensation erhält.

Beim derzeitigen Stand der Technik, insbesondere der Technik des Watermarkings, bestehen allerdings keine Möglichkeiten, die Weitergabe persönlicher Daten zu unterbinden. In einem marktlichen Szenario bleibt den Individuen lediglich, darauf zu vertrauen, dass ihre Daten nur in ihrem Sinne verwendet werden, was erneut die Bedeutung von Vertrauen, insbesondere reputationsbasiertem Vertrauen, im Electronic Commerce verdeutlicht.

6   Fazit

Die Erreichung der zeitlich konstanten Sicherheitsziele der mehrseitigen Sicherheit erfordert technische und organisatorische Mechanismen und Verfahren, die als Technikfolger aufzufassen sind. Kommunikationstechnologische Innovationen geben dabei die Entwicklungslinien vor.

---

[23] Coase (1960)
[24] Von externen Effekten wird gesprochen, falls eine Transaktion oder ein Verhalten bei Dritten Kosten oder Nutzen hervorruft, ohne dass diese vollständig kompensiert werden.
[25] Auf diese Unterscheidung weist Varian (1997) hin.

Diese Innovationen führten zum einen zu großen ökonomischen Potenzialen des Electronic Commerce, zum anderen sind sie gleichermaßen auch verantwortlich für Hürden, die der Realisierung dieser Potenziale entgegenstehen. Exemplarisch zeigen sich diese Hürden in der Privatheitsproblematik. Wird sich das Zukunftsszenario der Allgegenwärtigkeit elektronischer Chips durchsetzen, so wird der Schutz digital repräsentierter Identitäten verstärkt an Bedeutung gewinnen.

Marktliche Lösungsansätze sind geeignet, um Privatheitskonflikte flexibel zu lösen. Allerdings ist hierfür der Aufbau und Erhalt von Vertrauen zwischen a priori unbekannten Transaktionspartnern notwendig. Sicherheit und Vertrauen erweisen sich als unverzichtbar für die Überwindung der derzeitigen Hürden und damit für die weitere Realisierung der Potenziale des Electronic Commerce.

Grundlagenliteratur

Coase, R. (1960): The Problem of Social Cost, The Journal of Law and Economics 3 (1960), p. 1-44

Eggs, H. (2001): Vertrauen im Electronic Commerce: Herausforderungen und Lösungsansätze, zugl Diss. Universität Freiburg, Gabler: Edition Wissenschaft, Deutscher Universitäts-Verlag, Wiesbaden 2001

Eggs, H. / Müller, G. (2001): Sicherheit und Vertrauen: Mehrwert im E-Commerce, in: Müller, G. / Reichenbach, M. (Hrsg.) (2001), Sicherheitskonzepte für das Internet, S. 27-44, Springer-Verlag, Berlin, Heidelberg

Eggs, H. / Englert, J. (2000): Electronic Commerce Enquête II - Business-to-Business Electronic Commerce, Empirische Studie zum Business-to-Business Electronic Commerce im deutschsprachigen Raum, Executive Research Report, Konradin-Verlag, Stuttgart 2000

Hirshleifer, Jack (1980): Privacy: Ist origin, function, and future, The Journal of Legal Studies, 9, p. 649-664

Laudon, K.C. (1997): Extensions to the Theory of Markets and Privacy: Mechanics of Pricing Information, in: Daley, W. M.; Irving, L.; U.S. Department of Commerce (eds.), Privacy and Self-regulation in the Information Age, Washington, D.C., June 1997

Luhmann, N. (1989): Vertrauen: ein Mechanismus der Reduktion sozialer Komplexität, 3., durchges. Aufl., Ferdinand Enke Verlag, Stuttgart

MacKay, Charles (1995): Extraordinary Popular Delusions & the Madness of Crowds, Fraser Pub. Co., Boston 1995 (Erstausgabe 1841)

Mattern, F. / Lanheinrich, M. (2001): Allgegenwärtigkeit des Computers – Datenschutz in einer Welt intelligenter Alltagsdinge, in: Müller, G. / Reichenbach, M. (Hrsg.) (20001), Sicherheitskonzepte für das Internet, Springer Verlag, Berlin Heidelberg, S. 7-26

Noam, E. M. (1997): Privacy and Self-Regulation: Markets for Electronic Privacy, in: Daley, W. M.; Irving, L.; U.S. Department of Commerce (eds.), Privacy and Self-regulation in the Information Age, Washington, D.C., June 1997

Posner, R. A. (1981): The Economics of Privacy, American Economic Association Papers and Proceedings, Vol 71, No. 2, May 1981, pp. 405-409

Rannenberg, K. (1998): Kriterien und Zertifizierung mehrseitiger IT-Sicherheit, Vieweg, Braunschweig, Wiesbaden 1998

Rannenberg, K. / Pfitzmann, A. / Müller, G. (1999): IT Security and Multilateral Security, in: Müller, G. / Rannenberg, K. (Eds.) (1999), Multilateral Security in Communications: Technology, Infrastructure, Economy, S. 21-29, Addison-Wesley-Longman, München et al.

Ripperger, T. (1998): Ökonomik des Vertrauens: Analyse eines Organisationsprinzips, Mohr Siebeck, Tübingen 1998

Strauß, R. / Schoder, D. (2000): e-Reality 2000 – Electronic Commerce von der Vision zur Realität, Hrsg. Consulting Partner Group

Swire, P.P. (1997): Markets, Self-Regulation, and Government Enforcement in the Protection of Personal Information, in: Daley, W. M.; Irving, L.; U.S. Department of Commerce (eds.), Privacy and Self-regulation in the Information Age, Washington, D.C., June 1997

Varian, H. R. (1997): Economic Aspects of Personal Privacy, in: Daley, W. M.; Irving, L.; U.S. Department of Commerce (eds.), Privacy and Self-regulation in the Information Age, Washington, D.C., June 1997

Weiser, M. (1993): Some Computer Science Problems in Ubiquitous Computing, Communications of the ACM, vol. 36, No. 7, July 1993, pp. 74-83

Datenschutz als Standortvorteil für das Land Schleswig-Holstein

Heide Simonis

1   Datenschutz in der Informationsgesellschaft

Datenschutz ist keine langweilige oder dröge bürokratische Pflichtveranstaltung. Datenschutz ist auch keine polizeiliche Verfolgungsbehörde, vor der die Bürger Angst haben müssen. Datenschutz ist auch keine Erfindung von technikfeindlichen Weltverbesserern.

"Datenschutz ist vielmehr ein spannender Teilaspekt der Gestaltung der Informationsgesellschaft." So hat es Dr. Bäumler im letzten Jahr treffend formuliert.

Datenschutz baut nicht nur auf Rechtsvorschriften auf. Datenschutz ist auch eine technische Herausforderung angesichts der Flut von Daten, die über unsere Bürgerinnen und Bürger irgendwo gespeichert sind. Technische Herausforderung deshalb, weil nur intelligente technische Lösungen verhindern können, dass wir alle eine Datenspur hinterlassen, wo immer wir uns elektronischer Mittel bedienen.

Datenspuren hinterlassen wir in vielfältiger Weise, ohne dass uns das immer bewusst ist. Ob es Chipkarten der Krankenkassen sind, Telefon- oder Kreditkarten, elektronisches Shopping, oder auch nur die elektronische Speicherung unserer Pässe beim Grenzübertritt.

Wenn wir wollen, dass sich die Menschen in dieser modernen Informations- und Kommunikationsgesellschaft wohl fühlen, dann müssen wir ihnen auch Sicherheit und Transparenz über ihre elektronische "Abspeicherung" bieten.

Die Informationsgesellschaft muss die Rechte der Personen auf den Schutz ihrer Daten respektieren, ihre Privatshäre achten und unseren Bürgerinnen und Bürgern nicht wie ein anonymes von Geisterhand gesteuertes Überich gegenübertreten.

Dazu bedarf es auch gesetzlicher Rahmen.

2   Die Datenschutzpolicy der Landesregierung

Auf die globalen Kommunikations- und Informationsmöglichkeiten und den rasanten Fortschritt auf diesem Gebiet hat die Landesregierung durch ihre Datenschutz-Politik mit verständlichen, bürgerfreundlichen, effizienten und innovativen Gesetzen reagiert. Die Landesregierung ist hier Vorreiter aller Bundesländer. Mit der Verabschiebung des neuen Landesdatenschutzgesetzes, das am 01. Juli 2000 in Kraft getreten ist, wurde ein modernes und dem Bürgerwunsch angepasstes Gesetz verabschiedet. Das Landesdatenschutzgesetz setzt nicht nur die Europäische Datenschutzrichtlinie in Landesrecht um, es berücksichtigt auch die technischen Veränderungen in unserer Informationsgesellschaft.

Diese technischen Veränderungen ziehen auch erhöhte Anforderungen an den Datenschutz nach sich.

- Die Bürgerrechte wurden gestärkt, indem die Verarbeitung besonders sensibler Daten - beispielsweise über religiöse oder weltanschauliche Überzeugungen, die Gewerkschaftszugehörigkeit oder die Gesundheit - eingeschränkt und die automatisierte Verarbeitung einer Vorabkontrolle unterworfen wird.

- Die Zulässigkeit, Daten an öffentliche oder nicht-öffentliche Stellen im Ausland zu übermitteln, wurde davon abhängig gemacht, ob im Empfängerland ein angemessenes Datenschutzniveau gewährleistet ist. Das ist besonders relevant, wenn ich an unsere intensive Zusammenarbeit in der Ostseekooperation denke. Die baltischen Staaten müssen hier noch viel nachholen.

- Der Grundsatz der Datenvermeidung und Datensparsamkeit wurde festgeschrieben.

- Ein Datenschutz-Audit wurde eingeführt mit der Verpflichtung, datenschutzfreundliche Produkte bei öffentlichen Stellen vorrangig einzusetzen.

- Bei einer automatisierten Verarbeitung personenbezogener Daten außerhalb der Dienststellen - ich denke dabei an Telearbeitsplätze – sind die Datenbestände zu verschlüsseln.

- Der Einsatz mobiler Datenverarbeitungssysteme wurde erstmals geregelt. Danach dürfen beispielsweise Chipkarten nur mit Einwilligung der Betroffenen oder auf der Grundlage einer Rechtsvorschrift eingesetzt werden.

- Ein wesentliches Anliegen der Landesregierung war es auch, datenschutzrechtliche Vorschriften und Verfahren zu vereinfachen, um damit die Akzeptanz bei den Anwenderinnen und Anwendern in den Verwaltungsbehörden und natürlich auch bei den Bürgerinnen und Bürgern zu erhöhen. Das Landesdatenschutzgesetz kann jetzt als „echte Rechts-

„grundlage" für die Verarbeitung bestimmter Daten herangezogen werden. Dadurch ist ein Verzicht auf ähnliche Formulierungen in Spezialgesetzen möglich.

- Noch zwei Beispiele für die Modernisierung:

  Das Landesdatenschutzgesetz nennt die Voraussetzungen, unter denen personenbezogene Daten ausschließlich in PC's gespeichert werden dürfen. Diese Regelung entspricht der künftigen Entwicklung. Die Aktenführung in Papierform wird ja zunehmend durch die elektronische Speicherung abgelöst.

- Außerdem wurde die grundsätzliche schriftliche Einwilligung von Betroffenen zur personenbezogenen Datenverarbeitung durch die elektronische Einwilligung ergänzt. Diese Regelung kommt der heutigen Praxis vieler Bürgerinnen und Bürger entgegen, für die der PC alltäglicher Kommunikationsweg geworden ist.

3 Die Rolle des Unabhängigen Landeszentrums für Datenschutz

Aber nicht nur mit dem neuen Landesdatenschutz hat Schleswig-Holstein Maßstäbe gesetzt, zeitgleich zum 01. Juli 2000 wurde das *Unabhängige Landeszentrum für Datenschutz* als öffentlich-rechtliche Anstalt errichtet.

Das Unabhängige Landeszentrum für Datenschutz führt die Aufgaben der ehemaligen Dienststelle des Landesbeauftragten für den Datenschutz fort. Darüber hinaus hat es die Datenschutzkontrolle über die Privatwirtschaft übernommen, die zuvor vom Innenministerium wahrgenommen wurde.

Die Landesregierung hat sich damit für eine Neuorganisation der Datenschutzaufsicht entschieden. Unsere bundesweit anerkannte landesweite Datenschutz-Zentrale arbeitet vorbildlich. Wenn es um den Datenschutz geht, dann schaut man bundesweit auf Schleswig-Holstein.

Bürgernah, effizient, unabhängig – das sind die Eigenschaften, die diese Datenschutzzentrale kennzeichnen. Die Beratung und Unterstützung der öffentlichen Verwaltung, der Privatwirtschaft und der Bürgerinnen und Bürger zeichnet das Unabhängige Landeszentrum für Datenschutz aus. Die zahlreichen Fortbildungs- und Informationsveranstaltungen, wie z.B. die Sommerakademie, belegen dies.

Ein weiterer Beweis für die Aktivitäten der Unabhängigen Landeszentrums für Datenschutz war die Präsenz auf der *CeBIT* im März 2001 in Hannover. Themen wie „Virtuelles Datenschutzbüro", „Anonymität im Internet" und das „neue Datenschutzaudit" wurden erstmals dargestellt. Immerhin war Schleswig-Holstein das erste Bundesland, das ein *Datenschutzaudit* eingeführte und damit Maßstäbe setzte.

4 Die Rolle von Datenschutzaudit und Gütesiegeln

Die im April 2001 von der Landesregierung verabschiedete Datenschutzaudit-Verordnung ist richtungsweisend. Als neues Instrument des Datenschutzes soll es Hersteller- und Vertriebsfirmen ermöglichen, ihre IT-Produkte auf die besonderen Eigenschaften zum Datenschutz und zur Datensicherheit prüfen zu lassen. Wer zukünftig z. B. Software verkauft, sollte auf das Gütezeichen dieser Datenschutzzentrale nicht mehr verzichten können.

Das Datenschutzaudit ist also als besonderes Angebot an die Hersteller- und Vertriebsfirmen zu verstehen. Die Landesregierung setzt damit auf den marktwirtschaftlichen Anreiz der geprüften und mit einem Gütezeichen versehenen IT- Produkte.

Das *Gütezeichen* mit der Aussage: *„Vom Unabhängigen Landeszentrum für Datenschutz zum Einsatz bei öffentlichen Stellen in Schleswig-Holstein empfohlen"*, soll für datenschutzkonforme IT- Produkte werben. Es erscheint durchaus realistisch, dass sich der Absatzmarkt nicht nur auf öffentliche Stellen beschränken wird.

Die heutige Informationsgesellschaft der PC- und Internet-User, die ja auch einer Vielzahl von möglichen Datenmanipulationen ausgesetzt ist, wird sich vermehrt an datenschutzkonformer Hard- und Software orientieren. Ich sehe daher gute Chancen für das Datenschutzaudit, zu einem wirkungsvollen und akzeptierten Instrument des Datenschutzes und der Datensicherheit zu werden.

5 Der Einfluss der Bundesgesetzgebung

Auch in der *Bundesgesetzgebung* setzt sich die Landesregierung für einen innovativen Datenschutz ein. Die 1. Stufe der Novellierung des Bundesdatenschutzgesetzes, konnte endlich im Mai 2001 nach vielen Einwänden und Zugeständnissen der Länder abgeschlossen werden. Das neue Bundesdatenschutzgesetz ist zum gegenwärtigen Zeitpunkt nur eine Teilnovellierung. Im Wesentlichen wurde die EU-Richtlinie in nationales Recht umgesetzt.

Die grundlegende Neukonzeption, ein modernes, lesbares und effektives Datenschutzrecht zu schaffen, ist ehrgeiziges Ziel der 2. Novellierungsstufe.

Das neue Bundesdatenschutzgesetz enthält aber auch schon einige Modernisierungstendenzen:

Erstens:

Die *Videoüberwachung* öffentlich zugänglicher Räume durch öffentliche Stellen des Bundes und nicht-öffentliche Stellen wurde erstmals ins Gesetz aufgenommen und hat damit endlich eine klare Grundlage erhalten. Leider ist die Zulässigkeit für eine Videoüberwachung weitgehender als unsere landesrechtliche Regelung.

Wir werden die Videoüberwachung sehr restriktiv handhaben. Wer bewegt sich schon gerne mit einem Gefühl der ständigen Überwachung auf öffentlichen Plätzen oder Wegen?

Zweitens:
Als weitere Modernisierungsmaßnahme wurde in das Bundesdatenschutzgesetz eine Bestimmung über mobile personenbezogene Speicher- und Verarbeitungsmedien aufgenommen. Diese *„Chipkartenregelung"* entspricht im Wesentlichen der schleswig-holsteinischen Regelung.

Drittens:

Darüber hinaus wurde auch ein *Datenschutzaudit* eingeführt. Gegen die Bedenken vieler Bundesländer hat sich Schleswig-Holstein immer für ein Datenschutzaudit stark gemacht. Ich bin überzeugt, dass es sich als wirksames Instrument für mehr Datenschutz und Datensicherheit bewähren wird.

6   Internetspezifische Fragen

Gerade in der heutigen Zeit der elektronischen Datenverarbeitung, der E-Mails und des E-Commerce gewinnt der Datenschutz immer mehr an Bedeutung. Und auch immer mehr Bürgerinnen und Bürgern sind sensibilisiert, mit ihren Daten sorgfältig umzugehen.

Jetzt heißt es: die Akzeptanz bei den Herstellern und Vertreibern von IT-Produkten zu erhöhen. Dies kann nur durch eine innovative Datenschutz-Politik realisiert werden. Diese Politik muss auf die globalen Informations- und Kommunikationswege unserer heutigen Gesellschaft, die durch das Internet schon eine fast unvorstellbare Dimension angenommen haben, wirkungsvoll reagieren.

Um Missbrauch in den Datennetzen zu begegnen, sind in erster Linie präventive, insbesondere technische Vorkehrungen, erforderlich. Das *Internet* ist kein rechtsfreier Raum! Die Einstellung und Verbreitung von kinderpornografischen, rechtsextremistischen oder gewaltverherrlichenden Inhalten in Datennetzen sind Straftatbestände. Um sie wirkungsvoll verfolgen zu können, muss es den Ermittlungsbehörden möglich sein, mit geeigneten Mitteln den Datenspuren nachgehen zu können.

Die Ende des Jahres 2000 durch die Bundesregierung erlassene *Telekommunikations-Datenschutzverordnung*, mit der auch die Aufbewahrungsfrist der Verbindungsdaten auf 6 Monate für die Dienste-Anbieter verlängert wurde, wird als wirksames Mittel zur Verbrechensbekämpfung gesehen. Die Kritik der Datenschutzbeauftragten blieb nicht ungehört. Sollte diese Verordnung nicht die damit verbundenen Erwartungen erfüllen, muss sie überprüft werden.

Die Landesregierung setzt bei der Verbrechensbekämpfung in erster Linie auf *Prävention*. Die reale Welt wurde um die virtuelle Welt erweitert und damit wurden neue Möglichkeiten der Information und Kommunikation erschlossen. Das Internet zu „verteufeln" kann keine Lösung sein. Es ist ein wichtiger Wirtschaftsfaktor, der heute nicht mehr wegzudenken ist. Aber die Vorteile des Internets werden nicht nur von rechtstreuen Bürgerinnen und Bürgern genutzt. Das Internet wird auch in zunehmendem Maße für kriminelle Handlungen missbraucht. Daher muss die Verfolgung der Cyber-Kriminalität verbessert werden, wobei der Grundsatz der Verhältnismäßigkeit unbedingt zu wahren ist.

Dies gilt auch für die *Telekommunikations-Überwachungsverordnung*. Der Entwurf war sehr umstritten und wurde heftig von der Wirtschaft und den Datenschutzexperten kritisiert. Die Betreiber einer Telekommunikationsanlage wehren sich natürlich, die gesamte Telekommunikation aufzuzeichnen. Dies umso mehr, weil immense Kosten für die technische Sicherstellung der Überwachungsmaßnahmen prognostiziert wurden. Die Landesregierung wird die Auswirkungen der Telekommunikations-Überwachungsverordnung auch weiterhin im Auge behalten.

Weil das Internet an den nationalen Grenzen nun mal nicht halt macht, wird es bei der Bekämpfung der Computerkriminalität auch entscheidend darauf ankommen, inwieweit es gelingen wird, internationale Regelungen zu treffen. Die *Cyber-Crime-Konvention des Europarates* verdeutlicht, wie schwierig dies ist. Die Konvention, die eine strafrechtliche Verfolgung von missbräuchlichen Handlungen gegen die Vertraulichkeit, die Integrität und die Verfügbarkeit von Computerdaten, Systemen und Netzwerken zum Ziel hat, brachte es auf immerhin fast 30 Entwurfsfassungen!

7   Zunehmende Bedeutung von Selbstschutz

In Anbetracht der nationalen und internationalen Anstrengungen, für mehr Datenschutz und Datensicherheit zu sorgen, ist die Landesregierung überzeugt, dass die Datenschutz-Politik auch die Förderung des *Selbstdatenschutzes* beinhalten muss. Daher sind die Benutzer der neuen Kommunikationsmöglichkeiten, sei es die öffentliche Verwaltung, die Wirtschaft oder jeder einzelne private User, für mehr Sicherheit im Netz zu sensibilisieren.

Eine breite Aufklärung und Beratung über die zahlreichen Maßnahmen zu mehr Datenschutz und Datensicherheit sind der richtige Weg. Gemeinsames Handeln ist gefragt, um die vielfältigen Möglichkeiten der heutigen Informationsgesellschaft zu unserem Vorteil zu nutzen und den Risiken erfolgreich zu begegnen. Auch auf diesem Gebiet ist das Unabhängige Landeszentrum für Datenschutz für Schleswig-Holstein tätig.

Datenschutz ist ein Bürgerrecht. Er soll unseren Bürgerinnen und Bürgern einen angstfreien Umgang mit den modernen Informations- und Kommunikationsmedien ermöglichen. Um dieses Ziel zu erreichen, ist das Unabhängige Landeszentrum für Datenschutz auf einem guten Weg.

Autorenverzeichnis

Prof. Dr. Bernd Adamaschek

Bertelsmann Stiftung, Güterloh

Dr. Helmut Bäumler

Landesbeauftragter für den Datenschutz; Leiter des Unabhängigen Landeszentrums für Datenschutz Schleswig-Holstein

Dr. Johann Bizer

Johann Wolfgang Goethe-Universität, Frankfurt

Prof. Dr. jur. Alfred Büllesbach

Konzernbeauftragter für Datenschutz der DaimlerChrysler AG, Stuttgart

Dr. Anja Charlotte Diek

Unabhängiges Landeszentrum für Datenschutz Schleswig-Holstein

Dr. Alexander Dix

Landesbeauftragter für den Datenschutz und das Recht auf Akteneinsicht des Landes Brandenburg, Kleinmachnow

Prof. Dr. Hans H. Driftmann

Präsident der UVNord – Vereinigung der Unternehmensverbände in Hamburg und Schleswig-Holstein

Dr. Holger Eggs

SerCon GmbH Freiburg

Rechtsanwalt Dr. Wolfgang Ewer

Fachanwalt für Verwaltungsrecht, Kiel; Vorsitzender des Umweltgut-
achterausschusses beim Bundesumweltministerium

Dr. Claudia Golembiewski

Unabhängiges Landeszentrum für Datenschutz Schleswig-Holstein

Marit Hansen

Unabhängiges Landeszentrum für Datenschutz Schleswig-Holstein

Uwe Jürgens

Unabhängiges Landeszentrum für Datenschutz Schleswig-Holstein

Günter Karjoth

IBM Zürich Research Laboratory

Thomas Königshofen

Konzerndatenschutzbeauftragter der Deutschen Telekom, Bonn

Otto Christian Lindemann

Vorstandssprecher und Vorstand Neue Medien der Beate Uhse AG,
Flensburg

Prof. Dr. Edda Müller

Vorstand des Bundesverbandes der Verbraucherzentralen und Verbraucherverbände - Verbraucherzentrale Bundesverband, Berlin

Prof. Dr. Günter Müller

Albert-Ludwigs-Universität, Freiburg

Dr. Claudia Golembiewski

Unabhängiges Landeszentrum für Datenschutz Schleswig-Holstein

Univ.-Prof. Dr. Horst W. Opaschowski

Universität Hamburg; BAT-Freizeit-Forschungsinstitut

Dr. Thomas Bernhard Petri

Unabhängiges Landeszentrum für Datenschutz Schleswig-Holstein

Dr. Thomas Probst

Unabhängiges Landeszentrum für Datenschutz Schleswig-Holstein

Prof. Dr. Alexander Roßnagel

Universität Gesamthochschule Kassel

Matthias Schunter

IBM Zürich Research Laboratory

Heide Simonis

Ministerpräsidentin des Landes Schleswig-Holstein

Prof. Dr. Albert von Mutius

Geschäftsführender Vorstand des Lorenz-von-Stein-Instituts für Verwaltungswissenschaften, Kiel; Vorsitzender des Kuratoriums der DATEN-SCHUTZAKADEMIE SCHLESWIG-HOLSTEIN

Prof. Dr. Reinhard Voßbein

Geschäftsführer der UIMCert GmbH, Wuppertal; Vorstandsmitglied der GDD, Bonn

Dr. Michael Waidner

IBM Zürich Research Laboratory

Dr. Thilo Weichert

Stellvertretender Landesbeauftragter für den Datenschutz; Unabhängiges
Landeszentrum für Datenschutz Schleswig-Holstein

Stichwortverzeichnis